复杂原油乳状液化学破乳脱水技术与应用

陈　武　王占生　赖　璐　李中宝　著

石油工业出版社

内 容 提 要

本书简要介绍了正常生产条件下原油乳状液类型、性质及破乳原理、方法，以及化学破乳的机理与常见的破乳剂类型和高效破乳剂发展方向；重点介绍了油气田特殊工况下产生的难破乳脱水的原油乳状液及其针对这些特殊工况下难破乳原油乳状液开展的研究及应用工作。

本书可作为高等院校化工、应用化学、石油工程、环境工程等专业的研究生教材，也可供油气田生产现场从事相关工作的工程技术人员参考。

图书在版编目（CIP）数据

复杂原油乳状液化学破乳脱水技术与应用 / 陈武等著 . -- 北京：石油工业出版社，2024.8. -- ISBN 978-7-5183-6733-7

Ⅰ . TE357.46

中国国家版本馆 CIP 数据核字第 20241PT507 号

出版发行：石油工业出版社
    （北京安定门外安华里 2 区 1 号楼 100011）
    网 址：www.petropub.com
    编辑部：（010）64523546   图书营销中心：（010）64523633
经 销：全国新华书店
印 刷：北京九州迅驰传媒文化有限公司

2024 年 8 月第 1 版 2024 年 8 月第 1 次印刷
787 毫米 × 1092 毫米 开本：1/16 印张：18.5
字数：430 千字

定价：130.00 元

前　言

　　油气行业的油气集输过程是其主要耗能工艺过程之一。油气集输始于油井采出液，采出液都含有一定量采出水，如果采出液含水高，会增加泵能耗，腐蚀管道设备，升温脱水处理时会浪费大量的能源，后期加工时水蒸气膨胀会造成严重的安全隐患，增加生产成本。目前采出液脱水方法主要有沉降法、电破乳、化学破乳等，化学破乳法因破乳速率快、使用简单而被广泛使用，但其也存在高能耗、药剂成本高等问题。

　　正常生产条件下，油气集输过程耗能、碳排放及成本的增加主要体现在两种采出液的处理：一是高含水采出液的集输；二是低温采出液的集输。随着我国大多数油田进入开发中后期，很多油田的采出液含水率达到了90%以上，据报道国内有的油田仅联合站处理的吨油耗气量已达到11.48m³甚至更高；另有一些北方油田所在地冬季时间长，采出液温度不高（40℃左右），但其原油凝点相对较高，采出液长年采用热化学脱水集输，耗气耗油耗电大，成本高，碳排放高。而油气田某些特殊生产条件下产生的复杂采出液集输能耗及成本更高，这种采出液乳化类型复杂，性质与上述两类常规采出液很不相同，破乳脱水难度很大，常规热化学破乳完全不能满足生产要求。这些复杂原油乳状液主要来自两个方面：一是油井井筒添加维护剂产生的难破乳复杂乳状液。在油气田生产过程中，为了保持正常安全生产，不可避免添加各种井筒维护剂，如稠油降黏剂、清防蜡剂、缓蚀剂、脱硫剂等，这些添加剂与采出液形成复杂原油乳状液。二是油气田增产稳产作业产生的难破乳原油乳状液。为了增产稳产，各大油田都采取了酸化解堵、压裂、化学驱等措施，这些作业液中的部分残液与采出液形成复杂原油乳状液。其中典型复杂采出液主要有含酸采出液、含聚合物采出液、过渡带原油乳状液等。

这些复杂原油乳状液在我国各大油气田普遍存在，影响正常生产，导致环保压力大、生产成本及能耗高，影响生产效率和经济效益，但目前还没有令人满意的解决方法。因此，开展这类采出液的新型化学破乳脱水技术研究，具有非常重要的意义和重大价值。

本书的特点之一是利用采出液破乳的基本原理，研究了 JD 油田多种单一返排残液、混合返排残液、返排液中多种成分对采出液脱水的影响，系统开展了含酸、含聚合物原油乳状液稳定性影响研究，得到了能够在一定范围内抗返排残液干扰的新型破乳剂，并且取得了很好的现场应用效果。

本书的特点之二是研究了 LP 油田多种单一 / 混合采油助剂及作业返排残液对采出液脱水的影响，得到了能够抗干扰且脱水效果优异的新型破乳剂；同时还对 LP 油田沉降罐过渡带原油开展了系统研究，得到了适用性强、安全价廉且有效的新型破乳剂。

本书的特点之三是进行了北方陆上 EL 油田低温采出液的破乳研究，得到了在低温状态下脱水效率达到 93% 以上的新型破乳剂配方，保证该油田采出液集输实现季节性停用加热炉；开展了海上 LHZ 油田低温摇晃原油乳状液稳定性影响机制研究，得到了破乳脱水性能优于现场在用产品的破乳剂。

本书内容是著者从多年来完成的省部级原油乳状液的化学破乳脱水科学研究项目中精心选择出来的，是多年研究化学破乳脱水技术成果的总结，本书反映了我国采出液化学破乳技术领域中的新成果。

期望本书的出版对感兴趣的读者有所裨益，对我国的油气田生产能有所贡献，推动实现"双碳"目标。本书在撰写过程中获得众多同行和专家的鼓励与支持，在此一并致以衷心感谢。

由于水平所限，书中不足之处在所难免，敬请读者批评指正。

CONTENTS   目 录

第1章 绪 论

1.1 常规原油乳状液类型及性质

1.1.1 常规原油乳状液的形成及类型

根据分散介质的不同，原油乳状液主要分为油包水（W/O）型乳状液和水包油（O/W）型乳状液。油包水型乳状液以油为分散介质，以水作分散相。当原油中含水低于70%时，一般形成液珠直径为 0.1～10μm 的油包水型乳状液，如在油田开采前期一次采油时油中含水量较少，多形成油包水型乳状液，二次采油采出的乳化原油也多是油包水型乳化原油，稳定这类乳化原油的乳化剂主要是原油中的活性石油酸（如环烷酸、沥青质酸等）和油湿性固体颗粒（如蜡颗粒、沥青质颗粒等）。水包油型乳状液以水为分散介质，以原油作分散相的乳化原油，油田开采后期油中含水量较多，多形成这种类型。如三次采油（尤其是碱驱、表面活性剂驱）采出的乳化原油多是水包油型乳化原油。稳定这类乳化原油的乳化剂是活性石油酸的碱金属盐、水溶性表面活性剂或水湿性固体颗粒（如黏土颗粒等）。

这两种类型（W/O 型和 O/W 型）的乳化原油是最基本的乳化原油类型。另外还存在着多重乳状液，在这些类型的乳化原油中还包含一定数量的油包水包油（记为 O/W/O）或水包油包水（记为 W/O/W）的乳化原油。这些乳化原油叫作多重乳化原油。不同乳状液类型如图 1.1 所示。乳化原油类型的复杂性可能是一些乳化原油难彻底破乳的一个原因。

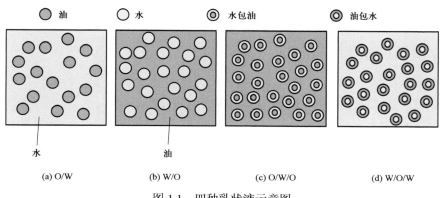

图 1.1 四种乳状液示意图

原油乳状液之所以形成是因为同时具备了以下几个条件。

（1）存在油、水这两种不混溶的液体。石油在地层条件下一般不与水发生乳化，只是两种互不相溶的液体，但在原油开采过程中由于泵的剪切作用，使两相流在输送过程中高速互动，热力学参数发生变化，为乳状液的形成创造了必要的条件。

（2）具有足够的机械搅拌力使两种液体充分混合。在开采过程中，当原油从地层到井底沿油管向地面流动时，油管内流速大，油、气、水混合，使水分散成小液滴，乳状液逐渐形成，特别是通过油嘴，压力剧降，流速剧增，气体膨胀，使液滴分散得更小，加之集油管线、阀门、离心泵等的机械搅拌、剪切作用，油水会发生剧烈的混合，从而形成稳定的乳状液。

（3）存在一种或几种乳化剂促进了乳状液的形成和稳定。原油本身含有多种天然乳化剂，如胶质、沥青质、晶态石蜡等。此外，原油开采过程中，还会引入一定量的表面活性剂。前两个因素形成的乳状液很不稳定，很快就会油水分离，要形成较稳定的乳状液必须有乳化剂存在，而原油中就存在天然乳化剂，如胶质、沥青质、黏土、蜡、环烷酸等，可以吸附在油水界面，形成坚固的乳化膜，保护乳状液不易被破坏。

目前，关于乳状液的形成理论都不完善，并不能完全将油水乳状液的形成机理解释清楚。现在比较认可的理论主要有以下几种。

1910 年，奥斯瓦尔德提出的相体积理论。如果分散相均为大小一致的不变形的球形液滴，最紧密堆积的液珠体积只能占总体积的 73.02%。如果液珠体积含量逐渐超过 73.02%，则乳状液的类型就会改变。在乳状液的水相占比中，如果水相体积低于 26%，则乳状液只能形成 W/O 型，如果水的体积大于 74%，乳状液只能形成 O/W 型，若水相体积介于两者之间，则两种类型都可能形成。1929 年，哈金斯提出乳化定向楔理论。把乳化剂比为楔子，大头朝外，小头朝里，形成符合能量最低原则和几何空间构型的一层致密的界面膜。

乳状液的形成非常复杂，除了上述几个理论之外，还与乳化温度、开采方式和乳化剂性质有关。高温有利于 W/O 型乳状液的形成，亲水性强乳化剂（亲水采油平衡值 =8～18）有利于 O/W 型乳状液形成，固体粉末类的乳化剂（当接触角＜90°时）有利于 O/W 型乳状液的形成。

1.1.2　原油乳状液含水的危害

（1）原油乳状液中含有大量的水，特别是某些含水率高达 80%～90% 的油田，通常油田会连同水一起采出，使得采出液量大，但有效利用率却很低。

（2）原油的相对密度比水小，当乳状液为 W/O 型时，黏度大大增加，乳状液与管壁阻力增强，使得输送设备的动力严重消耗。

（3）在原油的各处理工段，大多会对原油进行升温处理，水的比热容较大，会浪费大量的能源为其升温。

（4）原油中含有大量的有机物，水相矿化度较高，有的含硫化物，加剧金属管道的腐蚀。同时，水中的无机盐等成分会在设备内壁形成盐垢，导致设备损坏。

（5）在原油的加工处理过程中，高温下水的蒸发造成体积膨胀，在生产过程中会造成严重的安全隐患。

1.1.3 常规原油乳状液的稳定性

目前关于常规原油乳状液稳定性的影响因素主要有以下几点。

（1）沥青质：沥青质表面活性并不强，但亲油性强，具有较强的乳化能力，能显著提高油相黏度，对原油乳状液的稳定性贡献较大。有研究人员也提出羰基与羟基共同形成氢键，能帮助沥青质分子包裹在液滴表面，从而阻止液滴聚集。沥青质形成的界面膜强度较大，因此原油中沥青质含量越高，乳状液稳定性越高。

（2）胶质：胶质由原油中的高分子量芳香烃氧化形成，结构和沥青质类似，形成的界面膜强度略低于沥青质。胶质能够溶解沥青质使其充分分散在原油中。目前，研究人员普遍认为胶质和沥青质的协同作用，是维持原油乳状液稳定性的主要原因。

（3）酸性物质：原油中的酸性物质主要是环烷酸、羧酸类化合物，它们具有较强的亲水性和表面活性，能吸附于油水界面上，对原油乳状液的稳定性有一定的贡献。

（4）固体颗粒：固体颗粒是乳状液中极小的不溶性固体，如黏土、煤粉、石英等。直径在亚微米至几微米的范围内，能够吸附在油水界面上。固体颗粒吸附于油水界面膜上，对液滴起到了阻隔作用，增加了液滴之间的距离，阻碍了液滴的聚集，使乳状液更加稳定。当固体颗粒直径增加时，油水界面的接触角增大，便会丧失阻隔作用，乳状液的稳定性也随之下降。

（5）原油中的蜡：蜡由高碳数的正构脂肪醇、酯、烷烃等组成，能够吸附在油水界面或作为分散介质来增加原油乳状液的稳定性。温度较高时，蜡溶解并吸附在油水界面上，从而降低界面张力。温度较低时，会形成网状结构的蜡晶，从而增大原油黏度和增强油水界面强度。

（6）温度：当温度升高时，一方面有些固体颗粒会从界面上脱离，从而降低了界面膜的强度，降低了乳状液的稳定性；另一方面增加了油水两相分子的动能，增强液滴的布朗运动，使乳状液黏度降低。这加剧了液滴间的相互碰撞，促进了液滴的聚结和沉降，最终导致乳状液的稳定性降低。

1.2 常规原油乳状液的破乳过程、机理和方法

1.2.1 乳状液的破乳过程

破乳剂通过与油水界面活性物质的相互作用，将油水两相进行分离。典型的破乳过程如图 1.2 所示。

原油乳状液的破乳过程一般分为破乳剂的扩散与吸附过程、水珠的凝聚过程及水珠的沉降过程。

（1）破乳剂的扩散与吸附过程：原油乳状液由沥青质和胶质等天然表面活性剂分子所稳定，它们并没有形成较高的表面压，而形成了稳定且均匀分散的小液滴。破乳剂加入原油乳状液后，随着脱水管的剧烈摇晃而快速分散至整个油相，再通过扩散被吸附至水珠表

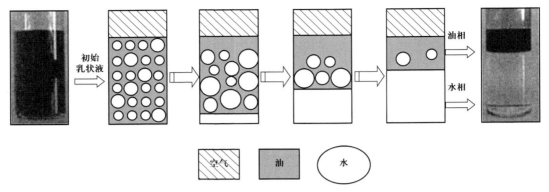

图 1.2　化学破乳剂的破乳过程示意图

面上，亲水端则逐渐进入水珠内部。

（2）水珠的凝聚过程：破乳剂被吸附至水珠的表面后，当水珠互相接近和接触时，在破乳剂的帮助下最终两个水珠凝聚成一个更大的水珠。此时水珠数目减少，平均粒径增大，但是尚未克服浮力而下沉。

（3）水珠的沉降过程：水珠相互凝聚继续变大，大到可以克服浮力及原油黏度的影响，水珠间形成了通道，最后从连续相中分离出来。

1.2.2　乳状液的破乳机理

至今为止破乳剂的作用机理还没有一个统一的结论，比较具有代表性的机理有顶替机理、反相作用机理、反离子电中和作用机理、絮凝—聚结机理、润湿增溶机理、碰撞击破界面膜机理、褶皱变形机理等。

1.2.2.1　顶替机理

该机理认为加入的破乳剂比乳状液中天然乳化剂的表面活性更高，可以使界面张力更低，能优先吸附至油水界面上，顶替掉原先的天然活性成膜物质，从而形成稳定性差易破裂的界面膜，并在外力作用下达到破乳脱水的目的。如 Lyu 等[1]认为壳聚糖衍生物对 O/W 型乳状液破乳的可能机理如图 1.3 所示。

1.2.2.2　反相作用机理

该机理认为形成的原油乳状液为稳定的 W/O 型，而加入的破乳剂为 O/W 型的乳化剂，且这种破乳剂能够与乳化剂生成络合物，使乳化剂的作用消失，在 W/O 型乳状液转型的瞬间，使水在重力作用下脱出。

1.2.2.3　反离子电中和作用机理

反离子电中和作用机理也称中和界面膜电荷破乳机理，破乳剂分子链上带有与油水界面膜相反的电荷，中和油水界面膜的电荷后，液滴分子之间的静电排斥消失，液滴易靠近

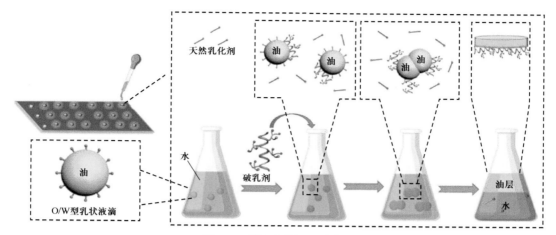

图 1.3　顶替破乳机理示意图

聚并，从而破坏油水界面膜而实现破乳。中和界面膜电荷破乳机理针对 O/W 型乳状液的破乳而提出。由于水包油型乳状液，油滴为分散相，其表面带有负电荷，两个油滴表面带有相同的电荷使得每两个油滴之间相互排斥，小油滴难以聚集成大油滴。若加入阳离子聚合物等破乳剂可以中和液滴表面带的负电荷，减弱油滴之间的排斥力，使小油滴容易聚集成大油滴。

1.2.2.4　絮凝—聚结机理

絮凝—聚结机理也是目前研究较多的机理之一，该机理认为破乳剂吸附至界面上，使界面张力梯度被抑制，膜排液周期变快，促进了聚结过程的完成。在排液过程中，界面膜上的活性物质流失且无法弥补，最终导致油水界面膜变薄、稳定性降低，达到破乳脱水的目的。Zhang 等[2]发现在不添加任何破乳剂的情况下，O/W 型乳状液中大部分油滴的尺寸小于 2μm。然而，当在 25℃下用 40mg/L 超支化聚酰胺破乳剂处理 30 min 时，由于界面膜破裂，油滴的碰撞和聚结变得更加剧烈，并且由于絮凝作用，大多数油滴向上移动到乳液的油相（图 1.4）。平均油滴大小在 20～40μm 之间变化。在乳状液的水相中几乎看不到油滴。

1.2.2.5　润湿增溶机理

破乳剂进入原油乳状液后能以胶束的形态存在，对油水界面膜上的天然活性物质有很好的增溶能力，乳化剂分子可以进入胶束内部，或者破乳剂润湿（油湿或水湿）油水界面膜上的成膜物质。此外，破乳剂的润湿作用在破乳中的贡献也不可低估，此作用是通过破乳剂对界面的润湿反转，起到减弱和破坏乳化膜的作用而达到破乳目的。此外，高分子聚醚破乳剂还有增溶作用，它可以通过与聚集在油水界面上的天然乳化剂或界面稳定剂，如环烷酸、沥青质、胶质及微晶石蜡等互溶，其结果"拆掉"了使油水界面乳化稳定的"桥梁"，降低了界面膜的强度而破乳。

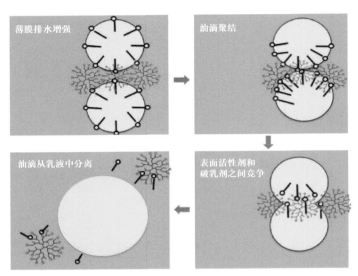

图 1.4　絮凝—聚结破乳机理示意图

1.2.2.6　碰撞击破界面膜机理

这种理论是在高分子量及超高分子量破乳剂问世后出现的。高分子量及超高分子量破乳剂的加入量仅 $n \times 10^{-6}$（$n < 10$），而界面膜的表面积却相当大。如将 10mL 水分散到原油中，所形成的油包水型乳状液的油水界面膜总面积可达 $6 \sim 600 m^2$，微量的破乳剂是难以排替面积如此巨大的界面膜的，因此，认为在加热和搅拌条件下，破乳剂有较多机会碰撞液珠界面膜或排替很少一部分活性物质，击破界面膜，使界面的稳定性大大降低，因而发生絮凝、聚结。

1.2.2.7　褶皱变形机理

近年来在对乳状液珠进行显微照相研究后，发现一般较稳定的油包水型乳状液均有双层或多层水圈，两层水圈之间为油圈，用以上几种理论都很难解释这种乳状液的破乳，新提出的机理认为液珠在加热搅拌和破乳剂的作用下，可以褶皱变形，此时液珠内部各层水圈相互连通开始聚结，再与其他液珠凝聚而破乳。

1.2.3　乳状液的破乳方法

以 W/O 型原油乳状液为例，介绍针对 W/O 型乳状液的脱水方法。破乳的方法很多，已应用的方法主要有：沉降法、聚结法、电破乳、化学破乳、电—化学破乳，还有离心破乳及超声波破乳等方法。

化学破乳法是目前应用较广的破乳方法，主要是通过向原油乳状液中加入化学药剂实现对乳状液的脱稳，实现油—水—固体颗粒三相分离。主要包括以下几种。（1）电解质破乳：对于起稳定作用的是扩散双电层的乳状液，加入电解质可破坏其双电层，使乳状液中的水珠聚结沉降。单纯的电解质破乳效果不佳，只能在一定条件下起辅助作用。（2）热化学破乳：热化学破乳温度一般为 60~80℃，加热使分子运动加剧，原油黏度降低，使化学破乳后液滴更易沉降分离。（3）低温化学破乳：化学脱水温度为 40~55℃（一般高于原油凝点 10℃）。当然，温度再低只要能达到脱水标准即可。（4）电—化学破乳：单纯电破乳往往达不到质量要求，含水较高时电场不稳，脱出水含油量高。因此在电场中加入一些表面活性剂，使脱水质量提高，脱水带油少，此法在我国用得最多。

化学破乳法虽然存在高消耗、药剂无法循环利用等问题，但其破乳速率快、使用简单、范围广，因此仍是应用最广的破乳方法之一。

1.3 特殊工况下产生的难破乳原油乳状液

在油气田生产过程中，除了常规条件下产生的原油乳状液外，在一些特殊工况下也会产生一部分特殊的原油乳状液，这部分原油乳状液如果选择常规的破乳剂进行破乳脱水，会出现破乳困难、油脱不出水，或脱水后达不到进后续电脱装置的要求，或脱出水含油很高的问题，严重影响油气田集输系统的正常生产。甚至提高破乳剂加量、提高破乳温度、延长脱水时间等措施都无法有效解决。

1.3.1 维持油井正常生产的井筒添加剂产生的难破乳原油乳状液

在油气田生产过程中，为了保持油气井的正常生产，不可避免添加各种井筒维护剂，如为了提高采收率，会在井筒中添加稠油降黏剂；为了井筒的清防蜡，会在井筒添加热洗剂、生物酶清洗剂；为了防腐防垢，会在生产井中添加缓蚀剂、脱硫剂、阻垢剂等；此外，有些气井在生产中为了稳产及正常生产，会在井筒中加入泡排剂、消泡剂等。

这些在井筒添加的采油采气助剂，虽然在增产稳产及保证正常安全生产上发挥了重要作用，但这些添加剂不可避免地随采出液一起进入油水集输系统。目前国内油气田生产中都发现，含这些采油助剂的乳状液直接进入集输系统会对原油乳状液脱水产生冲击，使原油乳状液中油水界面张力降低，采出液稳定性增加，破乳难度加大，使原油乳状液的油水很难分离，而且分离出来的水中含油量高，影响到联合站的三相分离器正常运行，三相分离器出口油、水、气分离效果变差，甚至影响产液量计量和下游原油脱水效果。由此可见，采油井筒添加剂影响油气田原油乳状液的破乳脱水问题亟须重视并加以解决，才能为油气田持续高效开发及安全生产提供科学保证。

1.3.2 油气田增产作业产生的难破乳原油乳状液

随着原油开采进入中后期开采阶段，原油中胶质、沥青质含量增加，使得原油乳状液更加稳定，开采的难度也加大了。为了增产稳产，各大油田都针对不同地质条件采取了加大井网密度重新钻井、酸化解堵、压裂、携砂防砂、补孔重射、实施三次采油技术，如化学驱（聚合物驱、聚合物—表面活性剂二元复合驱、表面活性剂驱等）等一系列举措。这些措施成为油田增产稳产的有效途径。但是这些含聚合物的钻井液、完井液及含有各种化学添加剂的洗井液、射孔液、酸化液、压裂液、酸化解堵液等各类入井液的残液返排至油气生产集输系统，三次采油的原油乳状液更是直接进入油气集输系统。它们进入油气集输系统后严重影响了采出液的化学脱水，使产出液乳化状态多样化，原油乳状液相态不仅限于 W/O 型，还有 O/W 型，W/O 和 O/W 两种乳状液合为一体的多重乳状液或套圈乳状液，而且极大地增强了界面膜强度，采出液稳定性增加，从而增加了脱水的难度，使破乳后的原油含水高，不仅不能达标，有时其至达不到后续电脱水装置进口含水要求，使电脱水器不能正常工作；与此同时，破乳脱出来的水含油量高，既达不到后续过滤器进水要求，更达不到进生化处理站水质要求，给生化处理带来极大困难，造成经生化处理后的污水水质指标高，污水含油、COD 等主要指标达不到外排标准，给环境造成污染，影响正常生产。即使含有作业入井液返排残液的原油乳状液不进集输系统，也给生产带来许多麻烦，如可能影响对措施井效果评价的准确性；同时还可能因不能量油、测含水及大量原油被浪费而不计入产量，从而影响措施产量核实；如果对含作业入井液返排残液的原油乳状液进行单独处理，也很难将其处理到商品油标准，影响油价并影响油田经济效益。

由此可见，增产作业返排残液及三次采油用剂影响原油采出液化学破乳脱水的问题已制约了油田上产、增产作业，但到目前为止，人们关于作业返排残液、三次采油用剂对原油乳状液脱水影响机制、规律了解不系统、不全面、不深入，面对生产中众多的增产作业措施产生的复杂原油乳状液，不清楚何种残液或化学剂影响最为显著，更不清楚返排残液中何种组分对采出液的化学破乳脱水产生了影响。因此，研究增产作业措施返排残液、化学驱原油采出液及作业入井液主要组分对原油破乳脱水及脱出水处理效果的影响，对于解决增产作业措施产生的特殊、复杂的原油乳状液破乳脱水问题，减少排液费用，防止环境污染，提高经济效益，为油田开发提供科学保证都具有特别重要的现实意义。

1.3.3　油气田集输系统产生过渡带原油乳状液

在油气田生产过程中，因为集输系统沉降除油罐中回收的高含石油酸、胶质、沥青质等天然乳化剂的老化油的影响，细菌特别是硫酸盐还原菌（SRB）及其腐蚀产物的影响，破乳剂选择或使用不当的影响，原油乳状液中悬浮物机械杂质及 FeS 胶体吸附于油水界面膜的影响，其他油田化学剂及各种含化学剂残液的影响等，会导致原油乳状液各油水界面膜界面张力增大，截留后续原油中沉降的无机物、原油重质组分等，在集输系统的沉降罐中的油水界面上形成组分非常复杂、厚度不断增加、性质非常稳定的油水乳状物，其被称为油水过渡带，也称过渡带原油或老化油。过渡带原油会严重破坏油水分离过程，直接影响原油脱水效果，经常出现脱后油含水、含盐及机械杂质超标、水含油超标、油水界面不清、冒罐等问题，严重影响油田正常生产，其至会影响石油炼制。

因此，很有必要开展沉降罐过渡带原油研究，以便弄清沉降罐过渡带老化油的难脱水的原因，找到适用性强、安全、价廉、有效的处理过渡带原油的破乳脱水药剂，对于确保生产集输工艺系统平稳运行、正常脱水控制生产成本有重要意义。

1.3.4　油气田需要低温破乳的原油乳状液

当前中国已将碳达峰碳中和纳入生态文明建设整体布局。油气行业是传统的能源生产企业，油气开发及加工过程伴随大量能源的消耗，导致油气行业直接 CO_2 排放量巨大。因此，油气行业如何降低自身能耗是"双碳"背景下油气行业面临的五大挑战之一，其中油气行业的油气集输（主要是三相分离及脱盐）过程就是石油开发及加工过程中的主要耗能工艺过程之一。首先是随着我国大多数油田已进入开发后期，采出液的含水量高，产油率低，如大庆油田、胜利油田、长庆油田、华北油田等采出液含水率很多都达到了80%，有的甚至达到90%以上。这会造成采出液集输加工过程中能耗增加，并且水相中含有大量的盐，会对管道设备造成危害，导致原油处理成本也逐年增加，据报道国内有的油田仅联合站处理的吨油耗气量已达到 $11.48m^3$ 甚至更高。其次是我国北方地区的一些油田，如大庆油田、长庆油田等，所在地冬季时间长，采出液温度不高（分别为38℃、40～45℃、40℃左右），但其原油凝点相对较高，采出液的集输处理长期采用热化学脱水集输工艺，集输系统常年加热保温，耗气耗油耗电，能耗大、成本高、碳排放高。如若能够实行全年或季节性不加热运行或低温运行，将极大地降低采油成本和能耗，还可以降低油井采出液加热过程中天然气燃烧排放的废气，保护大气环境，同时也契合当今"双碳"的发展要求，做到降碳、减污、增长协同推进，获得良好的经济效益、环保效益和社会效益。

为此，我国多数油田为降低碳排放、降低采油成本和能耗拟逐步取消油气集输和脱水过程中的加热环节，这将使得原油采出液脱水温度降低。但面临的关键技术难题之一就是低温条件下的破乳问题，因为无论是采用热化学破乳脱水，还是电—化学破乳脱水工艺，原油采出液温度降低将导致采出液破乳难度增加，油水分离减慢。

目前，很多油田生产现场低温脱水生产实践表明，降低脱水温度使得脱出后水含油量增高和外输油含水上升，采用常规破乳剂无法满足低温脱水生产的要求，因此，研发能够适合于高含水采出液低温脱水及北方油田全年不加热或者季节性不加热的低温脱水条件下使用的破乳剂，实现不加热游离水的高效脱除和低温下电化学高效脱水，对于确保集输系统低温脱水生产的运行稳定，节省成本与能源，降低碳排放，提高经济效益、环保效益和社会效益都具有极为重要的实际意义。

1.4　原油乳状液常见破乳剂种类

1.4.1　油包水（W/O）型乳状液破乳剂的种类

1.4.1.1　以胺类为起始剂的嵌段聚醚破乳剂

指以胺类化合物，如乙二胺、二乙烯三胺、三乙烯四胺和四乙烯五胺等为起始剂，与环氧丙烷（PO）和环氧乙烷（EO）开环聚合得到的聚醚。代表产品有 AE 和 AP 型破乳剂。研究发现多支链结构的破乳剂破乳性能要优于线型结构，具有低温条件下脱水速度快的特点。

1.4.1.2　以醇类为起始剂的嵌段聚醚破乳剂

指以一元醇、二元醇或多元醇（主要有丙二醇、丙三醇、季戊四醇等）为起始剂，在碱的催化作用下，与环氧丙烷和环氧乙烷开环聚合得到的聚醚。该系列原油破乳剂种类丰富，生产规模较大，代表产品有 SP169、BPE2070、BPE2040、BP169 等。

1.4.1.3　以烷基酚醛树脂为起始剂的嵌段聚醚破乳剂

指以烷基苯酚如壬基酚和甲醛聚合生成的酚醛树脂为起始剂，再与 PO 和 EO 开环聚合反应得到的聚醚。这类破乳剂的典型代表是 AR 型破乳剂，该类原油破乳剂分子量较低，在 35~45℃ 下即可实现油水分离，在乳状液中的溶解、扩散与渗透过程进行得较快，脱水速度快。

1.4.1.4　以酚胺树脂为起始剂的嵌段聚醚破乳剂

指以烷基酚、乙烯胺等化合物与甲醛反应所得的酚胺树脂为起始剂的嵌段聚醚，其中的代表为 TPEA、TA1031、PFA8311、XW21、DPA2031、XW212、BC226、BC268 等。在 TA、PFA 型破乳剂的结构中除了具有传统原油破乳剂的多分支结构外，还含有一定量的芳香基团。大量的原油脱水实验表明，该类原油破乳剂的破乳性能优良，适用性强，可适用于大多数油田的原油乳状液的破乳脱水。

1.4.1.5　含硅破乳剂

含硅破乳剂由以多乙烯多胺为起始剂的嵌段聚醚与聚烷基硅氧烷反应制得。研发工作开始于 1997 年，其目的是寻求破乳性能好、适应性广、能低温破乳的破乳剂。SAE、SAP116、SAP1187、SAP91、SAP2187 等属于这一类型。

1.4.1.6　超高分子量破乳剂

指采用三乙基铝—乙酰丙酮—水三元催化体系，通过阴离子配位聚合得到的环氧烷类聚合物，分子量高，破乳效果极好。UH6535、UH6040 等属于这一类型。

1.4.1.7　聚磷酸酯类破乳剂

聚氧烯烃醚与三氯磷酰（$POCl_3$）、五氧化二磷（P_2O_5）的反应产物，如 ZPC、ZPT、ZPM 等。

目前，油田中使用较多的破乳剂主要是酚醛树脂类、酚胺树脂类、共聚物类、聚酰胺类、多胺类等多支化破乳剂。多支化破乳剂分子经过扩散后被吸附至油水界面上，同时溶剂化作用促使亲水 EO 嵌段伸入水相中，可以排替掉界面膜上的部分活性物质。破乳剂分子多支化的结构，促进了分子链的交叉，这种交叉错叠的分子链减小了破乳剂分子之间的间隙，增加了破乳剂分子间的作用力，从而增强了对界面膜的破坏能力。此外，存在于界面膜上的破乳剂分子如果具有多支化结构，则可以实现对邻近界面膜的"桥接"作用。显然，分支数越多，"桥接"数目越多。因此，破乳剂分子的多支化结构能显著提高破乳剂的脱水性能。此外，破乳剂分子中的苯环和氨基结构单元可以增加破乳剂与沥青质等成分的相互作用，因此能显著改善破乳剂的破乳性能。

1.4.2 水包油（O/W）型乳状液反相破乳剂种类

反相破乳剂是一类水溶性破乳剂，用于破坏 O/W 型乳状液的稳定性。添加反相破乳剂的主要目的是中和 O/W 型乳状液中油滴表面负电荷，促进油水分离及油滴的聚结。

1.4.2.1 阳离子聚合物破乳剂

在某种情况下，阳离子混凝剂和絮凝剂可以作为破乳剂，除此之外，阳离子破乳剂主要是含有聚酰胺或改性聚酰胺基团的化合物。阳离子聚合物破乳速度快，除油效果好，但是在处理过程中可能会产生许多油泥，需要进行进一步的处置；同时阳离子聚合物的乳液非常黏稠，形成的絮体会黏附在管道和罐体内，从而降低处理效率。按照其化学结构可以分为多聚季铵盐和聚醚—聚季铵盐共聚物两大类。

（1）多聚季铵盐（PAS）。

由于 PAS 类反相破乳剂具备水溶性好、扩散速率快等优点，使其成为研究的热点。根据分子结构类型具体分为以下六种：聚环氧氯丙烷改性季铵盐、聚醚端基改性季铵盐、可聚合季铵盐单体自由基聚合型、聚环氧氯丙烷—胺型聚季铵盐、聚酰胺—胺/季铵盐、聚三乙醇胺改性季铵盐等。Nguyen 等[3]发现在采出液中加入季铵盐后，油滴大小显著增大、数量减少，表明破乳剂降低了油滴表面的阴离子电荷密度，从而促进油滴的接近和聚结。齐玉等[4]合成的一种新型的多季铵盐反相破乳剂 Y-564，在 70℃、20min 的条件下，加量为 15mg/L 时，油中含水量为 0.7%，下层水质清且油水界面清晰，达到最佳脱水效果。刘立新等[5]发现合成的聚季铵盐反相破乳剂（PR-J2）阳离子浓度越大，破乳效果越好。吴亚等[6]认为正电性的季铵盐向乳状液扩散并渗透过固体粒子之间的保护层时，易吸附在固体粒子表面而改变表面润湿性能，中和带负电的颗粒或液滴使其脱稳，再通过对界面膜的强润湿翻转能力，将原有的乳化剂形成的界面膜击破，在重力沉降的作用下，发生絮凝聚结使油水分离成层。

（2）聚醚—聚季铵盐共聚物（PPA）。

聚醚嵌段共聚物（NP）破乳剂表现出对油水界面膜的强亲和力、低表面张力和高化学稳定性等特点，但对 O/W 型乳状液的效果较差；而多聚季铵盐（PAS）阳离子破乳剂在破乳过程中具有优异的电中和性能。PPA 综合了这两种破乳剂的功能，可以进一步提高反相破乳效率。王存英等[7]合成了新型的聚醚聚季铵盐破乳剂，在合适的破乳条件下，使用该破乳剂对 500mg/L 的采出水的除油率为 94.9%。Duan 等[8]采用嵌段聚醚大单体和二烯丙基二甲基氯化铵共聚制备了一种新型反相乳化剂，对 O/W 型乳状液的除油效果是商业反相破乳剂的 3 倍以上。

Sun 等[9]制备了一种 PPA 破乳剂用于 O/W 型乳状液破乳，其破乳效果高于市售 S-01 破乳剂。这种显著的破乳效率归因于它能够降低界面张力、减小界面膜厚度、降低弹性模量和中和界面膜的负电荷。首先，带正电的 PPA 分子接近带负电的油滴表面（ζ 电位 =−64.4mV），并破坏原始界面膜（图 1.5）；然后，PPA 的分支结构可以进一步延伸到界面膜的内部。同时聚醚分支压缩原始界面膜，并替换表面活性分子，形成 AFM 图像中观察到的变薄界面膜（图 1.5）。油滴表面的负电荷被聚季铵盐的正电荷中和，这表现为 ζ 电位的增强（−6.5mV），这将显著降低油滴之间的斥力。最后，具有低界面膜强度和弱静电斥力的小油滴聚集成大油滴。

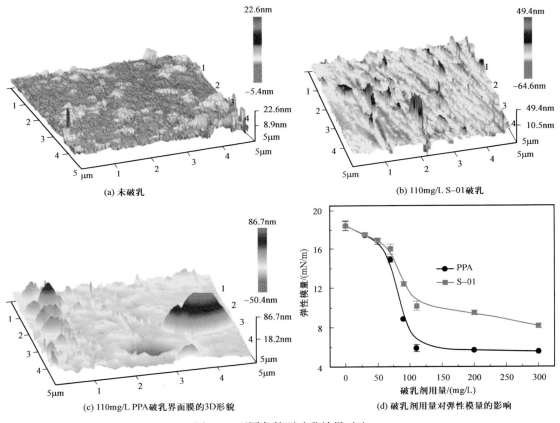

(a) 未破乳

(b) 110mg/L S-01破乳

(c) 110mg/L PPA破乳界面膜的3D形貌

(d) 破乳剂用量对弹性模量的影响

图 1.5　不同条件下破乳效果对比

1.4.2.2　非离子反相破乳剂

非离子反相破乳剂具有除油效率高、油水界面好、上层油珠流动性好、不粘壁的特点，但是非离子反相破乳剂在油水分离速度及深度净水效果上不如阳离子反相破乳剂。主要类型有丙烯酸酯乳液类和嵌段聚醚类。

（1）聚丙烯酸酯类。

聚丙烯酸酯（PYA）乳液是海上油气田平台上使用的一种常见类型的反相破乳剂。它是甲基丙烯酸、（甲基）丙烯酸酯和其他化学品的共聚物乳液。PYA 乳液可以通过酯单元聚集油滴，破坏 O/W 型乳状液油水界面膜，对含水 90% 以上的采出液有很好的处理效果。余俊雄等[10]利用乳液聚合法，合成了一种丙烯酸酯共聚物类反相破乳剂 BH-532，用于处理海上某油田的采出液，在 BH-532 投加量为 30mg/L 时，除油水分离效率达96.4%。王永军等[11]发现 PYA 在含 HCO_3^- 溶液中会促进油滴聚并，在 PYA 的基础上对其进行改性形成新型的阳离子型聚丙烯酸酯，可以拥有 PYA 和聚阳离子反相破乳剂的优点，在石油工业中显示出巨大的应用前景。

（2）聚醚嵌段聚合物。

研究表明，EO-PO 聚醚嵌段共聚物也可以用于 O/W 型乳状液的破乳，通常适用于水中含油量超过 5% 的 O/W 型乳状液。使用非离子聚醚作为原料、有机交联剂（如甲苯二异氰酸酯）在温度 30～100℃下合成制备交联型非离子反相破乳剂。Duan 等[12]发现当温度达到 55℃时，大部分制备的 EO-PO- 聚乙烯亚胺非离子反相破乳剂产品的性能都能与阳离子破乳剂媲美。

1.4.2.3　树状大分子破乳剂

树状大分子作为破乳剂与其他破乳剂相比具有许多独特的性质。例如，树状大分子具有独特的三维拓扑结构，较小的流体动力旋转半径，分子链的缠结较少。因此，分子量的增加对黏度的影响很小。此外，这些分子在末端分子链上有大量反应性官能团，因此树状大分子很容易改性以获得新的功能材料。树状大分子明显有别于第一代线型聚合物、第二代支链聚合物和第三代交联聚合物，其高度支化的结构和众多的端基使树状大分子破乳剂在水中具有优异的溶解性和优越的界面活性，而复杂的分子结构有利于穿透界面膜。

许多氨基树状大分子反相破乳剂已被开发并用于 O/W 型乳状液的破乳，聚酰胺—胺树状大分子（PAMAM）是其中的典型代表。树状大分子适用于含油量较高的 O/W 型乳状液，对于含油量很低的 O/W 型乳状液其破乳效果反而会变差，这是因为具有高度疏水性的支化分子不能有效地在水相和油相之间分配并吸附在界面处，热力学上更有利的机制是在溶液中形成聚集体，而不是在界面处吸附。

1.4.2.4　磁性纳米颗粒破乳剂

近年来，磁性纳米颗粒（MNP）作为一系列乳状液的化学破乳剂的研究正在迅速增长。MNP 用于破乳的特殊优势在于其巨大的表面积、对外部磁场的快速响应及通过磁场容易从复杂系统中分离。纳米颗粒容易发生聚集而影响破乳效率，因此目前的研究聚焦到将纳米粒子壳层上的活性基团与特定的粒子偶联，从而进行接枝。接枝的磁性纳米粒子具有 MNP 和壳层纳米粒子的特性，包括表面冲击、磁化冲击、磁机械冲击和磁感应加热。如陈述和等[13]合成了 $N,N-$ 二羟乙基 $-3-$ 氨基丙酸甲酯表面接枝 $Fe_3O_4@SiO_2$ 磁性材料，在最佳条件下对模拟凝析油 O/W 型乳状液可达到 94.9% 的破乳效果。但目前 MNP 破乳剂仅在实验室规模进行研究。

1.5 影响破乳剂脱水效果的因素

1.5.1 破乳剂浓度

破乳剂的浓度并非越大越好，它有一个最佳的浓度范围，一般加量不超过其临界胶束浓度，如果浓度过高，会发生增溶作用而使工艺效果恶化。破乳剂的最佳加量应由室内研究和现场试验来确定。

1.5.2 破乳剂的稀释温度和使用温度

破乳剂的稀释温度往往不被人们注意，实际上，温度过低，稀释困难；温度过高，会引起破乳剂变质或降低效能。如含有聚氧乙烯基的破乳剂，稀释温度不能超过其浊点，超过就会降低脱水效果。

1.5.3 pH 值的影响

pH 值也影响破乳剂的破乳脱水效果。主要原因是由天然乳化剂形成的 W/O 型乳状液的稳定性与 pH 值有关。天然乳化剂与酸性水相接触，生成的 W/O 型乳状液的界面膜十分坚固，而与碱性水相接触，生成的 W/O 型乳状液界面膜的坚固程度会大大降低，这样，同样的外加破乳剂，遇到不同 pH 值乳状液，其破乳效果就会不同。

1.5.4 配制破乳剂溶剂的影响

现有研究表明，溶剂对油溶性破乳剂的破乳性能有较明显影响。对油溶性破乳剂而言，二甲苯溶液对原油的破乳效果显著优于常用的甲醇溶液，二者的脱出水量相差 5 倍以上，且油水界面的乳化程度明显减小，原油脱水后盐含量也明显降低。生产现场使用效果也表明，二甲苯溶液对破乳剂的破乳性能发挥有明显的促进作用。因此，使用破乳剂时，选择合适的溶剂非常重要。

1.6 高效破乳剂技术发展趋势

纵观当前破乳剂技术研发现状，今后我国需要跟踪并借鉴国外原油破乳剂发展趋势及研究成果，尤其在合成高分子量聚合物含 F、Si 等特种表面活性剂，并对其扩链、改性和复配的技术方面。建议从界面张力和界面膜强度等方面，研究其结构与性能的关系及破乳机理，并致力于研发具有高效、低温、快速等技术特点的破乳剂，使破乳过程中油水分离更快、油水界面更清晰、乳化中间层更少，最终达到能低温快速高效破乳的目的。

由于原油组成复杂和影响因素众多，给原油破乳剂的研究工作带来许多困难。随着油田注水开发，油井产出液的含水量大量增加，例如大庆油田中区平均含水率已经高达90％，采出液主要是水包油型乳状液。当采出液到达地面后，必须加入高效破乳剂，使油水分离。高效复合型原油破乳剂由多元醇及多种高性能表面活性剂、电解质组成。与其他同类破乳剂相比，具有低温状态下原油破乳速度快、效率高等优点。现在常用的破乳剂有SP、AP、AE、AR 等，但每种破乳剂均有一定的局限性，对于特高含水的水包油型乳状液，存在脱水率低、脱水温度高、脱水速度慢等缺点。为克服上述缺点，可以利用破乳剂之间的相互协同效应，对破乳剂进行复配，针对不同含水率的原油，得到不同的复配体系，以满足现场需求。

第2章 油田作业液主要成分对原油脱水及脱出水处理影响研究

本实验研究的作业液主要成分包括 HCl、HF、BaSO₄、K-PAM、EDTA、KCl、NaCl、Na₂CO₃、NaHCO₃、NaOH、瓜尔胶、OP-10、CaCl₂、乙酸、双氧水、过硫酸钾、柠檬酸、硫酸铝、聚合铝铁、PAC、PAM 等；使用的破乳剂包括 CH-01、CH-02、CH-03、CH-04、CH-05、CH-06、CH-07、CH-08 等；实验用油样为 JD 油田的原油；实验水样为 JD 采出水，pH 值为 6.6，色度为 512 倍，浊度为 149NTU，COD_{Cr} 为 491.8mg/L，含油量为 556.93mg/L，Zeta 电位为 −30.51mV。

2.1 原油乳状液破乳剂筛选

为了研究不同的作业液化学添加剂对原油破乳脱水效果的影响，首先针对原油乳状液的破乳剂进行筛选，以得到脱水效果最好的破乳剂。实验参照 SY/T 5280—2018 对取自 JD 油田的原油在不断搅拌下加入一定量的水（原油中自带污水），用乳化机搅拌混合样 20min，配成含水量为 50% 的原油乳状液，置于比脱水温度低 5~10℃ 的恒温水浴内待用。实验中破乳剂加量为 50mg/L。首先从 20 多种破乳剂中初步筛选出 8 种脱水效果较好的破乳剂，并对这 8 种破乳剂进行了进一步评价，结果见表 2.1。

表 2.1 破乳剂筛选评价结果

序号	破乳剂	不同时间脱水量 /mL					水相清洁度	界面状况	挂壁程度
		5min	15min	30min	45min	60min			
1	CH-01	17.5	18	18	18	18	清	较齐	严重
2	CH-02	15	15	15	15.5	16.5	较浑	不齐	轻微
3	CH-03	16	17	17	17.5	17.5	清	较齐	严重
4	CH-04	16	17	17.5	18	18	较清	不齐	严重
5	CH-05	18.8	19.5	19.5	19.5	19.5	较清	不齐	严重
6	CH-06	15.5	16	16	16	16.5	较浑	不齐	少量
7	CH-07	20.8	21	21	21.2	21.2	清	齐	轻微
8	CH-08	20	20.5	20.5	20.5	20.5	清	齐	少量

从表 2.1 可以看出，破乳剂 CH-07 脱水速度快、脱出水清、脱出水量最多，且油水界面齐，挂壁轻微，因此，破乳效果最好的破乳剂是 CH-07。下面进行各化学添加剂对破乳效果的影响实验时选用破乳剂 CH-07。

2.2　作业液主要成分对原油破乳的影响研究

取 50mL 上述配制的原油乳状液，置于 60℃的恒温水浴中预热 5min，再加 0.5mL 破乳剂及不同的化学添加剂，同时设置空白对照，人工振荡 200 次，排气，最后置于 60℃恒温水浴中，计时。分别记录添加不同种类不同量的化学添加剂对原油破乳效果的影响，主要考察脱水速度、脱水量、脱出水颜色、挂壁情况及油水界面状况。

2.2.1　酸化、解堵液中的酸对原油破乳的影响

酸化、解堵液的主要成分是 HCl、HF 及土酸，酸化、解堵残液进入原油中的量不同，会使原油乳状液的 pH 值不同，因此实验中分别向原油乳状液中加入不同量的 HCl、HF 及土酸，并加入破乳剂 CH-07，做对照实验。实验结果见表 2.2 至表 2.4。

表 2.2　HCl 对原油破乳的影响

序号	pH 值	不同时间脱水量 /mL				水相清洁度	界面状况	挂壁程度
		5min	15min	30min	60min			
1	1.0	12	13.5	14.5	15.5	浅黄	较齐	少量
2	2.0	16.8	17	17.8	18.2	水清	较齐	少量
3	3.0	18	19	20	20	水清	齐	少量
4	4.0	18.5	19.5	20	20	水清	齐	轻微
5	5.0	19	19.5	20	20	水清	齐	轻微
6	6.0	19	20	20.5	20.5	水清	齐	轻微
7	空白	18.5	19.5	20	20.5	水清	齐	轻微

表 2.3　HF 对原油破乳的影响

序号	pH 值	不同时间脱水量 /mL				水相清洁度	界面状况	挂壁程度
		5min	15min	30min	60min			
1	1.0	13.5	14.5	15	16	水清	较齐	轻微
2	2.0	15	15	15.5	16	水清	较齐	轻微
3	3.0	17	17.2	17.8	18	水清	齐	轻微
4	4.0	17.4	17.6	18	18	水清	齐	轻微

序号	pH 值	不同时间脱水量 /mL				水相清洁度	界面状况	挂壁程度
		5min	15min	30min	60min			
5	5.0	17.5	17.5	19	19.4	水清	齐	轻微
6	6.0	18.5	19	20	20	水清	齐	轻微
7	空白	19.5	20	21	21	水清	齐	轻微

表 2.4　土酸对原油破乳的影响

序号	pH 值	不同时间脱水量 /mL				水相清洁度	界面状况	挂壁程度
		5min	15min	30min	60min			
1	1.0	14	15	16	16.5	水黄	较齐	少量
2	2.0	15	16	16.5	17	微黄	较齐	少量
3	3.0	17	18	18.3	18.7	水清	较齐	轻微
4	4.0	17	18	19	20	水清	较齐	轻微
5	5.0	18.5	19	19.5	20	水清	较齐	轻微
6	6.0	19	20	20.2	20.5	水清	齐	轻微
7	空白	20.5	20.8	21	21	水清	齐	轻微

由表 2.2 至表 2.4 可知，HCl、HF、土酸加量使原油乳状液 pH 值低于 5 时，可使原油脱水速度慢、界面不齐、脱水率降低、颜色发黄，但随着 pH 值的增加，影响作用减弱。其可能原因是乳状液中的 H^+ 达到一定浓度时激活了原油中的环烷酸，增加乳化剂数量，使乳化膜强度加大，从而使破乳难度加大，脱水效果降低。

2.2.2　压裂液中主要成分对原油破乳的影响研究

压裂液主要成分及其含量分别为：EDTA 0.2%，KCl 0.2%，NaCl 5%～饱和，瓜尔胶 0.6%。为了研究它们各自对原油破乳脱水的影响，按照压裂液配方中这些添加剂的加量开展实验研究。结果见表 2.5。

由表 2.5 可知：EDTA 使脱水量和脱水率下降，但对油水界面和挂壁程度的影响不大，对脱出水质没有影响；KCl 有助于原油破乳，脱水率和脱水量都有所增加，同时脱出水更清澈；5%～10% 的 NaCl 对原油破乳影响很小，但 NaCl 的加量大于 10% 时，脱水速度及脱水量降低，挂壁程度增加；瓜尔胶使乳状液脱出水量及脱水速度降低、脱出水含油量有轻微增加，这是由于聚合物的存在增加了油水界面膜的厚度和强度，降低了分散相和分散介质界面自由能，使它们的聚结倾向降低，增加了乳状液稳定性。

表 2.5 压裂液中主要成分对原油破乳的影响研究

添加剂	加量 /%	不同时间脱水量 /mL				水相清洁度	界面状况	挂壁程度
		5min	15min	30min	60min			
空白	0	19.5	20	20.6	21	水清	齐	轻微
EDTA	0.05	20.6	21	21.2	21.4	水清	齐	少量
	0.1	18.5	18.7	19	19.3	水清	较齐	少量
	0.2	18	19.2	18.5	18.8	水清	较齐	少量
KCl	0.05	19	20	20	20.5	水清	齐	轻微
	0.1	20.2	20.2	20.6	21	水清	齐	轻微
	0.2	21	21	21.3	21.5	水清	齐	轻微
NaCl	5.0	20	20.2	20.8	21	水清	齐	轻微
	10.0	19.8	20	20.2	20.5	水清	齐	少量
	20.0	17.5	17.5	17.8	18	水清	齐	严重
	饱和	18	19	19	19	水清	较齐	严重
瓜尔胶	0.2	19	19.3	20	20.4	水清	较齐	轻微
	0.4	19.6	19.8	20	20.2	较清	较齐	轻微
	0.6	17.6	18	19	19.8	较清	较齐	轻微

2.2.3 射孔液中主要成分对原油破乳的影响研究

射孔液中主要成分及其含量分别为：OP-10 0.05%，$CaCl_2$ 5%。为研究它们对原油破乳脱水的影响，按照射孔液配方中这些添加剂的加量开展实验研究，由于射孔液配方中 OP-10 的含量极低，只进行单点实验。结果见表 2.6。

表 2.6 射孔液中主要成分对原油破乳的影响研究

添加剂	加量 /%	不同时间脱水量 /mL				水相清洁度	界面状况	挂壁程度
		5min	15min	30min	60min			
空白	0	19.5	20	20.5	21	水清	齐	轻微
OP-10	0.05	16.5	18	18.5	19	浑黄	齐	少量
$CaCl_2$	1.0	20.4	20.6	20.6	20.8	水清	齐	轻微
	2.0	20.6	20.8	20.8	20.8	水清	齐	轻微
	3.0	20.8	21	21	21	水清	齐	轻微
	4.0	21	21.4	21.6	21.8	水清	齐	轻微
	5.0	20	20.2	20.8	21	水清	齐	轻微

由表 2.6 可知，OP-10 不仅使脱水率和脱水量下降，也使脱出水水质严重变差，挂壁程度也有所增加。OP-10 使原油乳状液油水界面张力降低，乳液稳定性增加，破乳难度加大；CaCl₂ 可促进原油破乳，使脱水量和脱水率都增加，同时水相清洁度有所提高。

综合实验结果发现，以上化学添加剂对原油破乳影响较大的有盐酸、氢氟酸、土酸、瓜尔胶和 OP-10，而 EDTA、KCl、NaCl 和 CaCl₂ 则影响不大。

2.2.4 作业液主要成分与破乳剂配伍性实验

为更进一步了解化学品对原油破乳的影响原因，开展了化学剂与破乳剂之间的配伍性研究，了解化学品与破乳剂之间是否发生了化学反应。具体过程：配制 20mL 不同浓度添加了化学品的溶液，加入 0.5mL 破乳剂溶液，常温观察。置于 60℃恒温水浴中加热至脱水温度，测量不同浓度下溶液的浊度，观察浊度的变化。此实验同样设置空白对照试瓶和温度指示瓶。

2.2.4.1 酸化、解堵液中的酸与破乳剂的配伍性

调酸溶液为不同 pH 值，加入破乳剂 CH-07 后水浴加热，测其浊度，结果见表 2.7。

表 2.7 不同 pH 值下酸与破乳剂的配伍性

添加剂种类	不同 pH 值下混合溶液浊度 /NTU						
	pH=1.0	pH=2.0	pH=3.0	pH=4.0	pH=5.0	pH=6.0	空白
盐酸	13.22	19.19	21.9	24.58	26.5	27.7	28.8
氢氟酸	13.88	19.23	21.7	23.8	26.1	27.1	28.0
土酸	13.93	19.12	23.6	24.8	26.1	27.3	28.6

由表 2.7 可知，盐酸、氢氟酸、土酸的存在使得破乳剂溶液的浊度大大降低，且 H⁺ 浓度越高，破乳剂溶液的浊度降得越低，可能盐酸与破乳剂发生了化学反应，H⁺ 消耗了一部分破乳剂使浊度下降。盐酸与破乳剂不配伍。氢氟酸与破乳剂不配伍。土酸与破乳剂化学不配伍。

2.2.4.2 压裂液中主要添加剂与破乳剂的配伍性

配制不同浓度的各种压裂液，加入破乳剂，水浴加热测其浊度，结果见表 2.8。

由表 2.8 可知，EDTA、氯化钾、氯化钠加入后溶液的浊度变化不大，可见它们对原油破乳没有负面影响，与破乳剂配伍。这也与前面实验结果一致，EDTA 对破乳效果影响不大。瓜尔胶溶液随着浓度增加，浊度也逐渐增加，且增加幅度比较大，说明瓜尔胶与破乳剂不配伍。

2.2.4.3 射孔液中主要成分与破乳剂的配伍性

（1）射孔液中的乳化剂和润滑剂 OP-10 与破乳剂的配伍性。

OP-10 溶液中加入破乳剂 CH-07，水浴加热后测浊度，结果见表 2.9。

表 2.8　压裂液与破乳剂的配伍性

添加剂种类	添加剂加量 /%	混合溶液浊度 /NTU
EDTA	空白	27.7
	0.05	30.5
	0.1	32.8
	0.2	36.2
氯化钾	空白	27.1
	0.05	28.0
	0.1	30.3
	0.2	31.5
氯化钠	空白	27.1
	5	27.2
	10	27.8
	20	28.5
	饱和	29.9
瓜尔胶	空白	29.5
	0.1	36.2
	0.3	53.2
	0.5	63.2
	0.7	66.2

表 2.9　OP-10 与破乳剂的配伍性

含量 /%	空白	0.05
浊度 /NTU	29.6	3.45

由表 2.9 可知，水浴加热后溶液浊度大大降低，OP-10 与破乳剂之间发生了化学反应，消耗了一部分破乳剂。OP-10 与破乳剂不配伍。

（2）水基压裂液中 $CaCl_2$ 与破乳剂的配伍性。

配制不同浓度的 $CaCl_2$ 溶液，加入破乳剂水浴加热，测其浊度，结果见表 2.10。

表 2.10　$CaCl_2$ 与破乳剂的配伍性

含量 /%	空白	1	2	3	4	5
浊度 /NTU	26.5	333	458	580	651	735

由表 2.10 可知，溶液的浊度变化很大。而从先前实验中知道，$CaCl_2$ 对原油破乳没有负面影响，此时的浊度增加是因为 $CaCl_2$ 本身浑浊造成的，其与破乳剂之间并没有发生化学反应，但 $CaCl_2$ 不能溶解在破乳剂中。

综上所述，残酸、瓜尔胶、OP-10 与破乳剂不配伍，不同的是残酸消耗了破乳剂，而大部分聚合物与破乳剂作用增加了沉淀量。

2.3　作业返排液主要成分对原油脱出水处理的影响研究

主要目的是研究常用油田化学剂对含油废水的浊度、色度等去除效果的影响。先得到处理含油废水的最佳条件和最佳效果，然后保持处理废水的最佳条件不变，向废水中添加不同种类、不同量的各种化学剂，研究这些化学剂对含油废水处理效果的影响。本实验以废水处理后静置 30min 的浊度或色度为主要指标来评价该化学药品对含油废水处理效果产生的影响。

2.3.1　采出水处理条件的优化

2.3.1.1　混凝剂的筛选实验

为了筛选出较优的水处理剂，首先将四种常用水处理剂配制成不同浓度的溶液：10% 的硫酸铝、10% 的聚合铝铁（PAFC）、PAC、0.1% 的 PAM（分子量为 300 万）、5% 的 RSH-4 净水剂、0.1% 的 AN926（分子量为 1700 万）。本实验中用 PAM 助凝剂 2mg/L，沉降 30min。结果如图 2.1、图 2.2 所示。

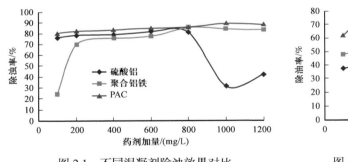

图 2.1　不同混凝剂除浊效果对比　　图 2.2　不同混凝剂除油效果对比

由图 2.1 和图 2.2 可知，PAC 对含油废水的处理效果明显好于聚合铝铁和硫酸铝，且 PAC 加量在 1000mg/L 的时候处理效果最好，浊度和油的去除率分别达到 89%、71% 以上。因此选用 PAC 作为混凝剂。

2.3.1.2　pH 值影响

取水样 100mL，以 H_2SO_4（5%）、NaOH（5%）调节废水的 pH 值，PAC 加量为 1000mg/L，沉降 30min，取上清液测浊度、含油量，并计算除油率、除浊率，结果如

图 2.3 所示。

由图 2.3 可知，当 pH 值范围在 6.5～8.5 时，药剂对采油废水中浊度及油的去除率最高，且絮体沉降速度快。pH 值影响混凝剂 PAC 的水解平衡及水解产物的形态，混凝剂水解后产生使胶体破坏和吸附油类物质的混凝体。实验所用的 JD 油田含油废水 pH 值正好在 6.5～8.5，所以该含油废水在混凝处理的时候不用调节 pH 值。

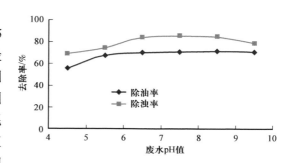

图 2.3　废水 pH 值对混凝效果的影响

2.3.1.3　助凝剂 PAM 的影响

取水样 100mL，混凝剂 PAC 的加量为 1000mg/L，沉降时间 30min，改变助凝剂 PAM 的加量，经搅拌沉降后，取上清液测其浊度和含油量，结果如图 2.4 所示。

由图 2.4 可知，当 PAM 加量为 25mg/L 的时候，药剂对含油废水中浊度去除率达到 90.2%，油的去除率达到 71%，且絮体沉降较快，但助凝剂 PAM 加量变化对油的去除率的影响不大。

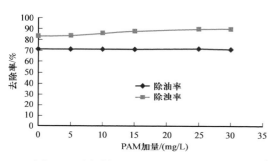

图 2.4　助凝剂 PAM 对混凝效果的影响

2.3.1.4　沉降时间影响

取水样 100mL，PAC（10%）1mL，加助凝剂 PAM（0.1%）25mg/L，改变沉降时间，取上清液测其浊度，结果如图 2.5 所示。

由图 2.5 中数据可知，当沉降时间为 40～70min 时，除浊率都在 91% 以上，且随沉降时间增加除浊率变化很小。考虑现场应用，本实验沉降时间选用 40min。

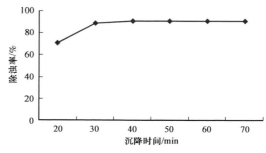

图 2.5　沉降时间对混凝处理含油废水效果的影响

2.3.1.5　含油废水最佳处理条件

根据上述单因素实验结果建立正交试验的因素水平表（表 2.11）。

根据表 2.11 开展正交试验，得到影响处理效果的主次因素顺序：PAC 加量，沉降时间，助凝剂加量。最佳混凝条件为混凝剂 PAC 1100mg/L，助凝剂 PAM 25mg/L，沉降时间为 40min。在此条件下处理废水，除浊率、除油率分别为 92.5%、72.9%。

表 2.11　因素水平表

因素 水平	A	B	C
	PAC 加量 /（mg/L）	PAM 加量 /（mg/L）	沉降时间 /min
1	900	20	35
2	1000	25	40
3	1100	30	45

2.3.2　压裂液中主要成分的影响

配制压裂液的化学品主要是天然高分子（瓜尔胶、田菁胶）、羧甲基纤维素（CMC）、合成聚合物［聚丙烯酰胺（PAM）］及其他添加剂，如黄胞胶、重铬酸钾、乙酸、碳酸氢钠、双氧水、过硫酸钾、氯化钾、甲醛等。

2.3.2.1　四种压裂液组分对含油废水处理效果的影响

压裂液残液进入污水处理系统后，也对含油废水处理产生了很大的影响，为了弄清压裂液中的何种组分对含油废水的处理产生不利影响，根据压裂液配方，H_2O_2 含量一般为 0.05%～0.1%；重铬酸钾含量一般为 4%～8%；瓜尔胶含量一般为 0.3%～0.8%；黄胞胶含量一般为 0.05%～0.1%。向含油废水中分别加入不同量的上述不同组分后在最佳处理条件下处理，这些组分对含油废水处理的影响结果如图 2.6 至图 2.9 所示。

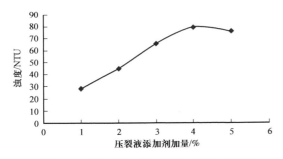

图 2.6　重铬酸钾对含油废水处理的影响

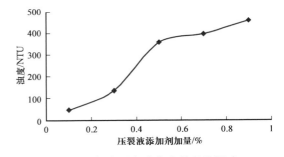

图 2.7　瓜尔胶对含油废水处理的影响

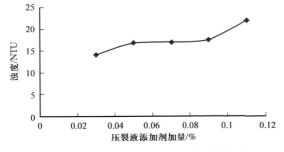

图 2.8　黄胞胶对含油废水处理的影响

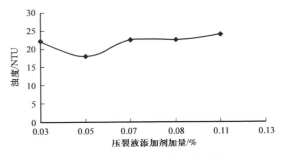

图 2.9　双氧水对含油废水的影响

由图 2.6 至图 2.9 可知，压裂液的成分黄胞胶、双氧水对含油废水处理的影响不显著，而随着瓜尔胶和重铬酸钾各自加量的增加，其对含油废水的混凝处理效果逐渐变大。其中，瓜尔胶对含油废水混凝处理的影响最大。当废水中瓜尔胶的含量增加时，混凝效果就会变差，当加量增加到 0.3% 时，浊度由最佳混凝条件下的 12NTU 升高到 259NTU，混凝剂处理效果被完全破坏。此外，重铬酸钾会导致处理后水质色度高，用稀释倍数法测得处理后的色度为 512 倍。

2.3.2.2　过硫酸钾对含油废水处理效果的影响

在压裂液中过硫酸钾的含量一般为 0.05%～0.1%，以此为参照在采油废水中加入不同量的过硫酸钾进行含油废水处理的实验研究，结果如图 2.10 所示。

从图 2.10 可知，压裂液中的过硫酸钾对含油废水处理后的浊度影响有一定规律，在含有微量该化学药品时，其浊度会变大，超过 20NTU，随着含量的增加，浊度则趋于下降至一定值后稳定不变。总体而言，该化学添加剂对含油废水处理效果有一定的影响。

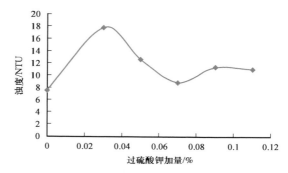

图 2.10　过硫酸钾对废水处理效果的影响

2.3.2.3　NaHCO$_3$ 对含油废水处理效果的影响

在压裂液中，NaHCO$_3$ 的含量一般为 0.06%～0.1%，以此为参照，配制 5% 质量分数的该溶液，在采油废水中加入不同量的 NaHCO$_3$ 进行含油废水处理的实验研究，结果如图 2.11 所示。

从图 2.11 可知，压裂液中的添加剂 NaHCO$_3$ 对含油废水处理效果有比较大的影响，可以看出，处理后的浊度是随其加量的增加而先增大后减小的，在加量为 0.08% 时，浊度到达峰值。根据比较，可能是因为该组分为弱酸致使其对含油废水处理效果带来一定影响。

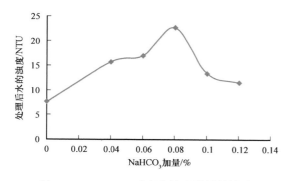

图 2.11　NaHCO$_3$ 对废水处理效果的影响

2.3.3　酸化液中主要成分的影响

2.3.3.1　四种酸对含油废水处理效果的影响

一般酸化液主要成分是盐酸、氢氟酸、乙酸、柠檬酸等。在油田生产现场，酸化残液混入污水处理系统后，使含油废水的 pH 值降低，含油废水的处理变得困难。为了弄清是酸化液中的何种组分对含油废水处理产生影响，根据酸化液配方，盐酸含量一般为0.5%～10%；氢氟酸含量一般为0.2%～6%；乙酸含量一般为15%，柠檬酸含量一般为0.15%；向在最佳处理条件下处理的含油废水中分别加入不同量的不同组分，这些组分对含油废水处理的影响结果如图2.12和图2.13所示。

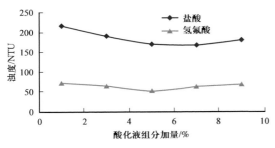
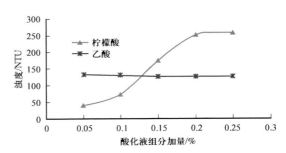

图2.12　盐酸及氢氟酸对水处理效果的影响　　　图2.13　乙酸及柠檬酸对水处理效果的影响

由图2.12和图2.13可知，酸化液中的柠檬酸、盐酸对含油废水的影响很大，当影响到一定程度后，随加量变大，浊度变化不大。酸化液成分中柠檬酸对含油废水的影响最大。随着柠檬酸加量的增加，废水的浊度逐渐变大，去浊率降低，当柠檬酸加量为0.2%时，浊度由最佳混凝条件下的12 NTU升高到260 NTU，PAC的混凝效果完全被破坏了。

2.3.3.2　NH₄Cl对含油废水处理效果的影响

在酸化液中NH₄Cl的含量一般为5%，以此为参照，配制5%的NH₄Cl溶液，在废水中加入不同量的NH₄Cl，再进行含油废水处理实验，结果如图2.14所示。

从图2.14可知，酸化液中的添加剂NH₄Cl对含油废水处理效果的影响可以认为是起到了积极的作用，它有效地降低了含油废水的浊度，并且保持在较低的水平，均在5 NTU以下，效果非常理想。

2.3.3.3　KCl对含油废水处理效果的影响

在酸化液中KCl的含量一般为3%～5%（压裂液中为1%～3%），以此为参照，在采油废水中加入不同量的KCl，进行含油废水处理实验，结果如图2.15所示。

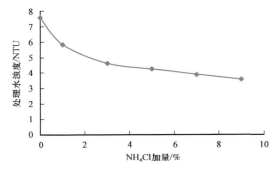
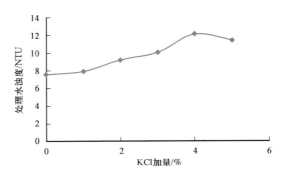

图2.14　NH₄Cl对水处理效果的影响　　　　图2.15　KCl对水处理效果的影响

从图 2.15 可知，酸化液中的添加剂 KCl 对含油废水的处理效果有一定影响，处理后浊度值较为理想，均可以控制在 13NTU 以下。

2.3.3.4　EDTA 对含油废水处理效果的影响

在酸化液中 EDTA 的含量一般为 0.2%，以此为参照，在采油废水中加入不同量的 EDTA，然后进行含油废水处理的实验，结果如图 2.16 所示。

从图 2.16 可 知，酸化液中的添加剂 EDTA 对含油废水有一定的影响，加入该化学品会导致处理液的浊度整体增大，并且其规律是先增加后减少，浊度在 30～60NTU 间变化，因此，该化学添加剂对含油废水处理的效果带来了一定的负面影响。

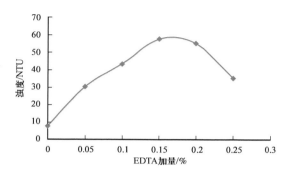

图 2.16　EDTA 对水处理效果的影响

通过研究酸化返排液对含油废水处理效果的影响，确定在此类返排液中加入碱缓冲溶液，并添加针对性较强的破乳剂，以便使进入系统内的乳状液 pH 值控制在 7.0 左右，并控制酸化返排液进入系统的量不超过 20%，就可以保证集输系统正常脱水，满足油田需要，使得该含油废水处理后浊度达标。

2.3.4　射孔液中主要成分的影响

射孔液中的主要成分包括氯化钙、氯化钠、乙酸、盐酸、磷酸氢钾、磷酸钾等。氯化钠、盐酸、乙酸等已在酸化液、压裂液的组分中涉及，因此，本实验主要研究氯化钙的影响，氯化钙是一种加重剂，在射孔液中，氯化钙含量一般为 10%，以此为参照，配制 5% 的该溶液，在采油废水中加入不同量的氯化钙，然后进行含油废水处理的实验研究，结果如图 2.17 所示。

从图 2.17 可知，射孔液中的添加剂氯化钙促使含油废水处理的效果变差，可以发现在加量较低时其浊度影响不是特别大，但是，随着加量的增加，将导致浊度递增至 25NTU 左右，脱水量和脱水率降低，但是水相清洁度相对较佳。

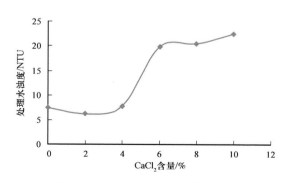

图 2.17　CaCl₂ 对水处理效果的影响

从以上实验结果得出如下结论：含聚合物的钻井液、完井液和含各种化学添加剂的射孔液、酸化液、压裂液、解堵液等各类入井液的返排液影响了采出液的处理效果，通过各种影响机理及浊度显示其处理效果可以得出，一些化学药剂最终导致分离出来的水中含油量高，污水处理难度加大，处理后浊度增大导致水质恶化。以上这些化学添加剂中，对含油废水处理效果影响较大的有重铬酸钾、瓜尔胶、氢氟酸、乙酸、柠檬酸、EDTA、盐酸、双氧水、过硫酸钾、碳酸氢钠、氯化钾，其中瓜尔胶、柠檬酸的影响非常大，而黄胞胶、氯化铵、氯化钙则影响不大，在某种程度上对含油废水的处理还有一定的促进作用。

另外，还对一些常用化学添加剂，如硼酸（14.47～21.0NTU）、OP-10（射孔液中含量0.05%，18.9～29.0NTU）、磺化沥青（钻井液中的含量1%～3%，影响规律类似SMP）、十二烷基磺酸钠（乳白色絮体，41.5～409 NTU）进行了初步探讨，硼酸影响较小，而后三者均对含油废水处理效果影响较大。

2.3.5 各种化学组分影响水处理效果的机理探索

2.3.5.1 作业液主要成分对含油废水 Zeta 电位影响

由前面的实验研究可知，压裂液组分瓜尔胶、酸化液组分柠檬酸对含油废水的影响很大。为了进一步了解影响的原因，研究了这些组分对含油废水 Zeta 电位的影响。实验以含油污水（浊度149 NTU，pH 值6.62，含油556.93mg/L，Zeta 电位 −30.51mV）为水样。

2.3.5.2 压裂液组分对含油废水 Zeta 电位的影响

向废水中加入不同量的瓜尔胶，测出其 Zeta 电位，接着用混凝剂处理含油废水，沉降40min 后取上清液测其 Zeta 电位，结果见表2.12。

表 2.12 瓜尔胶对含油废水 Zeta 电位的影响

处理方式	瓜尔胶不同加量时废水的 Zeta 电位 /mV				
	0.1%	0.3%	0.5%	0.7%	0.9%
未加混凝剂	−31.93	−32.20	−32.71	−33.49	−34.11
加混凝剂	−20.45	−20.91	−21.83	−21.54	−21.22

由表2.12可知，瓜尔胶的加入使含油废水的 Zeta 电位有所下降。这是由于瓜尔胶为大分子天然亲水胶体，溶于水后可形成高黏稠溶液，吸附到水中颗粒的表面，形成保护膜，使得 Zeta 电位绝对值增大，体系变得更稳定，从而影响了废水处理效果。

2.3.5.3 酸化液组分对含油废水 Zeta 电位的影响

（1）柠檬酸对含油废水 Zeta 电位的影响。

向废水中加入不同量的柠檬酸，测出其 Zeta 电位，接着用混凝剂处理含油废水，沉降40min 后取上清液测其 Zeta 电位，结果见表2.13。

（2）盐酸对含油废水 Zeta 电位的影响。

向废水中加入不同量的盐酸，测出其 Zeta 电位，接着用混凝剂处理含油废水，沉降40min 后取上清液测其 Zeta 电位，结果见表2.14。

表 2.13　柠檬酸对含油废水 Zeta 电位的影响

处理方式	柠檬酸不同加量时废水的 Zeta 电位 /mV				
	0.05%	0.1%	0.15%	0.2%	0.25%
未加混凝剂	−26.83	−25.96	−25.10	−23.53	−21.87
加混凝剂	−14.27	−13.14	−12.49	−11.67	−10.83

表 2.14　盐酸对含油废水 Zeta 电位的影响

处理方式	盐酸不同加量时废水的 Zeta 电位 /mV				
	1%	1.5%	2%	2.5%	3%
未加混凝剂	−28.05	−27.10	−26.38	−24.99	−23.45
加混凝剂	−18.61	−16.75	−17.43	−16.39	−15.47

由表 2.13 和表 2.14 可知，随着柠檬酸和盐酸加量的增加，虽然会使 Zeta 电位的绝对值下降，但是由于混凝剂 PAC 适合在中性条件下发挥作用，溶液 pH 值降低时，铝盐水解程度及聚合状态都减小，越来越多的铝盐以 Al^{3+} 的状态存在，在胶粒表面吸附量逐渐减小，从而影响了混凝剂的处理效果。

第3章　含酸原油乳状液破乳脱水影响研究与应用

通过酸化解堵调节地层渗透率是国内进入开发中后期油田油井增产、水井增注的重要措施。而酸化作业返排液或残液在生产中难以避免进入原油乳状液，对原油乳状液的破乳效果有较大影响。酸化作业中的酸化液的组成为酸液、缓蚀剂、助排剂、铁稳定剂、防垢剂和酸化互溶剂等。酸化作业完成后会有一部分残酸与地层中的脂肪酸盐等表面活性物质及原油中的胶质、沥青质、树脂、石蜡等天然表面活性物质和水湿性颗粒如泥砂、硅石、黏土等相混合，使原油乳状液逐渐形成比较稳定的乳状液，导致采用原有的原油乳状液再用破乳剂、加热沉降等常规处理方法对破乳脱水无明显作用，不仅造成原油破乳后含水超标，影响后续电脱工艺正常进行，而且会导致脱出水含油超标。

针对环烷酸这类内源性酸性组分对原油稳定性及脱水的影响，也有一些研究报道，如李本高[14]发现高酸原油破乳效果差的主要原因是环烷酸钠，环烷酸钠的表面活性较强，乳化能力强，使得高酸原油破乳难度增大；黄有泉等[15]发现原油中酸性组分增加，乳状液脱水率降低，乳状液稳定性增加；金鑫[16]研究发现稠油乳状液中酸性组分含量增加，油水接触角逐渐减小，油水界面的润湿性增大，油水界面膜强度增加，使得稠油乳状液更加稳定，破乳难度加大。Saliu[17]研究证实，环烷酸不仅可作为活化的带电物质，而且环烷酸与有机碱相互作用，会产生能够增强表面活性的有机盐，从而降低乳状液油水界面张力，增加乳状液稳定性。目前原油酸性组分环烷酸对原油乳状液的影响研究不是很多，关于环烷酸对原油乳状液的影响没有统一的明确说法，因此有必要对此进一步探究。

3.1　含酸油破乳脱水影响因素

3.1.1　外源性酸的影响

外源性酸液进入乳状液中会改变乳状液中水相的 pH 值，从而影响乳状液脱水。李恩清等[18]开展了水相 pH 值对原油脱水的影响研究，结果表明，pH 值对原油脱水有很大的影响，水相 pH 值处于 6～8 范围之外时，原油脱水率均小于 85%，说明在酸性或碱性环境下，含酸油不易破乳；pH 值为 6～8 时，破乳剂脱水效果最好，脱水率高，说明水相在中性环境时，易于破乳。其可能因素是 pH 值影响油水相界面膜的强度与迁移速度。在强碱条件下，原油中天然乳化剂的酸性官能团离子化，使界面活性变强，增强了乳状液的稳定性；而在酸性条件下则是碱性官能团离子化，使界面活性也变强，也增强了乳状液的稳定性。陈武等[19]研究发现，盐酸、氢氟酸、土酸加量使原油乳状液 pH 值低于 5 时，可使采出液脱水速度慢、脱水率降低、颜色发黄，但随着 pH 值的增加，影响作用减弱。童志明等[20]发现当原油乳状液中添加酸化返排液时，脱水率显著降低，当原油乳状液中添加 20%（体积分数）的酸化返排液时，脱水率由 84.72% 降至 12.1%。而当 pH 值为 7 时，原油乳状液的稳定性最低，很容易破乳脱水。唐世春[21]考察发现当酸化压裂液质量分数达到 7.5% 时，原油基本不能脱水；酸化压裂液的排液速度越快，含酸原油乳化越严重，脱水效果越差。郭海军等[22]在生产中监测到渤海湾 QHD32-6 海上油田两口油井酸化后返排期间，原油集输系统三相分离器和热处理器水相 pH 值下降，最低降至 4.0，返排 11 小时后恢复正常值 7.0。在此期间原油乳状液样稳定性增大，破乳剂的性能显著变差。

3.1.2 酸类型的影响

在油田生产中，针对不同的地质条件有不同的酸化解堵体系，如盐酸、土酸、低伤害酸、潜在酸等。酸化作业的有效率可达 80% 以上，但酸化解堵后的残酸返排进入系统后，影响原油脱水。范振中等[23]研究发现，土酸、盐酸、残酸均能降低原油的脱水效率，特别是在稠油体系中，酸使原油的脱水效率大大降低，对原油脱水的影响强弱顺序为残酸＞土酸＞盐酸；而陈雅琪[24]研究发现，土酸能够抑制原油破乳脱水，盐酸能促进原油破乳脱水，且脱出水清，界面齐。此外，聂新村等[25]研究发现，复合酸与地层岩石反应后的乏酸比复合酸的乳化倾向大且油水界面膜的强度加强，形成的乳状液更稳定。由此可见，对于不同的原油采出液，不同研究者得到的盐酸对原油脱水影响的结果不同，可能与原油中沥青质、胶质及其他颗粒物不同有关。

3.1.3 酸化淤渣的影响

在酸化作业过程中，酸液和原油接触后可能生成一些以沥青质、胶质为主要成分的沉淀，即酸化淤渣。研究者对美国和加拿大的油田调查发现，28%～35% 的油井酸化时生成酸化淤渣。酸化淤渣不仅堵塞地层，影响酸化效果，而且对后续原油脱水造成很大的困难，研究表明，随着小分子组分的减少及酸化淤渣和大分子沥青质的增加，酸化油中含有的乳化成分比例逐渐增大，界面膜更加稳定，乳状液的脱水难度变大。如在我国胜利油田的埕岛油田生产中发现，由于酸化作业大型化，油水集输管网大、流程长，在长距离海管中油水易混合乳化。含有铁离子的酸化液与原油混合后，在适合条件下可溶性胶质因生成分子量较高的不溶物而析出，形成酸化淤渣、胶质酸渣而使原油更易乳化，这说明高浓度酸化残液进入原油集输系统会对生产造成极大的危害，曾发生酸化残液进入集输系统，引起联合站油水分离和处理工作混乱的事故。这也可能是残酸比酸化入井液影响更强的原因之一。

3.1.4 固体颗粒的影响

由于钻井过程中钻井液漏失，开采出来的原油乳状液往往含大量的钻井液、泥砂，这些固体颗粒对油水乳状液稳定性的影响主要取决于固体颗粒粒径的大小、颗粒间相互作用及颗粒本身的润湿性能。存在于油水界面上的固体颗粒起着天然乳化剂的作用，在乳状液界面上形成稳定的界面膜阻碍液滴间的聚集；同时也在一定程度上增强了界面膜上的静电斥力，进一步增加了乳状液的稳定性。鄢捷年等[26]研究发现，固体颗粒在油水界面上参与了油水界面膜的形成。固体颗粒的浓度、种类、尺寸、形状和表面润湿性是决定乳化性能的重要因素，直接影响所形成乳状液的类型和稳定性。亲水性固体颗粒趋于稳定 O/W型乳状液，而亲油性固体颗粒趋于稳定 W/O 型乳状液。固体颗粒的粒径越小，所形成乳状液越稳定。胡文丽[27]指出固相颗粒可能会改变乳状液的类型，从而造成原有的破乳剂失效。油水对固体润湿情况决定了乳状液类型，易润湿固体形成乳状液的外相。

3.1.5 原油胶质和沥青质的影响

李学文等[28]的研究表明，在原油中的胶质、沥青质具有一定的空间界面活性，在形成原油乳状液的过程中易形成空间网状结构，同时也可以形成具有一定强度的保护性薄膜，以促进乳状液的形成和提高乳状液的稳定性，因此含胶质、沥青质较多的原油形成的油水乳状液相对较稳定。油水界面膜的强度不仅与沥青质分子的结构、分子量大小、界面活性有关，而且与沥青质在油相中的微观形态及其在油水界面间的微观排列结构有关。胶质与沥青质具有很强的协同乳化作用。因此，胶质与沥青质以微粒形式分散在原油中，很容易吸附到油水界面上，加强了油水界面间的稳定性。

3.1.6 内源性酸的影响

内源性酸指原油自身所含的酸，主要是含氧酸，如环烷酸（占95%），其含量的高低一般用原油酸值来表示。目前环烷酸对原油乳状液稳定性及破乳过程的影响却说法不一，其主要原因在于环烷酸含有极性双亲分子结构，能与水相中的碱、金属离子和原油中的活性组分（胶质、沥青质）相互作用，这些都会影响其油水界面性质，进而较为复杂地影响原油乳状液的稳定性。在生产实践中人们就发现，高酸原油破乳的难易程度并不完全与原油酸值对应，一些酸值低的原油破乳也很难，甚至较酸值高的还要难，说明原油酸值并不是影响高酸原油破乳性能的唯一因素。李本高等[14]采用组分分析和原油破乳脱水方法，对荣卡多、多巴和阿尔巴克拉 3 种典型高酸原油的主要组成和乳化特性进行研究。结果表明，高酸原油不仅含有环烷酸，而且还含有一定量的环烷酸盐；环烷酸和环烷酸非碱金属盐基本不影响高酸原油破乳，其原因可能与实验用的荣卡多、多巴和阿尔巴克拉 3 种高酸原油的石油酸含量较高、胶质和沥青质含量不高有关。但环烷酸钠具有较强的表面活性，对原油乳化作用强，是导致高酸原油破乳困难的主要因素。到目前为止，环烷酸与原油中活性组分的作用机理不清，对原油乳状液稳定性影响尚未有统一认识。

3.2 酸化油处理的主要方法

对于酸化油的处理主要是先降低酸化油中酸类、表面活性剂、细小的颗粒状杂质、酸化淤渣等的影响，再实现酸化油快速高效地净化脱水。

3.2.1　中和预处理

中和预处理的方法可以中和酸化油中部分有机酸和无机酸，在一定程度上使酸化油水相 pH 值呈中性。李建强[29]对酸化油研究的结果表明，对比分析水相 pH 值为 5.71 和中和后水相 pH 值为 6.97 的两种乳状液，中和后破乳剂脱水效果要略高于中和前破乳脱水效果，但提高幅度不大，仍有大部分水不能脱出。说明中和预处理只在一定程度上对酸化油的脱水有效。王晓宁等[30]针对塔河油田酸压后产出的原油因 pH 值偏低，残酸对原油破乳脱水影响大的现场实际情况，进行一系列碱化剂与破乳剂复配的室内实验，并投入现场使用，为现场持续、安全、高效生产提供重要参考。

3.2.2　水洗预处理

通过水洗的方式可以洗去酸化油油相中的杂质、已形成的酸化淤渣及残存的表面活性剂，降低这些因素的影响。李建强[29]在开展水洗酸化油的研究中发现，原油水洗产生大量的固体杂质，且水洗液水色浑浊，油水界面存在黑色絮状物，表明水洗可将酸化油中的杂质、表面活性剂及部分酸化淤渣洗涤出来，从而降低酸化油脱水难度，水洗后酸化油加入 500mg/L 破乳剂时，80℃下静置沉降 1h，酸化油脱水率可达 97% 以上，表明水洗预处理酸化油是一种较好的方法。

3.2.3　化学破乳法

化学破乳法的研究主要集中在针对不同种类的复杂乳状液研发不同种类与不同构型的新型破乳剂及测试不同破乳剂之间复配、破乳剂与助剂之间复配后的破乳性能。近年来国内有研究者开发出了针对酸化油破乳的新型破乳剂，如天津市慧珍科技有限公司的魏秀珍等[31]使用由环氧乙烷、环氧丙烷、二异氰酸酯与不同起始剂反应而成的嵌段聚合物，用这种破乳剂处理渤海油田酸化作业后抽出的原油并进行脱水实验，脱水率可达 100%，且脱水速度快。这说明研发针对性的酸化油破乳剂是酸化油破乳脱水可行的方法之一。

3.2.4　超声波辅助法

谢丽等[32]利用高酸原油酯化反应脱酸，并借助超声波的空化作用、机械作用和热学作用促进反应，将多巴原油酸值由 4.74 mg KOH/g 降至 0.21 mg KOH/g，脱酸率高达 95.6%。李淑琴等[33]利用超声波辅助破乳剂的破乳方法处理黏度大于 5000mPa·s 的稠油，结果表明，在破乳剂用量减少 35% 的情况下，原油的脱水率提高 40%，并达到降低原油黏度的效果，使原油的流动性得到显著提高。韩萍芳等[34]对乳状液进行超声波预处理实验，结果表明超声波已脱除乳状液中 80% 的游离水，使其含水率降至 9.85%；再加入破乳剂后，脱水率达 94%，含水率降至 3.08%，超声波的处理效果十分明显。

3.2.5　联合破乳法

由于酸化油乳液本身破乳困难及单一破乳方法的局限性，采用单一的破乳方法有时得不到理想的结果，因此采用多种破乳法联合破乳已成发展趋势。目前研究并应用的联合破乳法有电场与化学破乳法联合、破乳剂和反渗透法联合、破乳剂与磁处理联合、超声波与破乳剂联合、化学絮凝剂与生物破乳法联合、盐—高分子联合、静态超声联合、沉淀和高压静电相联合、微生物表面活性剂与破乳剂联合、微波辐射和化学破乳联合等。

综上所述，采用常规破乳剂和加热沉降等常规处理方法对酸化后原油采出液，破乳脱水无明显作用。导致酸化油处理困难的主要影响因素为乳状液体系的 pH 值、固体颗粒、沥青质及胶质、环烷酸、酸化淤渣等，也不排除酸化液中的助排剂、防膨剂和缓蚀剂等的影响；目前对于酸化油稳定难以破乳脱水机理未有统一认识。针对酸化油破乳脱水问题，对含酸油有效的破乳方法都有各自的适用范围，中和预处理法只适合于处理含酸含淤渣较少的原油体系；水洗法的适用范围较广，可以洗去含酸油中的杂质、残存的表面活性剂及酸化淤渣，降低这些因素的影响；化学破乳法的适用范围较窄，每种破乳剂都具有专一性；超声波处理法可以辅助化学破乳法脱水，适用范围较广；联合破乳法适用性较广。因此，针对含酸油的处理，首先要弄清含酸油的来源，在处理时应先检测油样的各项指标，弄清影响原油脱水的主要因素，这样才能确定合适的原油脱水方法，提高含酸油脱水效率。

3.3 外源性酸对原油乳状液稳定性影响研究

针对 pH 值对原油乳状液稳定性的影响开展实验，以揭示酸化液对原油乳状液脱水的影响机理。

3.3.1 对原油乳状液脱水率及 Zeta 电位影响

参照 SY/T 5280—2018《原油破乳剂通用技术条件》，调节采出水的 pH 值与油样配成含水量为 40% 的原油乳状液，置于比脱水温度低 5～10℃的恒温水浴缸内待用，取原油乳状液，恒温静置 30min 后，用离心机将不同乳状液同时离心脱水，并计算脱水率，再将脱出水取出，静置 5min 后分别测定不同 pH 值乳状液脱出水的 Zeta 电位（取绝对值），每组测十次，结果如图 3.1 所示。

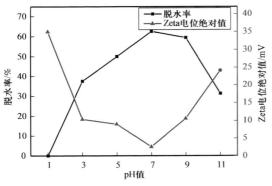

图 3.1　pH 值对乳状液脱水率与 Zeta 电位影响

由图 3.1 可知，不同 pH 值时乳状液脱水率有很大差别，脱水率随着 pH 值的增大先上升后下降，其中 pH 值为 1 时脱水率为 0，而 pH 值为 7 时乳状液脱水率达到最大，为 62.5%，说明乳状液在中性时，稳定性最低，随着 pH 值降低或升高稳定性增加。乳状液 Zeta 电位的绝对值也随 pH 值的升高先增大后减小，且在 pH 值为 1 时，Zeta 电位绝对值最大，为 34.94mV，pH 值为 7 时 Zeta 电位绝对值最小，为 2.59mV。此时乳滴间的静电斥力最小，乳滴更容易聚集，乳状液稳定性最差。

3.3.2　对原油乳状液黏度的影响

用布氏黏度计测定不同 pH 值乳状液在 40～85℃区间内黏度随温度的变化情况，每个样品测量三次，计算平均值，并绘制黏温曲线，同时也测定了在生产现场破乳温度 43℃时，不同 pH 值时黏度变化。结果如图 3.2 和图 3.3 所示。

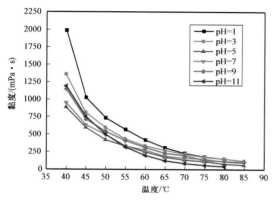

图 3.2　原油乳状液不同 pH 值黏温曲线

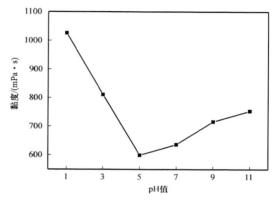

图 3.3　43℃时原油乳状液不同 pH 值乳状液黏度

由图 3.2、图 3.3 可知，不同 pH 值乳状液的黏度与温度线性关系不同，其中在 pH 值为 1 的情况下，乳状液黏度随温度的变化最大，变化值可达 1817.4mPa·s。在破乳温度 43℃下乳状液黏度会随着 pH 值的升高先降低后升高，最低点为乳状液 pH 值为 5 时。这可能是因为弱酸条件下乳状液中环烷酸钠被酸化为环烷酸，环烷酸与沥青质产生相互作用，促进了沥青质颗粒之间的聚集使其结成团，导致表面黏度增加，但是随着沥青质聚集程度的进一步提升，最终使得沥青性质向固态性质转变，表面黏度则出现下降趋势。

3.3.3　对原油乳状液粒径分布的影响

为了观察 pH 值对乳状液微观形态的影响，调节采出水的 pH 值并与原油混合制成乳状液，取一滴乳状液滴制成压片，用显微镜观察乳状液形态并记录照片，再将采集的乳状液微观图片用 Nano Measurer 软件统计分析液滴尺寸分布，结果如图 3.4、图 3.5 所示。

由图 3.4、图 3.5 可以看出，原油乳状液一般以油包水型（W/O）乳状液为主，含有少量多重（O/W/O）乳状液，乳状液中水滴大小不一，粒径一般分布在 100μm 以下。其中 pH 值为 5 时乳状液粒径最为集中，主要分布于 54～108μm，说明此时乳状液的乳化程度更大，乳状液液滴之间聚并更困难；pH 值为 7 时乳状液粒径最为分散，超过 50% 的液滴粒径大于 100μm，乳状液最不稳定。因此，原油乳状液的水珠粒径分布均匀程度是影响乳状液稳定性的重要因素，粒径越小、越均匀，油水界面面积越大，吸附的表面活性物质越多，乳状液稳定性越强，液滴之间越难聚合；粒径越大、分布越分散，乳状液越不稳定，液滴之间的聚并越容易。

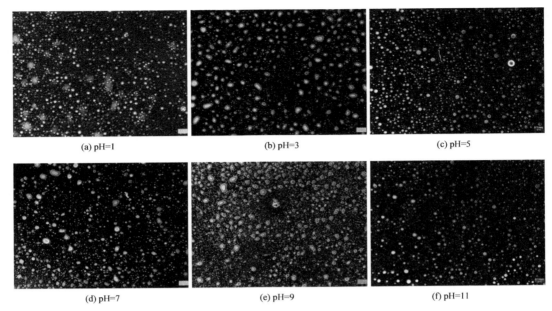

图 3.4　不同 pH 值乳状液显微镜形态

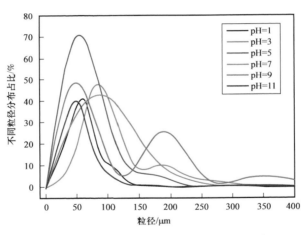

图 3.5　不同 pH 值乳状液粒径大小分布曲线

3.3.4　pH 值对油水界面张力的影响

原油黏度较高，Tracker 界面流变仪无法直接测定原油与水相的动态界面张力，因此需要使用去活煤油（用高温活化后的硅胶去除活性物质）将原油稀释配制成质量分数为 1% 的模拟油，然后在（30.0 ± 0.1）℃测定不同 pH 值水相中油水动态界面张力，并计算平衡界面张力，结果如图 3.6、图 3.7 所示。

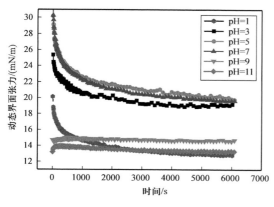
图 3.6 不同 pH 值下油水动态界面张力

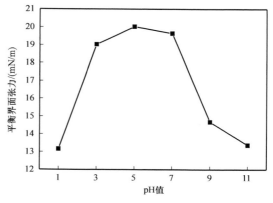
图 3.7 不同 pH 值下油水平衡界面张力

动态界面张力曲线可分为 3 个区间：诱导区间、快速下降区间和介平衡或平衡区间。当水相为酸性或者中性的时候，油水动态界面张力没有出现明显的诱导区间，直接进入快速下降区间，然后在 2000s 后开始进入介平衡区间。这说明在酸性或中性时，原油中活性分子可以快速吸附并扩散在油水界面。当水相为碱性时，油水动态界面张力既无明显诱导区间，也没有快速下降区间，这可能是因为原油中的酸性大分子被中和为有机盐形式，形成了强亲水基团，酸性大分子可以迅速排列在油水界面。

由图 3.7 可知，在 pH=1 时，油水平衡界面张力最低，为 13.1664mN/m，随着 pH 值增大，界面张力先增大后下降，在 pH 值为 5～7 时，达到最大。油水界面张力越小，体系越稳定，因此在酸性或者碱性条件下，乳状液体系都较为稳定，不利于破乳。

3.3.5 pH 值对油水界面扩张黏弹性的影响

不同 pH 值水相条件下，油水界面扩张黏弹性变化如图 3.8、图 3.9 所示。

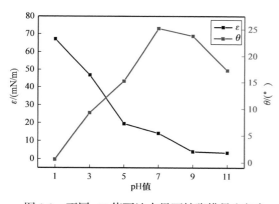
图 3.8 不同 pH 值下油水界面扩张模量和相角

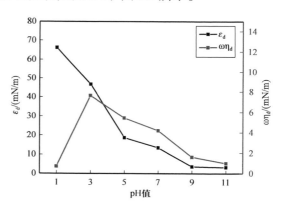
图 3.9 不同 pH 值下油水界面黏弹性

分析图 3.8 可知，当 pH 值为 1 时，油水界面扩张模量（ε）最大，ε 值达 64mN/m，随着 pH 值的上升，ε 逐渐减小。相角 θ 随着 pH 值先增加后下降，在 pH=1 时相角最小，仅有 0.56°，表明此时界面膜几乎为纯弹性膜；在 pH=7 时相角达到最大，表明界面膜中黏性模量占比相对较大。这与图 3.9 中弹性模量（ε_d）与黏性模量（$\omega\eta_d$）变化一致。表明油水界面在酸性条件下，油水界面膜基本以弹性模量为主，并且有较高的扩张模量。

3.4 内源性酸性组分对原油乳状液稳定性影响研究

对含酸原油中酸性组分环烷酸进行提取分析，利用宏观乳状液状态和微观界面性质，考察酸性组分环烷酸对乳状液稳定性的影响，进一步探究环烷酸对原油乳状液稳定性的影响机理，可为油气田深入了解原油开采过程中含酸原油对乳化状态的影响，解决含酸原油破乳困难问题，降低生产成本，减少环境污染，提高经济效益提供科学参考。

3.4.1 原油中酸性组分的提取

用 30mL 正己烷将 5.0g P2 联原油稀释，然后加入用 V（2%NaOH）：V（乙醇）=3：7 配制成的碱醇溶液 50mL，在 40℃恒温水浴振荡 2.5h，转移到 500mL 分液漏斗中分离出下层碱醇溶液。上层有机相在用 50mL 碱醇溶液萃取，共萃取 4 次。合并各次碱醇溶液并过滤，将过滤后的碱醇溶液置于 500mL 分液漏斗中，用 20mL 石油醚萃取 3 次，将得到的碱性乙醇溶液常压蒸发浓缩到 100mL，并在冰浴中用 6mol/L 盐酸酸化至 pH 值为 2～3 以使石油酸分离。用二氯甲烷反复萃取石油酸至水相无色，将二氯甲烷相在常温下水洗至水相中性后干燥过滤。常压蒸发除去二氯甲烷后，50℃真空烘箱内烘干至质量恒定，所得固态残留物即为石油酸。测试结果表明，该原油酸值为 0.795mg KOH/g，属于含酸原油。

3.4.2 原油酸性组分的 FT-IR 分析

采用 Nicolet Nexus670 型傅里叶红外光谱仪对商品环烷酸和酸组分提取液进行测定，采用反射法，扫描波数 500～4000cm^{-1}，测试温度 23℃。结果如图 3.10 所示。

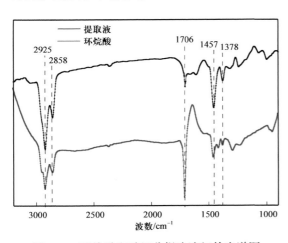

由图 3.10 可知，原油酸组分提取液与商品环烷酸的红外光谱主要的吸收峰基本一致，在 2800～3000cm^{-1} 之间出现的较宽的吸收峰可能是酸的 O—H 伸缩峰，1706cm^{-1} 处都出现了明显的酸的 C=O 伸缩峰，但是在 1745～1770cm^{-1} 没有出现羧酸单体的特征吸收峰，说明环烷酸分子是以二聚体或多聚体形式存在的。在 1457cm^{-1} 和 1378cm^{-1} 处出现的吸收峰可能是脂肪链特征峰。结果表明，原油中酸组分提取液中主要成分为环烷酸，其结构与商品环烷酸结构基本一致。

图 3.10 环烷酸和酸组分提取液红外光谱图

3.4.3　环烷酸含量对模拟原油乳状液稳定性影响研究

原油黏度高，物性复杂，并且自身有酸性物质，如果直接用来实验，可能给实验带来误差。因此，首先将原油用去活煤油稀释配制成质量分数为 1% 的模拟油，再向模拟油中加入不同浓度的环烷酸，然后测定含酸模拟油性质。

3.4.3.1　环烷酸含量对油水乳状液 Zeta 电位的影响

由图 3.11 可知，环烷酸可以显著影响模拟油乳状液的 Zeta 电位，在不加入环烷酸时乳液滴 Zeta 电位为正值，加入少量环烷酸后 Zeta 电位降低，当环烷酸质量分数达到 0.25% 时，Zeta 电位达到最小，超过 0.5% 后，乳状液 Zeta 电位变为负值，同时环烷酸含量越高，Zeta 电位值越负，因此液滴之间的静电斥力越大，不利于乳滴的聚并。

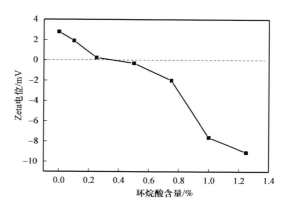

图 3.11　乳状液 Zeta 电位随环烷酸含量变化

3.4.3.2　环烷酸含量对油水乳状液粒径分布的影响

由图 3.12、图 3.13 可知，当环烷酸含量仅为 0.1% 时，乳状液水珠粒径主要分布在 20～60μm 之间，分布峰值较大，分布范围较广；随着环烷酸含量的增加，模拟油乳状液的粒径分布越集中，粒径分布峰值越小，在环烷酸质量分数在 1%、1.25% 时，水珠粒径主要分布在 20μm 左右，表明随着环烷酸质量分数的增加，乳状液稳定性增强。

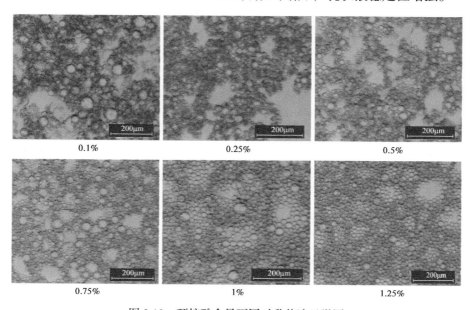

图 3.12　环烷酸含量不同时乳状液显微图

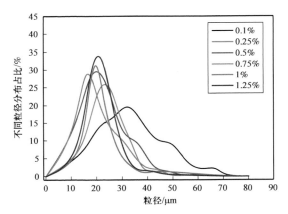

图 3.13　环烷酸含量对油水乳状液粒径分布影响

3.4.3.3　环烷酸含量对油水界面张力的影响

动态界面张力曲线和平衡界面张力曲线分别如图 3.14 和图 3.15 所示。动态界面张力曲线可分为 3 个区间：诱导区间、快速下降区间和介平衡或平衡区间。从图中可以看出，空白油样最开始表面张力为 31.2mN/m，经过诱导和快速下降区间后基本在 20mN/m 达到平衡；当加入环烷酸后，动态表面张力曲线的初始阶段界面张力值已经低于空白样品的界面张力值，并随环烷酸质量分数的增加，界面张力初始值降低。当界面张力达到介平衡或平衡区间后，环烷酸含量越高，界面张力值越小，在加入 1.25% 的环烷酸后平衡界面张力降低至 8.58mN/m。说明环烷酸是一种活性物质，可以有效降低油水界面张力，增加乳状液的稳定性。

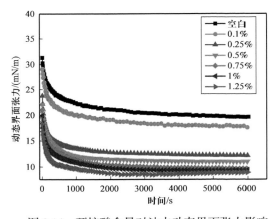
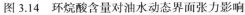

图 3.14　环烷酸含量对油水动态界面张力影响

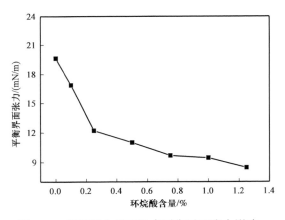

图 3.15　环烷酸含量对油水平衡界面张力影响

3.4.3.4　环烷酸含量对油水界面膜黏弹性的影响

由图 3.16、图 3.17 可知，扩张模量（ε）随着环烷酸质量分数的增加先上升再下降，在 0.25% 处出现一个最高值；而扩张相角（θ）随着环烷酸质量分数的增加呈现先增加后平稳的趋势；弹性模量（ε_d）和黏性模量（$\omega\eta_d$）也随着环烷酸质量分数的增加先上升再下降，但是 ε_d 与 ε 保持一致，在环烷酸质量分数为 0.25% 时出现最大值，而 $\omega\eta_d$ 出现一定的滞后，在环烷酸质量分数为 0.5% 处出现最大值。这是因为环烷酸作为天然表面活性剂，其浓度变化对界面扩张流变性质有两方面的影响。一方面，环烷酸在界面吸附的质量分数增大，导致界面上活性剂分子间的相互作用增强，发生界面形变时界面张力梯度更大，界面膜的扩张模量增大；另一方面，随着环烷酸质量分数的增加，其在油相内与油水界面上被吸附的分子间的交换也加快，形变产生的界面张力梯度会立即被快速的分子交换抵消，扩张模量大大降低。因此，当环烷酸质量分数较低时扩张模量由增加的界面浓度决定，质量分数较高时扩张模量由分子交换速率决定；当分子交换速率对扩张模量降低的贡献大于界面浓度增加对扩张模量升高的贡献时，扩张模量随环烷酸质量分数的增大而降低。所以，油水界面的扩张模量随着环烷酸质量分数的增大会出现一个极大值。同时，因为环烷酸浓度较低时，活性分子扩散交换过程对于吸附膜的贡献较小，界面膜以弹性为主，相角较低；随浓度增大，活性分子在表面与体相的扩散交换增强，黏性部分所占比例增大，因而相角逐渐增大。

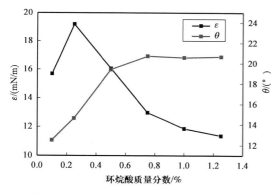 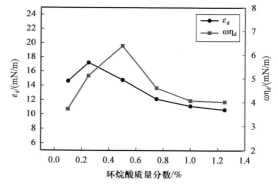

图 3.16　环烷酸含量对油水界面扩张模量和　　　　　图 3.17　环烷酸含量对油水界面弹性和
　　　　　相角影响　　　　　　　　　　　　　　　　　　　　　　黏性模量影响

3.5　TH 油田酸化油破乳剂的合成

基于上述对外源性酸及内源性酸性组分对原油乳状液稳定性的影响机制，开展了针对 TH 油田酸化油破乳剂的合成研究，以期探索 TH 油田酸化油优良的破乳剂配方，为生产现场提供可行的参考方案。

3.5.1　TH 油田酸化油油样基础物性分析

本研究根据 GB/T 8929—2006《原油水含量的测定　蒸馏法》规定的方法对 TH 油田某井原油含水率进行测定。结果见表 3.1。

表 3.1　TH 油田酸化油油样基础物性分析

油样来源	试样质量 /g	二甲苯体积 /mL	水的体积 /mL	含水率 /%	pH 值
TH 油田某井	108.2	50	2.8	2.59	4.8

由表 3.1 可知，TH 油田的某井油样 pH 值较低，这正是酸化油的典型代表。正是由于 TH 油田酸化油 pH 值较低，残留酸中的 H^+ 将稠油中环烷酸激活，增加乳化剂数量，使乳化膜强度加大，从而使破乳剂替换油水界面的难度加大，影响了化学脱水的进行，造成原油破乳的困难，这就导致 TH 原油乳状液很难破乳。残酸液与原油中沥青、胶质发生化学反应生成酸渣，改变了原油中天然乳化剂活性成分，使得原油乳状液性质发生显著变化，原油乳状液稳定性增强，脱水困难。

3.5.2　酸化油油样族组分分析

参照 SY/T 5119—2016《岩石中可溶有机物及原油族组分分析》，采用四分法分离从 TH 油田某井取回的原油的四组分，含量见表 3.2。

表 3.2　TH 油田某井油样四组分含量

组分	饱和分	芳香分	胶质	沥青质	非烃
含量 /[%（质量分数）]	2.90	29.24	29.41	26.28	12.17

由表 3.2 可知，TH 油田某井油样的沥青质含量为 26.28%，胶质含量为 29.41%，是典型的高沥青质、高胶质的稠油。而沥青质和胶质是天然的乳化剂，它们对原油乳状液的破乳有很大影响。沥青质对原油乳状液的稳定作用是最为重要的，在油水界面中，由沥青质形成的油水界面膜强度越大，界面黏度就越高，所形成的乳状液就越稳定；非烃类杂质占 12.17%，说明 TH 油田某井油样纯度不高，所含杂质甚至比饱和分的比例还要高，杂质中可能含有酸液添加剂等其他油田化学药剂，这在某种程度上也增加了塔河油田酸化油破乳的难度。针对酸化油稳定机理，本研究主要是围绕非离子聚氧乙烯聚氧丙烯嵌段聚合物进行改头、扩链得到不同破乳剂。

3.5.3　破乳剂油头的合成

将准确称量的丙二醇和氢氧化钾投入三颈烧瓶，N_2 吹扫，升温达（100±5）℃时开始滴加环氧丙烷升温反应，温度控制在（115±5）℃下，反应 0.5～1h，反应制得破乳剂油头 11 种，每种油头主要合成条件见表 3.3。

3.5.4　破乳剂的合成

将准确称量的 5#、6#、8#、9#、10#、11# 破乳剂油头及氢氧化钾投入三颈烧瓶，N_2 吹扫，先滴加环氧乙烷升温反应，再滴加环氧丙烷，温度控制在（115±5）℃下，反应不同时间，反应制得破乳剂 6 种，每种破乳剂合成条件见表 3.4，1# 破乳剂至 6# 破乳剂如图 3.18 所示。

表 3.3　不同破乳剂油头的合成条件

油头	合成主要条件
1#	5mL 丙二醇、0.3783g 氢氧化钾和 45mL 环氧丙烷，在 115℃下反应 1.5h
2#	5mL 丙二醇、0.3440g 氢氧化钾和 45mL 环氧丙烷，在 105℃下反应 3.5h
3#	5mL 丙二醇、0.3323g 氢氧化钾和 45mL 环氧丙烷，在 120℃下反应 6.5h
4#	5mL 丙二醇、0.3355g 氢氧化钾和 30mL 环氧丙烷，在 115℃下反应 6h
5#	5mL 丙二醇、0.6221g 氢氧化钠和 15mL 环氧丙烷，在 135℃下反应 5.5h
6#	20mL 丙二醇、0.7038g 氢氧化钾和 20mL 环氧丙烷，在 115℃下反应 19.5h
7#	5mL 丙二醇、0.5158g 氢氧化钾和 30mL 环氧丙烷，在 115℃下反应 20h
8#	5mL 丙二醇、0.5875g 氢氧化钾和 20mL 环氧丙烷，在 115℃下反应 19.5h
9#	5mL 丙二醇、0.5389g 氢氧化钾和 25mL 环氧丙烷，在 115℃下反应 22.5h
10#	5mL 丙二醇、0.4392g 氢氧化钾和 15mL 环氧丙烷，在 115℃下反应 19.5h
11#	5mL 丙二醇、0.5948g 氢氧化钾和 15mL 环氧丙烷，在 115℃下反应 20.5h

表 3.4　不同破乳剂的合成条件

破乳剂	合成主要条件
1#	取 5mL6# 油头、0.4595g 氢氧化钾、15mL 环氧乙烷和 15mL 环氧丙烷，在 115℃下反应 11h
2#	取 5mL8# 油头、0.4641g 氢氧化钾、15mL 环氧乙烷和 15mL 环氧丙烷，在 115℃下反应 13h
3#	取 5mL10# 油头、0.4233g 氢氧化钾、15mL 环氧乙烷和 15mL 环氧丙烷，在 115℃下反应 13h
4#	取 5mL11# 油头、0.4881g 氢氧化钾、15mL 环氧乙烷和 15mL 环氧丙烷，在 115℃下反应 22.5h
5#	取 5mL9# 油头、0.4652g 氢氧化钾、15mL 环氧乙烷和 15mL 环氧丙烷，在 115℃下反应 20.75h
6#	取 5mL5# 油头、0.4520g 氢氧化钾、15mL 环氧乙烷和 15mL 环氧丙烷，在 115℃下反应 20.5h

图 3.18　合成的 6 种破乳剂

3.5.5 代表性破乳剂结构的表征

选取在实验中破乳效果相对较好的 TH-2 破乳剂、TH-5 破乳剂进行红外光谱测试，如图 3.19、图 3.20 所示。

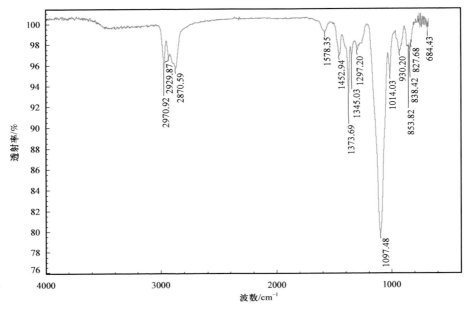

图 3.19　TH-2 破乳剂的红外光谱图

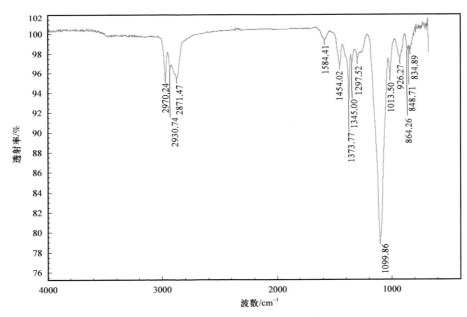

图 3.20　TH-5 破乳剂的红外光谱图

图 3.19 中的 1097.48cm^{-1}、图 3.20 中的 1099.86cm^{-1} 都是醚（C—O—C）的吸收峰（醚的 C—O 伸缩振动吸收峰出现在 1050～1200cm^{-1}）。而且，2 个图中代表醚的吸收峰的强度都很大，表明三种破乳剂中 C—O 键含量多。图 3.19 中的 2970.92cm^{-1} 和 2929.87cm^{-1}、图 3.20 中的 2970.24cm^{-1} 处的吸收峰为甲基（—CH$_3$）的特征吸收峰。图 3.19 中的 1373.69cm^{-1} 和 1014.03cm^{-1}、图 3.20 中的 1373.77cm^{-1} 和 1013.50cm^{-1} 都是聚氧丙烯基的特征吸收峰，峰较弱，可用于确定聚氧丙烯基的存在。由于三种破乳剂都未烘干，因此未排除水的影响。

3.6　合成破乳剂对 TH 酸化油的脱水性能研究

依据 SY/T 5280—2018《原油破乳剂通用技术条件》进行破乳实验，对合成的破乳剂 TH–1 至破乳剂 TH–6 的脱水性能进行评价；参照 GB/T 8929—2006《原油水含量的测定　蒸馏法》，测定原油水含量，以原样所含水的总体积为基准计算破乳剂的脱水率。

取 TH 油田某井油样在 50℃ 按照 1 : 5（体积比）用混调器（1600r/min，搅拌 8min）配制含水 16.67% 原油乳状液（现场乳状液综合含水一般是 20%～30%），取 30mL 合成破乳剂放入原油乳状液，取 7 只具塞量筒，编号，65℃ 恒温水槽中预热 10 min 后取出摇动 200 次，再加入一定量的破乳剂（油田现场处理酸化油时，未辅助超声处理前破乳剂加量 1000mg/L，增加超声处理后，药剂降到 500mg/L），摇匀。将 7 只具塞量筒放入恒温水槽，在空白对照中插入温度计。观察温度变化，在温度达到 75℃（油田现场脱水温度 70～80℃）时开始计时，并记录此刻的出液量。然后分别记录 15～120min（生产现场是三级沉降共 24～48h）时的出液量和实验现象。在 75℃ 重复以上步骤，计算脱水率，结果见表 3.5 至表 3.7。

表 3.5　合成破乳剂的脱水实验结果（加量约 300mg/L）

破乳剂名称	75℃不同时间沉降脱水量 /mL						120min 脱水率 /%	界面状态	挂壁状况	污水颜色
	15min	30min	45min	60min	90min	120min				
空白	0	0	0	0	0.01	0.01	0.2			
TH–1	0.25	0.30	0.35	0.35	0.40	0.40	7.1	不齐	挂	清
TH–2	0.15	0.3	0.35	0.40	0.45	0.50	8.9	略齐	挂	清
TH–3	0.10	0.25	0.25	0.25	0.30	0.35	6.2	不齐	挂	清
TH–4	0.20	0.25	0.30	0.30	0.35	0.35	6.2	不齐	挂	清
TH–5	0.40	0.45	0.50	0.55	0.60	0.65	11.5	略齐	挂	清
TH–6	0.30	0.35	0.40	0.45	0.50	0.55	9.7	略齐	挂	清

表 3.6　合成破乳剂的脱水实验结果（加量约 500mg/L）

破乳剂名称	75℃不同时间沉降脱水量 /mL						120min 脱水率 /%	界面状态	挂壁状况	污水颜色
	15min	30min	45min	60min	90min	120min				
空白	0	0	0	0	0.01	0.01	0.2	—	—	—
TH-1	0.60	0.65	0.75	0.80	0.85	0.95	16.8	不齐	微挂	清
TH-2	0.75	0.85	0.95	1.10	1.30	1.5	26.6	略齐	微挂	清
TH-3	0.5	0.55	0.75	0.85	0.90	1.2	21.2	不齐	微挂	清
TH-4	0.55	0.65	0.75	0.85	0.95	1.10	19.5	不齐	挂	清
TH-5	0.65	0.85	0.90	0.95	1.2	1.40	24.8	略齐	微挂	清
TH-6	1.3	1.35	1.4	1.5	1.6	1.65	29.2	略齐	微挂	清

表 3.7　合成破乳剂的脱水实验结果（加量约 800mg/L）

破乳剂名称	75℃不同时间沉降脱水量 /mL						120min 脱水率 /%	界面状态	挂壁状况	污水颜色
	15min	30min	45min	60min	90min	120min				
空白	0	0	0	0	0.01	0.01	0.2			
TH-1	0.60	0.65	0.70	0.75	0.80	1.2	21.2	不齐	挂	清
TH-2	0.75	0.95	1.25	1.6	1.8	2.0	35.4	齐	微挂	清
TH-3	0.5	0.6	0.75	0.85	1.0	1.3	23.0	不齐	挂	清
TH-4	0.6	0.75	0.9	1.0	1.2	1.5	26.6	不齐	挂	清
TH-5	0.65	0.85	0.95	1.55	1.90	2.3	40.7	齐	微挂	清
TH-6	1.25	1.50	1.65	1.90	2.40	2.9	51.3	齐	微挂	清

　　由表 3.5 至表 3.7 可知，75℃时，合成的 6 种破乳剂脱水率均随加量增加而提高，但在 2h 时脱水率均不高，其中破乳剂 TH-2、TH-5、TH-6 脱水效果相对较好，只有 TH-6 在 800mg/L 时脱水率最高达到 51%。这一方面表明 TH 油田某井酸化油（pH 值为 4.8）确实处理难度大，另一方面也说明针对酸化稠油合成的聚醚型破乳剂是值得进一步研究优化的，当然不排除合成破乳剂的脱水效果可能与合成产品中残存的部分 KOH 有关，即在破乳剂加到乳状液中，残留的 KOH 会中和酸化油中的部分 H^+，从而降低了酸化油乳状液稳定性，提高了破乳效果。脱水率不高也可能与脱水时间不够长、药剂加量不够、温度还需提高等因素有关。

3.7　与代表性工业破乳剂的破乳性能对比

　　合成的最好的破乳剂 TH-6 在加量 800mg/L、75℃时 2h 脱水率只有 51%，因此，选择 TH 油田现场在用破乳剂及部分代表性的工业破乳剂在加量 1000mg/L（0.75mL）、75℃、延长脱水时间（生产现场是三级沉降共 24～48h）的情况下开展破乳实验。实验中配制含水率 20%（体积分数）的乳状液，每次取 30 ml 乳状液（共含水 6.62mL）开展脱水实验，结果见表 3.8。

表 3.8　代表性工业破乳剂及 TH-6 的脱水效果对比（加量 1000mg/L）

破乳剂名称	75℃不同时间沉降脱水量 /mL									脱水率 / %	界面状态	挂壁状况	污水颜色
	15 min	30 min	45 min	60 min	90 min	120 min	360 min	480 min	600 min	600 min			
空白	0	0	0	0	0.2	0.2	0.2	0.5	0.5	0	—	—	—
TH-6	1.25	1.50	1.65	1.85	2.45	2.95	3.8	5.5	6.0	81.41	齐	微挂	清
TH 油田在用	0.75	1.0	1.65	2.0	2.3	2.6	3.0	4.8	5.5	74.63	齐	微挂	清
SYT-13	0.5	1.0	1.2	1.5	1.8	2.0	2.2	2.4	2.5	33.92	不齐	挂	浑
T-31	0.6	0.75	0.9	1.2	1.5	1.8	2.5	3.0	3.4	46.13	略齐	挂	浑
ST-020	0.65	0.85	0.85	1.25	1.5	1.8	2.0	2.2	2.2	29.85	不齐	挂	浑
CH-01	1.25	1.50	1.65	1.90	2.40	2.9	3.4	3.6	3.85	52.24	不齐	微挂	略浑

　　由表 3.8 实验结果可知，在加量 1000mg/L、75℃时，合成的 TH-6 破乳剂 6 h 脱水率可以达到 74.6%，10h 脱水率可以达到 81.41%，而现场破乳剂脱水 10 h 脱水率也可以达到 74.63%，表明合成的聚醚类破乳剂具有较好的效果，说明针对酸化油合成的破乳剂具有一定的可行性，但仍待优化，以提高脱水率、缩短脱水时间、降低加量和脱水温度，从而降低生产成本。其他工业品破乳剂 10h 脱水率 29%～52.24%，效果不理想。考虑到现场取回的油样老化原因，因此，如果把合成的破乳剂用于现场酸化油处理脱水效果可能优于实验室效果。

第4章 含聚合物原油乳状液破乳脱水影响研究与应用

油气田生产过程中含聚合物原油采出液的主要来源有三个方面：一是来自聚合物驱油；二是来自聚合物微球调驱；三是井下作业过程中使用的含聚合物作业液的返排残液的混入。

油气田为了提高采收率，目前在原油开采过程中普遍采用了以聚合物驱油为代表的三次采油技术，在三次采油过程中我国常用的聚合物为部分水解聚丙烯酰胺（HPAM）、新型疏水缔合型聚合物（HAP）。聚合物驱具有操作方便、原料易得、成本较低、驱油效果好、可大幅度提高采收率、经济效益高等特点，已在世界范围内的生产实践中得到认可。但是聚合物驱加入的聚合物经过由地面到地下、再到地面这个过程与原油混合在一起，使得原油采出液乳化状态复杂化，采出液的相态形成了油包水型（W/O）、水包油型（O/W）及多重乳状液（套圈乳状液）。不仅如此，无论是 HPAM，还是 HAP，其分子结构中的羧酸基团富集在油滴界面膜上，发生离解而使得油滴带有负电，增强了油滴的双电层，进而增大了采出液 Zeta 电位，增强了油水界面膜上的静电排斥力。此外，聚合物更易裹挟细小的固体颗粒物质，一方面通过乳化作用可以稳定存在于油水界面上，在油水界面上形成了更加坚固的界面膜，另一方面，固体颗粒稳定存在油水界面上的时候，也增强了油水界面膜上的静电排斥力。因此，无论是聚合物自身、固体颗粒自身及聚合物裹挟固体颗粒物都能增强油水界面膜强度，增强油水界面膜上的静电排斥力，阻碍原油乳状液液滴之间的聚集，使原油乳状液更稳定，使得原油脱水难度增加，使水脱不出或脱出水含油高，增加了后续处理的难度。

有些油田由于长期的注水开发，其油藏平面和纵向的非均质性不断加剧，部分油井出现高含水或油藏部分水淹现象，为了稳油控水／增油降水，因聚合物微球调驱能有效封堵高渗透层和深部运移能力而被各油田广泛应用，成为当前油田主要调剖／调驱技术之一。但韦雪贵等在聚合物微球调驱技术应用过程中发现，聚合物微球驱导致油井产出液乳化严重，原油破乳脱水不达标，并导致后续电脱工艺脱水困难，油含水高，严重影响原油正常生产。其原因可能是聚合物微球乳液中含有大量表面活性剂，增加了乳化液油水界面膜厚度，对原油乳化产生严重影响，使原油乳化液更加稳定，难以破乳。

在实施压裂时就要使用压裂液，而压裂液中含有不同的添加剂，其中的稠化剂主要有田菁胶、瓜尔胶及合成高分子聚合物等。当压裂结束后，绝大部分压裂液会出地面并被收集处理，但在此过程中会有少量压裂液残液与原油采出液一起采出或少量压裂返排液残液进入采出液集输系统，其中的瓜尔胶、聚合物、颗粒物都会使乳浊液黏度增加，且瓜尔胶、聚合物的疏水基可伸入原油乳状液的油相造成空间障碍，使水滴之间保持一定的距离，抑制水滴相互聚结。此外，瓜尔胶、聚合物、颗粒物还可在油水界面间吸附和聚集，增加油水界面膜的厚度和强度，降低分散相和分散介质界面自由焓，使它们的聚结倾向降低，使得原油乳状液油水界面张力降低，增加了乳状液稳定性。因此导致化学破乳脱水难度加大。

综上所述，在油田生产过程中，为了增产稳产或者稳油控水 / 增油降水而采取的聚合物驱、聚合物微球调驱及压裂技术，都会导致在原油采出液中含大量的聚合物、固体颗粒（黏土、高岭石、石英砂等），使油水分离更困难，导致很多油田采用常规破乳剂已无法解决破乳脱水的难题，使分离出来的油含水高、水含油高，严重影响了原油脱水生产和油品的质量，并影响后续生产处理。因此，为了保证增产稳产或者稳油控水技术的实施，提高油气资源采收质量和效率，提高经济效益，在弄清聚合物 / 颗粒物影响原油采出液破乳脱水机制的基础上，开发新型破乳剂十分必要且具有深远意义。

4.1　聚合物对原油乳状液稳定性的影响研究

本研究选择瓜尔胶（guar gum，GG）和聚丙烯酰胺（polyacrylamide，PAM）为聚合物的代表，石英砂为颗粒物代表，以原油乳状液脱水率、黏度、乳状液粒径、界面张力、黏弹性为乳状液稳定性考察指标，研究单一聚合物、颗粒物质及聚合物与颗粒物共存对乳状液的脱水及稳定性影响规律，以弄清其对原油乳状液稳定性影响机理，为解决油田实际生产中原油乳状液因含聚合物、含固脱水困难问题提供参考。

4.1.1　原油及采出水性质分析

4.1.1.1　采出水水质分析

（1）采出水离子分析。

按照 SY/T 5523—2016《油田水分析方法》采用 ICS2100 离子色谱仪对取回的 SZ 油田分离器出口（水）混合水样进行了离子全分析，结果见表 4.1。

表 4.1　现场水样离子成分

指标	$Na^+ + K^+/$（mg/L）	$Ca^{2+}/$（mg/L）	$Mg^{2+}/$（mg/L）	$SO_4^{2-}/$（mg/L）	$Cl^-/$（mg/L）	$CO_3^{2-}/$（mg/L）	$HCO_3^-/$（mg/L）	可溶性$SiO_2/$（mg/L）	矿化度 /（mg/L）	pH 值	水型
含量	15533.8	1708.6	364.0	6.0	27355.8	0	356.4	33.23	45046.83	7.2	$CaCl_2$

从表 4.1 数据可知，油田采出水矿化度高达 45046.83mg/L，阳离子主要以钠、钾离子为主，含量为 15533.8mg/L，同时还有较少钙、镁等金属离子；阴离子主要以氯离子为主，氯离子含量达 27355.8mg/L，同时水中还有硫酸根、碳酸根等，水样整体中偏弱碱

性，为氯化钙型。

（2）采出水悬浮固体含量和固体颗粒直径中值测定。

按照 SY/T 5329—2022《碎屑岩油藏注水水质指标技术要求及分析方法》，测定了悬浮固体（SS）含量。此外，利用激光粒度仪和动态光散射仪，对 SS 的粒径进行了检测分析，结果如图 4.1 所示。

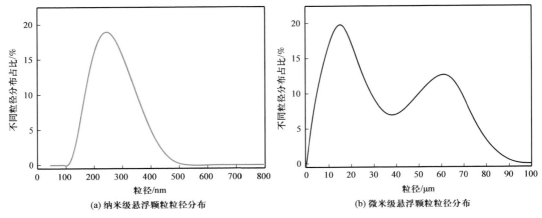

(a) 纳米级悬浮颗粒粒径分布　　(b) 微米级悬浮颗粒粒径分布

图 4.1　采出水中固体颗粒粒径分布曲线图

由图 4.1 可知，油田采出水中纳米级 SS 粒径主要分布在 150～350nm，粒径峰值在 255 nm 左右；微米级 SS 粒径分布于 0～100μm，粒径峰值出现双峰，在 15.6 μm 附近为最高峰值，然后在 62.5 μm 左右出现第二次峰值。

4.1.1.2　油样物性分析

参照 SY/T 5119—2016《岩石中可溶有机物及原油族组分分析》完成了原油的族组分的测定，根据 GB/T 8929—2006《原油水含量的测定》，对产出液含水率进行测定；原油无机质含量测定采取重量法；按照国家标准 GB/T 1884—2000《原油和液体石油产品密度测定法（密度计法）》对原油的密度进行测定；参照 GB/T 18609—2011《原油酸值的测定电位滴定法》测定原油的酸值。原油物性指标具体见表 4.2。

表 4.2　原油物性参数

参数	饱和烃 /%	芳香烃 /%	胶质 /%	沥青质 /%	闭合度 /%	含水率 /%	含固量 /%	密度 /（g/cm³）	酸值 /（mg KOH/g）
数值	54.89	26.44	8.91	1.15	91.38	2.19	2.05	0.8973	0.80

从表 4.2 可以看出，LP 油田原油的沥青质含量为 1.15%，而胶质含量为 8.91%，由于胶质、沥青质具有一定的表界面活性，在乳状液中是一种主要的成膜物质，其含量越高，形成的油水界面膜强度越高，不易破裂，进而乳状液稳定性也越强；固体含量为 2.05%，酸值为 0.80mg KOH/g，属于含酸原油。

4.1.1.3　原油无机质组分分析

取一定质量原油，用石油醚将原油反复稀释后过滤，收集滤渣，清洗、干燥后将滤渣研磨成粉末，进行 EDS（energy dispersive spectrometer）扫描，分析原油无机质中所含 96 元素种类，结果如图 4.2（a）所示。然后采用 PANalytical X 射线衍射仪 XRD（X-ray Diffraction）进行分析，实验条件为：滤波 Ni，CuKα，高压强度 40kV，管流 40mA，以 2θ 角 4°/min 扫描 10°～90°，分析无机质中的主要物质成分，结果如图 4.2（b）所示。

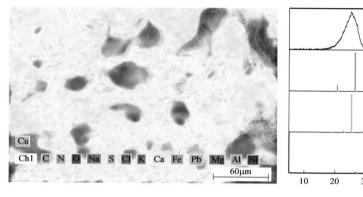

| (a) EDS能谱扫描 | (b) XRD扫描比对图 |

图 4.2　原油无机质组分分析图

由图 4.2（a）可知，原油无机质组分元素组成比较复杂，不仅含有非金属元素，还含钠、钾、钙、铁、镁、铝、镍等各种金属元素；图 4.2（b）为无机质 XRD 扫描图谱，对比标准卡可知，无机质成分主要以二氧化硅、硫酸钙、硫化钙为主。

4.1.2　聚合物对原油乳状液脱水率影响

实验选用天然瓜尔胶和商品非离子型聚丙烯酰胺进行实验（瓜尔胶分子量 233.6 万，聚丙烯酰胺分子量 250 万）。首先用过滤后的油田采出水将两种聚合物配制成一定浓度的聚合物溶液，然后再分别配制出 0～1000mg/L 的含聚合物原油乳状液，恒温静置 30min 后，用离心机将不同乳状液同时离心脱水（4000r/min，15min），并计算脱水率，结果如图 4.3 所示。

由图 4.3 可知，随着瓜尔胶和聚丙酰胺浓度的增加，乳状液脱水率逐渐降低，聚合物浓度达到 800mg/L 后，乳状液几乎没有脱出水；其中，浓度为 200～400mg/L 时，含瓜尔胶的乳状液脱水率略高于含聚丙烯酰胺的乳状液脱水率。

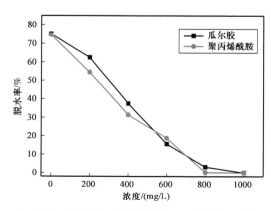

图 4.3　聚合物浓度对原油乳状液脱水率影响

4.1.3 聚合物对原油乳状液黏度影响

为了探究不同聚合物对原油乳状液黏度的影响，用采出水分别配制不同浓度的 GG 液和 PAM 溶液（瓜尔胶分子量 233.6 万，聚丙烯酰胺分子量 250 万），然后与原油混合制成乳状液，在 43℃测定不同浓度含聚乳状液黏度，结果如图 4.4 所示。

由图 4.4 可知，乳状液黏度随聚合物浓度的增加迅速增加，虽然 GG 分子量略小于

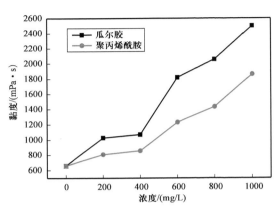

图 4.4 聚合物浓度对原油乳状液黏度影响

PAM 的分子量，但是在同一浓度下，含 GG 的乳状液黏度要高于含聚丙烯酰胺的乳状液黏度，在不含聚合物时，乳状液黏度为 685.5mPa·s，当 PAM 浓度为 1000mg/L 时，乳状液黏度为 1860mPa·s，当瓜尔胶浓度为 1000mg/L 时，乳状液黏度为 2499mPa·s。这是由于聚合物在原油乳状液中因疏水缔合作用形成不稳定的物理交联结构，表现出较好的增黏效应，而 GG 是天然聚合物，分子量分布不均匀且含较多水不溶颗粒，进一步增加了乳状液黏度。

4.1.4 聚合物对乳状液粒径影响

用 PAM 和 GG 分别配制不同浓度的含聚合物原油乳状液，将乳状液滴在载玻片上，用显微镜观察乳状液形态并拍照，再将采集的乳状液微观图片用 Nano Measurer 软件统计分析液滴尺寸分布，结果如图 4.5、图 4.6 所示。

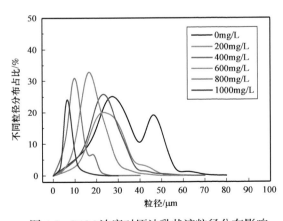

图 4.5 PAM 浓度对原油乳状液粒径分布影响

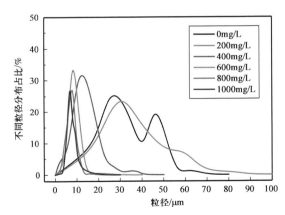

图 4.6 GG 浓度对原油乳状液粒径分布影响

由图 4.5、图 4.6 可知，含聚合物原油乳状液的分散相粒径主要分布在 5~40μm，并且随着聚合物浓度的增加，粒径峰值逐渐减小，粒径分布越集中，当聚合物浓度超过800mg/L 后，乳状液粒径分布峰值在 10μm 以下；其中 GG 浓度变化对乳状液粒径影响显

著，在浓度为 400mg/L 时，粒径分布峰值就小于 20μm，当浓度为 800mg/L 以上时，粒径分布峰值小于 10 μm。结合两种聚合物对乳状液黏度的影响可知，GG 浓度对乳状液黏度影响更大，随着乳状液黏度的增加，乳状液分散相的粒径分布峰值更小，分布更集中，乳状液更稳定。

4.1.5 聚合物对乳状液界面张力影响

用去活煤油将原油稀释配制成质量分数为 1% 的模拟油，然后在温度（30±1）℃下，分别测定不同浓度下 GG 溶液和 PAM 溶液与模拟油之间的油水动态界面张力，结果如图 4.7、图 4.8 所示。

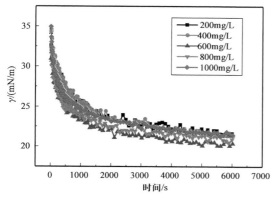
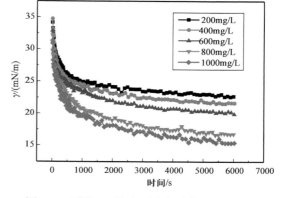

图 4.7　不同 PAM 浓度下油水动态界面张力　　图 4.8　不同 GG 浓度下油水动态界面张力

由图 4.7、图 4.8 可知，PAM 浓度变化对油水界面张力随时间的变化影响不明显，而 GG 浓度对油水界面张力随时间的变化影响较大，当 GG 浓度为 200mg/L 时，诱导和快速下降区间较短，界面张力迅速下降至平衡区间，而且平衡界面张力较大为 23.29mN/m，当 GG 浓度为 1000mg/L 时，界面张力快速下降区间较大，同时平衡界面张力较小为 16.40mN/m。这是因为，瓜尔胶为天然聚合物，含有较多的活性基团，这些活性基团在乳状液中亲油基团伸入油相，亲水基团伸入水相，使得油相一侧吸附着瓜尔胶活性基团的亲油端，导致活性基团在油水界面上的定向排列，因此对乳状液油水界面张力下降的影响较大。而实验中的聚丙烯酰胺属于非离子型，不存在天然活性基团，因此对油水界面张力影响较小。

4.1.6 聚合物对乳状液界面黏弹性影响

用去活煤油将原油稀释配制成质量分数为 1% 的模拟油，然后在温度（30±1）℃下，将不同浓度 GG 液、PAM 溶液倒入 Tracker 界面流变仪样品池中作为水相，将模拟油用弯头注射器在待测溶液中注入一个 5μL 的油相液滴，达到吸附平衡后，施加正弦扰动，振幅为 0.5μL，测定界面扩张黏弹性参数。液液界面扩张黏弹性测试实验在（30.0±0.1）℃下进行，结果如图 4.9、图 4.10 所示。

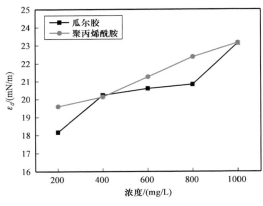

图 4.9　聚合物对界面膜弹性模量影响

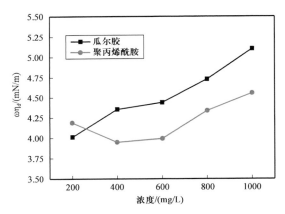

图 4.10　聚合物对界面膜黏性模量影响

由图 4.9、图 4.10 可知，油水界面弹性模量（ε_d）随聚合物浓度的增加而增加；油水界面黏性模量（$\omega\eta_d$）也随聚合物浓度的增加而增加，但当聚合物浓度大于 200mg/L 后，在浓度相同时，含 GG 的水乳状液分散相的粒径分布峰值更小，分布更集中。这说明随着聚合物的增加，油水界面膜的黏弹性增加，界面膜的强度增加，乳状液稳定性增加。因为聚合物可能存在亲、疏水基团，疏水基链伸入油相中，亲水基伸入水中，降低油水界面张力，同时，聚合物疏水基和形成的网状结构所带来的位阻效应也能增强油水界面膜强度。而 GG 中存在其他活性物质，也会影响界面膜的强度，因此对黏性模量影响更大，这与界面张力的结论基本一致。

4.2　固体颗粒对原油乳状液稳定性的影响

尽管含采油助剂返排残液中采油助剂含量较少，但是对原油脱水仍然有显著影响，这可能是因为返排残液中含有固体颗粒，固体颗粒在油水体系中，导致原油乳状液稳定，脱水困难，为了弄清这一问题，针对固体颗粒对乳状液稳定性进行研究。参照 4.1.1 水样分析结果开展实验研究。

4.2.1　固体颗粒对原油乳状液脱水率影响

由 4.1.1 水样分析结果可知：油田采出水中固含量为 1.15%，固体悬浮物粒径纳米级的在 100～500nm，粒径峰值为 225nm，微米级的在 10～150μm，且主要以微米级的固体悬浮物存在。本实验过程中，先将油田采出水过滤，然后再将原油加热离心沉降去除固体颗粒物质，取上层油样作为空白油样待用。取过滤后的采出水，用石英砂（d=25μm）配制不同含固量（0%、0.1%、0.25%、0.5%、0.75%、1%）的水溶液，再与空白油样进行乳化制成原油乳状液，恒温静置 30min 后，用离心机将不同乳状液同时离心脱水（4000r/min，15min），并计算脱水率。结果如图 4.11 所示。

由图 4.11 可知，乳状液脱水率随着石英砂含量的增加而下降，当乳状液不添加石英砂时，乳状液脱水率可达 75.3%；当石英砂含量为 1% 时，乳状液脱水率为 65.4%。这说明固体颗粒的加入使乳状液稳定性增加，增加了与水分离的难度。

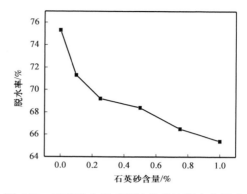

图 4.11　石英砂含量对原油乳状液脱水率影响

4.2.2　固体颗粒对乳状液粒径影响

为了探究固体颗粒含量对乳状液粒径的影响，将油田采出水过滤，然后再将原油加热离心沉降，取上层油样作为空白油样待用。取过滤后的采出水，用石英砂（$d=25\mu m$）配制不同含固量的水溶液，再与空白油样进行乳化制成乳状液，将乳状液滴在载玻片上，用显微镜观察乳状液形态并记录照片，再将采集的乳状液微观图片用 Nano Measurer 软件统计分析液滴尺寸分布，结果如图 4.12 所示。

由图 4.12 可知，固体颗粒对乳状液粒径峰值几乎没影响。当石英砂含量为 0 时，乳状液粒径分布峰值为 30.2μm，而含石英砂的乳状液粒径峰值基本在 20～30μm。但是根据分布曲线可以看出，当石英砂含量增加时，乳状液粒径分布更加集中，乳状液液滴粒径分布在粒径峰值附近的占比更高。

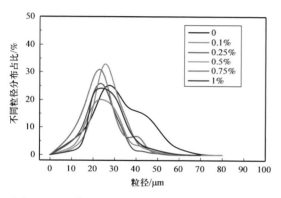

图 4.12　石英砂含量对原油乳状液粒径分布影响

4.2.3　固体颗粒对原油乳状液黏度影响

为了探究固体含量对原油乳状液黏度的影响，将油田采出水过滤备用，将原油加热离心沉降，取上层油样作为空白油样待用。取过滤后的采出水，用石英砂（$d=25\mu m$）配制不同含固量的水溶液，再与空白油样进行乳化制成乳状液，在 43℃ 条件下测定乳状液黏度，结果如图 4.13 所示。

如图 4.13 所示，随着石英砂含量的增加，乳状液黏度逐渐增大，不含石英砂时，乳状液黏度为 591mPa·s，当石英砂含量为 1% 时，乳状液黏度增加至 865mPa·s。这是因为固体颗粒在乳状液体系中可分布于分散相、连续相甚至

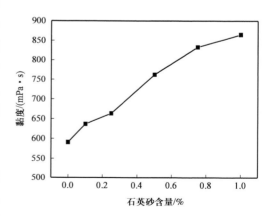

图 4.13　石英砂含量对原油乳状黏度影响

油水界面上，当固体颗粒在连续相中形成空间网络结构时，会使连续相黏度增大。

4.2.4　固体颗粒对乳状液界面张力影响

用去活煤油将空白原油稀释配制成质量分数为1%的模拟油，用石英砂（d=25μm）配制成含固量不同的模拟油作为油相，再用过滤后的油田采出水溶液作为水相，在温度（30±1）℃下，测定采出水与模拟油之间的油水动态界面张力，结果如图4.14所示。

由图4.14可知，添加0.1%石英砂颗粒的过滤后采出水与模拟油的界面张力低于不添加石英砂的过滤后采出水与模拟油的界面张力；但是石英砂颗粒浓度继续增加至0.25%以后，油水界面张力又高于不添加石英砂的过滤后采出水与模拟油的界面张力。这是因为，当固体颗粒较少时，固体颗粒吸附在油水界面膜上，可能会减弱活性物质的相互作用，有利于活性物质的交换，因此降低了界面张力；当采出水中含有的悬浮颗粒浓度过高时，颗粒在油水界面与界面活性物质竞争吸附，使得油水界面上的活性物质减少，从而导致含有固体颗粒的采出水与原油模拟油间的界面张力升高。

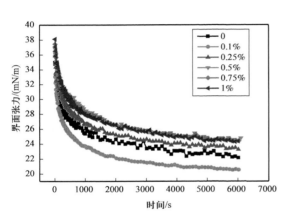

图4.14　不同石英砂含量时油水界面张力曲线

4.2.5　固体颗粒对乳状液界面黏弹性影响

用去活煤油将空白原油稀释配制成质量分数为1%的模拟油，然后用石英砂（d=25μm）配制成含固量不同的模拟油作为油相，再用过滤后的油田采出水溶液作为水相，将模拟油用弯头注射器在待测溶液中注入一个5μL的液滴，达到吸附平衡后，施加正弦扰动，振幅0.5μL，测定界面扩张黏弹性参数。液液界面扩张黏弹性测试实验在（30.0±0.1）℃下进行，结果如图4.15所示。

由图4.15可知，油水界面弹性模量（ε_d）随石英砂浓度的增加先增加后减小，在石英砂含量为0.5%时达到最大25.4mN/m；油水界面黏性模量（$\omega\eta_d$）随石英砂含量的增加而增加；油水界面膜的ε_d较大，而$\omega\eta_d$较小，界面膜为弹性膜。这是因为固体颗粒可以吸附在油水界面上，由于固体颗粒的存在，颗粒与颗粒之间可能存在横向的毛细引力，使得界面膜弹性模量增大，当颗粒浓度较大时，大量颗粒吸附在界面膜上，在界面

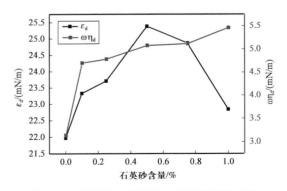

图4.15　石英砂含量对油水界面黏弹性影响

膜上形成一个紧密的单层颗粒层，此时由于颗粒相互接触，使界面膜刚性增加同时黏性减小，因此黏性模量呈下降趋势。

4.3　聚合物固体颗粒共存对原油乳状液稳定性的影响

针对单一聚合物、单一固体颗粒对原油乳状液脱水及稳定性影响研究结果表明，聚合物和固体对原油乳状液的脱水都有显著影响。其中聚合物主要是增加体系黏度、增加油水界面膜黏弹性能，导致乳状液体系更加稳定；固体颗粒主要是增加油水界面膜的弹性模量，增加了界面膜破裂的难度。但是在实际油田生产中使用的携砂液、压裂液中都含有聚合物，这些聚合物进入地下后与固体颗粒混合在一起，然后进入油水系统。因此，聚合物和固体颗粒往往是同时存在于采出液中，对原油脱水影响也是同时作用，协同影响。因此，弄清聚合物与固体对原油稳定性影响规律，可能会为实际生产问题提供新的解决思路。

在探究聚合物对原油乳状液稳定性影响时，发现 GG 比 PAM 影响更大，因此后续实验采用 GG 作为聚合物，探究聚合物与固体颗粒对原油的稳定性影响。

4.3.1　聚合物对含固原油乳状液脱水率影响

将油田采出水过滤，然后再将原油加热离心沉降，取上层油样作为空白油样待用。取过滤后的相同体积采出水配制成不同浓度（200～1000mg/L）的瓜尔胶液，与石英砂（$d=25\mu m$）配制不同含固量（0%、0.5%、1%）的水溶液，再与空白油样进行乳化制成含水率为 40% 乳状液，恒温静置 30min 后，用离心机将不同乳状液同时离心脱水（4000r/min，15min），并计算脱水率。结果如图 4.16 所示。

由图 4.16 可知，随着聚合物浓度的增加，脱水率快速下降；同时乳状液中固体含量的增加也会对原油乳状液的脱水有一定影响，在聚合物浓度一定时，固体含量越高，原油脱水率越低。这一结果与上述实验结果基本一致，当乳状液中同时含有聚合物和固体颗粒时，聚合物浓度越高乳状液越稳定，脱水难度越大，固体颗粒浓度越大，乳状液越稳定。

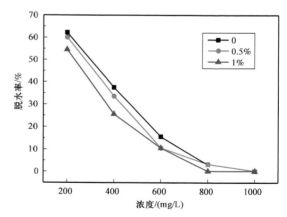

图 4.16　聚合物浓度对不同含固量原油乳状液脱水率影响

4.3.2　聚合物对含固乳状液粒径影响

用过滤后的采出水，配制不同浓度 GG 溶液，再加入质量分数为 0%、0.5%、1% 的石英砂（$d=25\mu m$），与空白原油乳化成含水 40% 的乳状液，将乳状液滴在载玻片上，用显微镜观察并拍摄乳状液形态并记录照片，具体如图 4.17 所示，再将采集的乳状液微观图片用 Nano Measurer 软件统计分析液滴尺寸分布，分析粒径分布峰值，结果如图 4.18 所示。

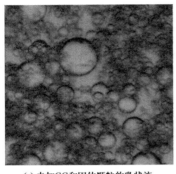  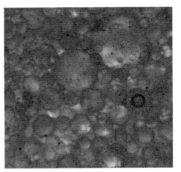

(a) 未加GG和固体颗粒的乳状液　　　(b) 加GG后的乳状液　　　(c) 同时存在GG和石英砂的乳状液

图 4.17　不同聚合物浓度和含固量下乳状液显微图

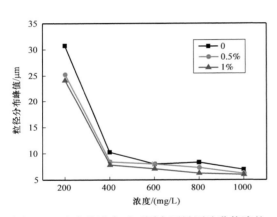

图 4.18　聚合物浓度对不同含固原油乳状液粒径分布峰值影响

图 4.17 为显微镜拍摄的乳状液图片，图 4.17（a）为未加 GG 和固体颗粒的乳状液，可以看出乳状液界面膜上基本没有其他物质；图 4.17（b）为加 GG 后的乳状液，在显微镜下可以清楚地观察到，油水界面膜上有阴影且有少量黑色颗粒物质，这可能是 GG 分子吸附在界面膜造成的，黑色颗粒可能是 GG 中的不溶物质吸附在界面膜上导致；图 4.17（c）为同时存在 GG 和石英砂的乳状液，可以清楚地看到油水界面膜上有阴影部分和大量固体颗粒。这说明了当 GG 液和固体颗粒同时存在于乳状液体系中，二者可以同时吸附在油水界面膜上，这导致油水界面膜强度增加，稳定性增强。

由图 4.18 可知，当 GG 为 200mg/L 时，含固量为 0 的乳状液粒径峰值为 30.75μm，含固量为 0.5% 的乳状液的粒径峰值为 25.75μm，含固量为 1% 的乳状液的粒径峰值为 24.13μm；但是当 GG 浓度上升至 400mg/L 时，三种含固量不同的乳状液粒径峰值都迅速下降至 10μm，且三种乳状液粒径峰值差距减小；随着 GG 浓度继续增加，乳状液粒径峰值继续下降，但是下降幅度减小。

4.3.3　聚合物对含固原油乳状液黏度影响

为了探究固体含量对原油乳状液黏度的影响，将原油加热离心沉降，取上层油样作为空白油样待用。用过滤后的采出水与 GG 配制成不同浓度的 GG 液，再用石英砂

（d=25μm）配制不同含固量的溶液，再与空白油样进行乳化制成乳状液，在 43℃ 条件下测定乳状液黏度，结果如图 4.19 所示。

由图 4.19 可知，当乳状液体系同时含聚合物和固体颗粒时，聚合物浓度对体系的黏度影响比较大，乳状液黏度随聚合物浓度的增加而增加，含固量对体系黏度影响较小。

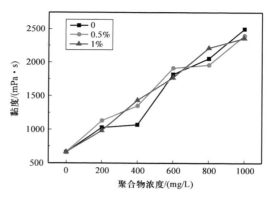

图 4.19　聚合物浓度对不同含固量原油乳状液黏度影响

4.3.4　聚合物对含固乳状液界面张力影响

用去活煤油将空白原油稀释配制成质量分数为 1% 的模拟油，然后用石英砂（d=25μm）配制成含固量不同的模拟油作为油相，再用过滤后的油田采出水配制不同浓度 GG 液溶液作为水相，在温度（30±1）℃下，测定采出水与模拟油之间的油水平衡界面张力，结果如图 4.20 所示。

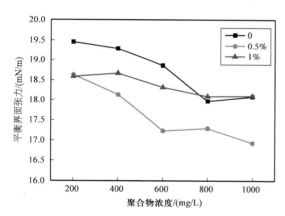

图 4.20　聚合物浓度对不同含固量乳状液油水平衡界面张力影响

由图 4.20 可知，随着 GG 浓度的增加，三种含固量不同的油水平衡界面张力逐渐下降；当含固量相同时，聚合物浓度越高，平衡界面张力越低。这与聚合物对原油乳状液影响研究结果基本一致；同时，油水界面张力随固体颗粒含量的增加先下降后上升，但是固体含量为 0.5%、1% 时，油水界面张力都小于不含固体的油水界面张力。这一结果说明，当乳状液体系中同时存在聚合物和固体颗粒时，两者会同时影响油水界面张力，同时由于聚合物的存在，使得固体颗粒对界面张力的影响更大。

4.3.5　聚合物对含固乳状液界面黏弹性影响

用去活煤油将空白原油稀释配制成质量分数为 1% 的模拟油，然后用石英砂配制成含固量不同的模拟油作为油相，再用过滤后的油田采出水配制不同浓度 GG 溶液作为水相，测定界面扩张黏弹性参数。液 / 液界面扩张黏弹性测试实验在（30.0±0.1）℃下进行，结果如图 4.21、图 4.22 所示。

如图 4.21 所示，三种含固量不同的油水界面的弹性模量（ε_d）随 GG 浓度的增加而增加，当含固量为 1%，GG 液浓度 1000mg/L 时，ε_d 最大可达 31.2mN/m，远大于不含固体颗粒时的油水弹性模量。根据图 4.22 可知，油水界面的黏性模量（$\omega\eta_d$）也随 GG 浓度的增加而增加，当含固量为 1%，GG 液浓度 1000mg/L 时，$\omega\eta_d$ 最大可达 9.46mN/m，不含固体时，GG 浓度为 1000mg/L 时，$\omega\eta_d$ 仅有 4.99mN/m。当 GG 浓度一定时，油水界面的 $\omega\eta_d$ 随固体含量的增加而增加；而上述实验中，不含 GG 液时，油水界面的 ε_d 随石英砂浓度的增加先增加后减小，这一变化说明了当 GG 液与固体同时存在时，加强了两者对油水界面黏弹性的影响，增强了界面膜的强度，使得乳状液更加稳定。

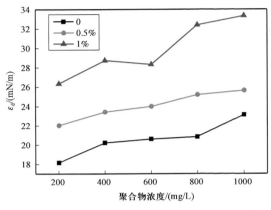

图 4.21　聚合物浓度对不同含固量油水界面膜　　图 4.22　聚合物浓度对不同含固量油水界面膜
　　　　　弹性模量影响　　　　　　　　　　　　　　　　　黏性模量影响

4.4　聚合物驱原油乳状液聚醚系列破乳剂的合成研究

由于不同油田原油采出液组成及性质差别显著，迄今为止没有通用的破乳剂能涵盖所有的原油采出液的破乳。但依据目前油田企业生产实际应用及科研成果报道来看，对聚醚类破乳剂尤其是多枝型聚醚在降低原油采出液稳定性及脱水效果方面的优势都有共同的认识。

4.4.1　聚醚类破乳剂研究情况

针对聚合物驱采出液破乳的难点，本研究在现有嵌段聚醚破乳剂的合成基础之上，着重开展了多枝型嵌段聚醚破乳剂的合成及性能研究，设计合成了三种不同类型酚醛树脂，并以这三种酚醛树脂作为起始剂，利用其端基氮原子的活性，与环氧丙烷、环氧乙烷进行嵌段聚合反应，合成出了三类聚醚破乳剂，将其用于中海油 SZ 某油田聚合物驱原油乳状液的破乳。

4.4.2　系列聚醚破乳剂起始剂的合成

本文所合成的聚醚高分子表面活性剂的起始剂分别是由对甲苯酚（单苯）、双酚 A（双苯）、副玫瑰苯胺（三苯）与二乙烯三胺以甲醛连接剂通过缩合反应合成，其合成反应方程式如图 4.23 至图 4.25 所示。

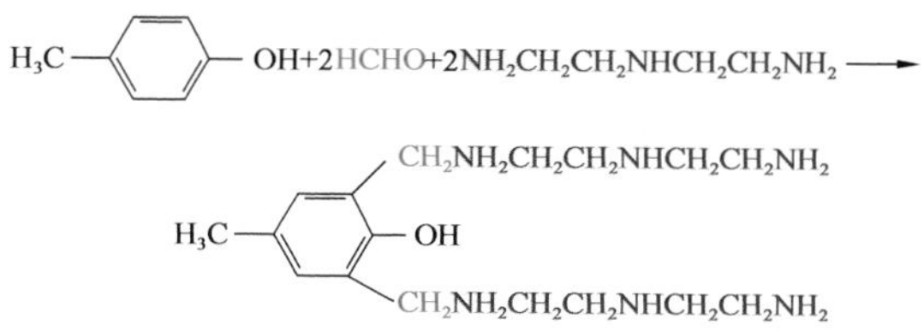

$$H_3C\text{—}⬡\text{—}OH + 2HCHO + 2NH_2CH_2CH_2NHCH_2CH_2NH_2 \longrightarrow$$

（产物：苯环上连有 $CH_2NH_2CH_2CH_2NHCH_2CH_2NH_2$、$OH$、$H_3C$ 及 $CH_2NH_2CH_2CH_2NHCH_2CH_2NH_2$ 取代基）

图 4.23　单环起始剂的合成

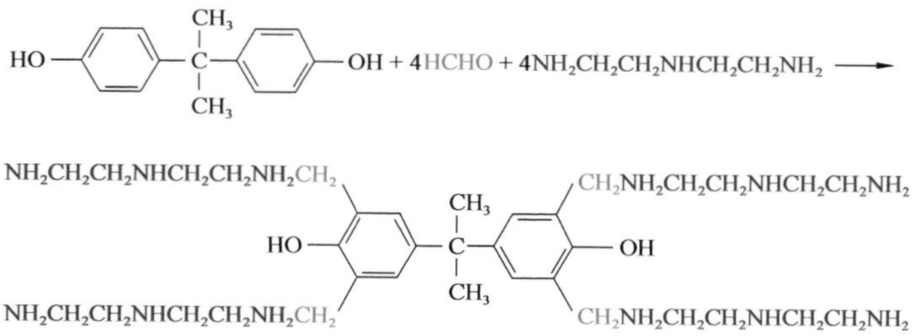

$$HO\text{—}⬡\text{—}\underset{CH_3}{\overset{CH_3}{C}}\text{—}⬡\text{—}OH + 4HCHO + 4NH_2CH_2CH_2NHCH_2CH_2NH_2 \longrightarrow$$

（产物：双酚A骨架，苯环上连有 $NH_2CH_2CH_2NHCH_2CH_2NHCH_2$、$HO$、$OH$、$CH_2NH_2CH_2CH_2NHCH_2CH_2NH_2$ 等取代基）

图 4.24　双环起始剂的合成

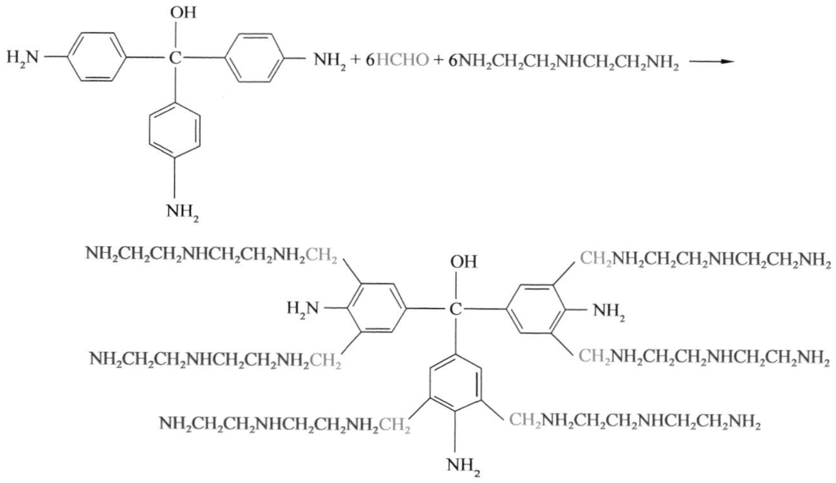

$$H_2N\text{—}⬡\text{—}\underset{}{\overset{OH}{C}}(\text{—}⬡\text{—}NH_2)\text{—}⬡\text{—}NH_2 + 6HCHO + 6NH_2CH_2CH_2NHCH_2CH_2NH_2 \longrightarrow$$

（产物：三苯甲醇骨架，三个苯环上分别连有 $NH_2CH_2CH_2NHCH_2CH_2NH_2CH_2$、$H_2N$、$NH_2$、$CH_2NH_2CH_2CH_2NHCH_2CH_2NH_2$ 等取代基）

图 4.25　三环起始剂的合成

将三种苯环化合物分别与二乙烯三胺按一定比例倒入圆底烧瓶中，将温度逐渐上升到 40℃并不断搅拌直到固态成分完全溶解，然后用恒压漏斗以 1 滴 /s 的速度匀速加入甲醛，待滴加完毕后将反应温度升高至 70℃，恒温反应 1h。再将反应混合物在 120℃下真空干燥 3h，烘出反应混合物中未反应的二乙烯三胺、甲醛及反应生成的水，得到酚胺树脂起始剂，产品呈黄棕色黏稠状胶体，产物中甲醛含量采用 GB/T 5543—2006《树脂整理剂　总甲醛含量、游离甲醛含量和羟甲基甲醛含量的测定》的方法进行测定。

4.4.3　系列聚醚破乳剂的合成原理

利用所合成酚胺树脂分子端基氮原子上含有活泼氢的特点，再向合成的各系列起

$$R-OH+m(PO)\rightarrow R-O(PO)_mH$$
$$R-O(PO)_mH+n(EO)\rightarrow R-O(PO)_m(EO)_nH$$

图 4.26　系列破乳剂的合成方程

始剂的端链上引入不同比例的环氧丙烷（PO）、环氧乙烷（EO），合成了一系列聚醚表面活性剂，反应原理如图 4.26 所示。

将各系列酚胺树脂起始剂与催化剂氢氧化钾加入高压反应釜中，升温到 105℃ 后用真空泵抽尽釜内空气，再用氮气吹扫管路及反应釜 2～3 次，使釜内形成氮气保护，搅拌并升温到 130℃ 时，开始缓慢加入环氧丙烷，控制反应温度（140±5）℃，进料速度以维持表压（0.25±0.05）MPa，待环氧丙烷加入完毕后得到亲油头。

再将亲油头和催化剂氢氧化钾投入高压反应釜，按制备亲油头的相同操作升温至 120℃ 时，开始缓慢加入环氧乙烷，控制反应温度（130±5）℃，进料温度以维持表压（0.25±0.05）MPa，待环氧乙烷加入完毕后得到二嵌段聚醚产物，用冰醋酸中和催化剂氢氧化钾。

在每种系列破乳剂的合成过程中，控制起始剂与环氧丙烷、环氧乙烷的加量，合成了起始剂质量分数为 0.5%，PO∶EO 分别为 1∶1，3∶2，2∶1，3∶1，4∶1 十五种二嵌段聚醚破乳剂，该十五种二嵌段聚醚破乳剂的组分见表 4.3。

表 4.3　系列聚醚破乳剂组分

破乳剂型号	起始剂类型	起始剂加量 /%	PO∶EO
S05P1E1	对甲苯酚（单苯环）	0.5	1∶1
S05P3E2	对甲苯酚（单苯环）	0.5	3∶2
S05P2E1	对甲苯酚（单苯环）	0.5	2∶1
S05P3E1	对甲苯酚（单苯环）	0.5	3∶1
S05P4E1	对甲苯酚（单苯环）	0.5	4∶1
R05P1E1	双酚 A（双苯环）	0.5	1∶1
R05P3E2	双酚 A（双苯环）	0.5	3∶2
R05P2E1	双酚 A（双苯环）	0.5	2∶1
R05P3E1	双酚 A（双苯环）	0.5	3∶1
R05P4E1	双酚 A（双苯环）	0.5	4∶1
T05P1E1	付品红（三苯环）	0.5	1∶1
T05P3E2	付品红（三苯环）	0.5	3∶2
T05P2E1	付品红（三苯环）	0.5	2∶1
T05P3E1	付品红（三苯环）	0.5	3∶1
T05P4E1	付品红（三苯环）	0.5	4∶1

4.5　合成破乳剂的表征及性能研究

4.5.1　起始剂红外光谱

对合成的三类起始剂进行了红外光谱测试，三类酚胺树脂起始剂红外光谱如图 4.27 所示，以双环类起始剂为代表，对其进行图谱解析。

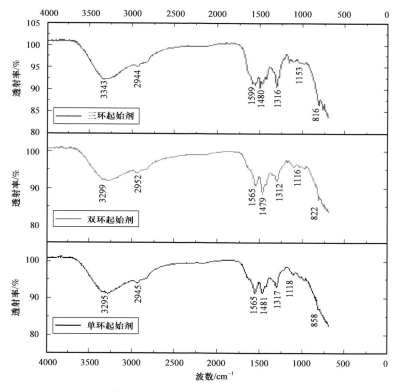

图 4.27　三类酚胺树脂的红外光谱图

由其谱图图 4.27 可知，在波数为 3299.35cm^{-1} 处出现了强吸收峰，它是苯环上 C—H 伸缩振动峰，说明是芳香族化合物。在 2952.42cm^{-1} 处出现了—CH$_2$—或—CH$_3$—的 C—H 伸缩振动峰。在 1564cm^{-1} 出现了—NH—不对称弯曲振动，是二乙烯三胺上仲酰胺的振动。在 1478.97cm^{-1} 处出现了—CH$_2$—变形振动，是二乙烯三胺上—CH$_2$—的振动。在 1312.17cm^{-1} 处出现了 C—N 伸缩振动，是芳基碳上 C—N 的伸缩振动，说明甲醛、二乙烯三胺的接枝反应已发生。在 1116.12cm^{-1} 处出现了烷基碳上 C—N 的伸缩振动，是二乙烯三胺上—CH$_2$—NH$_2$—的伸缩振动。在 821.68cm^{-1} 出现了—C（CH$_3$）$_2$—骨架振动，说明分子中含双酚 A 骨架。

4.5.2 聚醚类破乳剂的红外光谱

对合成的三类十五种破乳剂都进行了红外光谱测试，以 T05P3E1、R05P2E1、S05P3E1 分别作为三类的代表，三者红外光谱如图 4.28 所示，以图中双环类 R05P2E1 为例进行图谱解析。

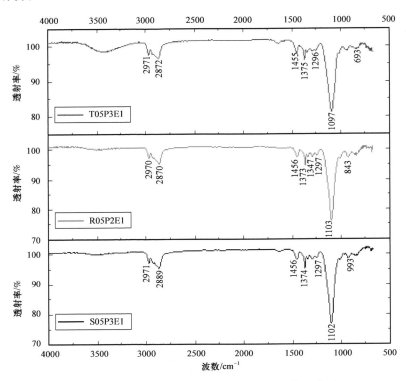

图 4.28　三系列代表聚醚表面活性剂的红外光谱图

由其谱图可知，在 2970cm^{-1} 处出现了—CH$_3$ 伸缩振动吸收峰，1456cm^{-1} 处是—CH$_2$ 的伸缩振动吸收峰，是二乙烯三胺上—CH$_2$ 的振动，在 1373cm^{-1} 处的强峰是—CH$_3$ 变形振动，是二乙烯三胺上—CH$_3$ 的振动，1347cm^{-1} 和 1297cm^{-1} 是 C—N 伸缩振动，是芳基碳上 C—N 的伸缩振动，说明甲醛、二乙烯三胺的接枝反应已发生，1103cm^{-1} 是苯 C—O—C 伸缩振动，证明 PO、EO 已接枝到原双酚 A 分子中的—OH 上，843cm^{-1} 处出现的峰为—C（CH$_3$）$_2$—骨架振动，说明分子中含双酚 A 骨架，由此说明，聚醚合成成功，且目标官能团均已合成到起始剂上，合成产品结构与目标分子 R05P2E1 一致。

由图 4.29 R 系列聚醚破乳剂红外光谱可知，同一系列特征吸收峰位置基本保持一致，且峰值大小类似，证明所有产品的目标官能团均已合成到起始剂上，产品合成成功。

4.5.3 浊点的测定

本研究采用目测法测定产品浊点，重复测量三次取均值。三系列聚醚破乳剂的浊点结果见表 4.4。

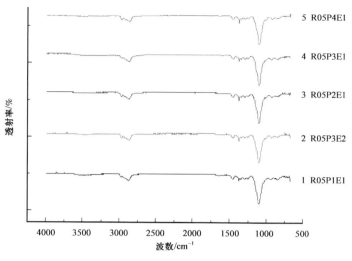

图 4.29　R 系列聚醚破乳剂的红外光谱图

表 4.4　系列聚醚破乳剂的浊点

单环类	单环类浊点（0.5%）/℃	双环类	双环类浊点（0.5%）/℃	三环类	三环类浊点（0.5%）/℃
S05P1E1	71	R05P1E1	51	T05P1E1	48
S05P3E2	66	R05P3E2	45	T05P3E2	47
S05P2E1	52	R05P2E1	38	T05P2E1	40
S05P3E1	30	R05P3E1	30	T05P3E1	30
S05P4E1	25	R05P4E1	27	T05P4E1	26

由表 4.4 不难发现，每系列中聚醚的浊点随分子中 EO 含量降低而减小。从聚醚的结构分析，分子中同时有亲水基团 EO 和疏水基团 PO，在起始剂含量确定的条件下，亲水基团 EO 含量降低促使其浊点减小，这是因为分子中 EO 含量降低，聚醚分子的亲水性变小，浊点也变小。

而对比分析不同系列中相同 PO/EO 配比的三种聚醚破乳剂，如 S05P1E1、R05P1E1、T05P1E1 这三种聚醚破乳剂在 PO/EO 相同时，三者的浊点呈下降趋势，究其原因，这是由于 T 系列三环类表面破乳剂相对于 R 系列双环类、S 系列单环类破乳剂具有更大的空间位阻，当环氧丙烷 PO 聚合在起始剂上后占据了绝大部分的空间，留给环氧乙烷 EO 的空间体积更小，环氧乙烷 EO 难以在剩余的空间内聚合，导致生成的 T 系列产品中 EO 含量更少，使聚醚分子的亲水性较小，浊点下降。

4.5.4　HLB 值的测定

利用适合 PO-EO 型嵌段聚醚破乳剂 HLB 计算经验公式：$HLB=0.098x+4.02$（x 为 10% 嵌段聚醚水溶液的浊点），对合成的三类十五种聚醚型非离子破乳剂的 HLB 值进行了测量计算，并将理论值（Griffin 式）与 HLB 实测值（浊点法）进行了比较分析，结果见表 4.5。

表 4.5 系列聚醚破乳剂的 HLB 值

破乳剂类型		浊点（10%）/℃	EO 含量 /%	HLB 实测值	HLB 理论值
单环类	S05P1E1	75	50	11	10
	S05P3E2	50	40	8.5	8
	S05P2E1	38	35	7.3	7
	S05P3E1	30	25	6.5	5
	S05P4E1	23	20	5.8	4
双环类	R05P1E1	65	50	10	10
	R05P3E2	47	40	8.2	8
	R05P2E1	33	35	6.8	7
	R05P3E1	20	25	5.6	5
	R05P4E1	18	20	5.4	4
三环类	T05P1E1	62	50	9.7	10
	T05P3E2	50	40	8.5	8
	T05P2E1	36	35	7.1	7
	T05P3E1	30	25	6.5	5
	T05P4E1	22	20	5.8	4

由表 4.5 可知，系列聚醚型破乳剂的 HLB 实测值与理论值之间存在一定的差异。可能是因为在聚醚破乳剂的合成过程中，环氧乙烷与环氧丙烷的投加量，与实验设计的投加量存在差异。但合成得到十五种非离子型破乳的 HLB 值之间存在一定的规律，且与其起始剂结构存在一定的关系。对于同种系列聚醚型破乳剂，当起始剂的种类及设计加量相同时，聚醚的 HLB 值随着分子中环氧乙烷含量的增加而逐渐增大，符合环氧乙烷含量越高，破乳剂亲水性越强，HLB 值越高这一规律。

4.5.5 聚醚破乳剂的水数测定

利用滴定法对合成的三类十五种聚醚型非离子破乳剂的水数进行了滴定测量，水数与 HLB 实测值（浊点法）之间的线性关系见表 4.6。

由表 4.6 可知，对于同种系列的聚醚破乳剂，随着亲水基含量的增加，使得破乳剂 HLB 值增加，而水数也随之增加，破乳剂水数与 HLB 值之间有着良好的线性关系，破乳剂的 HLB 值均随着水数的增加而增大，呈正比对应关系，而对于不同系列的聚醚破乳剂，

HLB 值与水数之间对应的线性关系不同，且不同系列破乳剂间的水数与 HLB 值并无对应线性关系。

表 4.6　系列聚醚破乳剂的水数

破乳剂类型		浊点（10%）/℃	HLB 值	水数 /mL
单环类	S05P1E1	75	11	40.4
	S05P3E2	50	8.5	27.8
	S05P2E1	38	7.3	21.2
	S05P3E1	30	6.5	16.3
	S05P4E1	23	5.8	13.3
双环类	R05P1E1	65	10	25.7
	R05P3E2	47	8.2	22.5
	R05P2E1	33	6.8	19.5
	R05P3E1	20	5.6	16.3
	R05P4E1	18	5.4	15.7
三环类	T05P1E1	62	9.7	30.6
	T05P3E2	50	8.5	28.1
	T05P2E1	36	7.1	23.5
	T05P3E1	30	6.5	21.1
	T05P4E1	22	5.8	18.4

4.5.6　破乳剂表面张力的测定

选用吊片法，采用上海方瑞仪器 QBZY-1 型表面张力仪对系列非离子型破乳剂的表面张力进行测定。十五种聚醚破乳剂的临界胶束浓度（CMC）及其对应该浓度下的表面张力（γ_{CMC}）值详见表 4.7。

表 4.7　聚醚破乳剂的表面活性参数

	类型	CMC/（mg/L）	γ_{CMC}/（mN/m）		类型	CMC/（mg/L）	γ_{CMC}/（mN/m）		类型	CMC/（mg/L）	γ_{CMC}/（mN/m）
单环类	S05P1E1	78	36	双环类	R05P1E1	56	36	三环类	T05P1E1	88	36
	S05P3E2	62	35		R05P3E2	52	36		T05P3E2	55	35
	S05P2E1	52	34		R05P2E1	50	35		T05P2E1	50	36
	S05P3E1	50	33		R05P3E1	47	34		T05P3E1	44	33
	S05P4E1	40	33		R05P4E1	32	33		T05P4E1	22	32

由表 4.7 可以看出，三种系列的聚醚破乳剂均能显著降低其水溶液的表面张力，且均能使破乳剂溶液的表面张力值降低至 35mN/m 左右，说明三种系列聚醚破乳剂的表面活性较好。三种系列聚醚破乳剂虽具有较强的表面活性，但在降低表面活性能力与效能上存在差异。由表 4.7 可见，各系列中的聚醚破乳剂的临界胶束浓度随 EO 含量的降低呈下降趋势，即各系列中表面活性剂随着 EO 含量的降低，表面活性剂降低溶液表面张力的效能增强；而各系列聚醚表面活性剂降低溶液最低表面张力值 γ_{CMC} 随 EO 含量的降低而降低，即随着各系列表面活性剂 EO 含量的降低，表面活性剂降低溶液表面张力值的能力逐渐增强。

4.6 合成破乳剂对 SZ 油田聚合物驱原油的破乳性能研究

参照 SY/T 5280—2018《原油破乳剂通用技术条件》标准，采用室内瓶试法对三系列破乳剂进行了性能评价。为了模拟实际的乳状液，本实验所用原油样品为中海油 SZ 某油田聚合物驱原油，使用了乳化机对原油进行了高速搅拌，使其成为稳定的 W/O 型模拟原油乳状液，原油乳状液体积含水量达到 30%，并根据破乳性能的测试，筛选出了最佳起始剂加量的破乳剂，筛选出每种系列中最佳 PO/EO 配比的破乳剂，对三种系列中破乳性能最好的三类破乳剂进行了评价，破乳剂配制成质量分数为 1% 使用。

4.6.1 不同起始剂含量对破乳性能的影响

在温度为 50℃、破乳时间 2h 的条件下，以双环酚醛树脂作为起始剂，固定 PO/EO 加量比例为 3∶1（体积比），考察了起始剂加量为 0.5%、1.0%、1.5%（质量分数）的 R05P3E1、R10P3E1、R15P3E1 三种破乳剂在破乳剂加量为 20mg/L、30mg/L、40mg/L、50mg/L 下的破乳性能，筛选出最佳起始剂含量的破乳剂。120min 的脱水实验结果如图 4.30 所示。

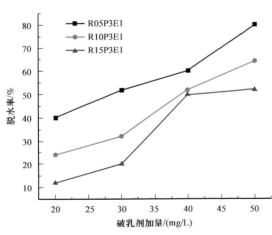

图 4.30　起始剂含量对聚醚破乳剂性能的影响

由图 4.30 可以看出，三种破乳剂的脱水率随着破乳剂加量的增加而增加，在破乳剂加量为 50mg/L 时，R05P3E1、R10P3E1、R15P3E1 的脱水率分别达到 80%、64% 和 52%。其中 R05P3E1 在各浓度下的脱水率均高于 R10P3E1 和 R15P3E1，所以选择起始剂加量为 0.5% 继续进行合成及评价。

4.6.2 环氧乙烷与环氧丙烷配比对破乳性能的影响

分别以单环、双环、三环三种不同类型的酚醛树脂作为起始剂，固定起始剂含量为 0.5%，合成了 PO 与 EO 比例为 1∶1，3∶2，2∶1，3∶1，4∶1 的十五种破乳剂，并在破乳温度为 60℃、破乳剂加量为 100mg/L、破乳时间为 2h 的条件下，筛选出最佳 PO 与 EO 配比的破乳剂，结果如图 4.31 所示。

由图 4.31 可以看出，T 系列破乳剂在 PO/EO 配比为 3∶1 的 T05P3E1 在 2h 后的脱水率最高，达到 83%，R 系列破乳剂在 PO/EO 为 2∶1 的 R05P2E1 在 2h 后的脱水率最高，达到 80%，而 S 系列破乳剂在 PO/EO 为 3∶1 的 S05P3E1 在 2h 后的脱水率最高，达到 72%。因此三种系列破乳剂破乳效果最佳的三类破乳剂分别为 S05P3E1、R05P2E1、T05P3E1，在接下来的实验中将评价破乳剂加量、破乳温度、破乳时间对这三种破乳剂的破乳脱水效果的影响。

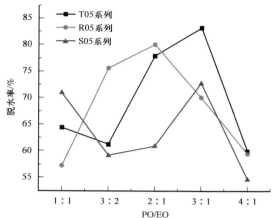

图 4.31　PO/EO 对聚醚破乳剂破乳能的影响

4.6.3　破乳剂加量对破乳性能的影响

在温度为 60℃、破乳时间 2h 的条件下，研究 T05P3E1、R05P2E1、S05P3E1 三种破乳剂在不同加量时的破乳性能，实验结果如图 4.32 所示。

由图 4.32 可以看出，随着三类破乳剂加量的增大，三类破乳剂的脱水率不断增加，在 100mg/L 时，三类破乳剂达到最高脱水率，超过 100mg/L 时，脱水率呈下降趋势，这是由于随着破乳剂分子不断替代油水界面膜上的天然乳化剂，油水界面膜强度逐渐变小，原油破乳脱水速度加快，脱水率高。而当破乳剂用量增加到临界胶束浓度（CMC）时，油水界面膜吸附量达到饱和，这时破乳剂分子不再吸附在油水界面膜上，而是开始互相聚集形成团簇或胶束，降低了破乳脱水效果，使得脱水率下降。破乳剂 S05P3E1 加量为 100mg/L 时达最高脱水率 72.7%，破乳剂 R05P2E1 加量为 100mg/L 时达最高脱水率 80%，而破乳剂 T05P3E1 加量为 100mg/L 时达最高脱水率 83.3%，三种聚醚破乳剂均在加量为 100mg/L 时达到最高脱水率，且均具有较好的破乳脱水效果，破乳剂 T05P3E1 的最终脱水率略高于另外两种破乳剂 R05P2E1、S05P3E1。

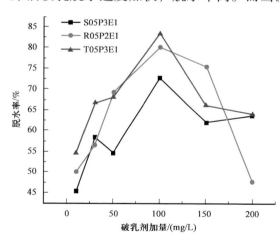

图 4.32　破乳剂浓度对聚醚破乳性能的影响

4.6.4　温度对破乳剂脱水率的影响

在破乳剂加量为 100mg/L、破乳时间 2h 的条件下，研究 T05P3E1、R05P2E1、

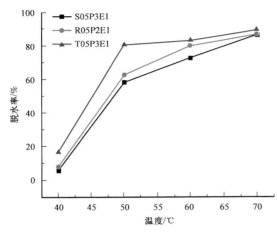

图 4.33　温度对聚醚破乳剂破乳性能的影响

S05P3E1 三种破乳剂在不同温度下的破乳脱水效果，结果如图 4.33 所示。

由图 4.33 可以看出，原油脱水率随着温度的升高先迅速增大，后增速变缓，这是由于当温度升高时，原油的黏度降低，乳化膜强度降低，易于破碎，水滴随温度的升高体积膨胀，更容易聚集，沉降速度加快。且随着温度的升高，破乳剂在乳状液中的分散效果好，能够更加充分地到达油水界面。但温度过高时，分子热运动加剧使部分已聚集的分子又分散开来，破乳剂的性能遭到一定的破坏，甚至分解失效。在 70℃下，破乳剂 S05P3E1 脱水率达到最高 86.4%，破乳剂 R05P2E1 脱水率达到最高 86.7%，而破乳剂 T05P3E1 脱水率达到最高 89.2%，三种聚醚破乳剂均在 70℃下脱水率最高，而在 60℃时，三种破乳剂的脱水率分别是 S05P3E1 达到 72.8%，R05P2E1 达到 80%，T05P3E1 达到 83%，三种破乳剂在 70℃下脱水率涨幅较小，出于节能考虑选择 60℃为最佳破乳温度。

4.6.5　时间对破乳剂脱水率的影响

在破乳剂加量为 100mg/L、温度 60℃条件下研究 T05P3E1、R05P2E1、S05P3E1 三种破乳剂在 2h 内的破乳脱水效果，实验结果如图 4.34 所示。

由图 4.34 可以看出，随着沉降时间的增加，原油脱水量先迅速增加后缓慢增加，当沉降时间为 120min 时脱水率达到最大。随着沉降时间的延长，原油破乳后水滴聚结越充分越彻底，其脱水率就越高；S05P3E1 与 R05P2E1 在开始时脱水速度较快，这是由于这两类破乳剂支状较少，顶替原油乳化剂吸附到油水界面速度快，能直接到达油水界面，但 T05P3E1 需要经过一段时间的支状断裂后才能到达油水界面，所以开始时脱水速度较慢，但其支状数最多，分子结构最复杂，能够顶替油水界面间更多的乳化剂分子，所以最终脱水率最高，所以破乳效果依次是 T05P3E1 脱水率 82.6%，R05P2E1 脱水率 80%，S05P3E1 脱水率 72.7%。

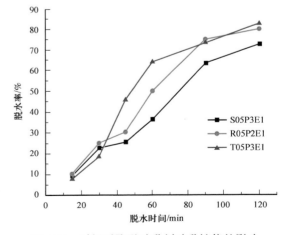

图 4.34　时间对聚醚破乳剂破乳性能的影响

第5章 JD油田作业返排液对原油脱水的影响研究与应用

油田在生产过程中往往会根据生产需要采取各种作业措施，如压裂、酸洗、调剖、解堵、热洗等。这些措施使废液含有大量的化学物质，如酸洗液中含有大量的酸、表面活性剂等，压裂液中使用的瓜尔胶等高分子物质，酸化液COD含量和矿化度高，进行环保达标排放处理难度较大、费用高。洗井废水具有色度高、悬浮物高、pH值高等特点。

这些作业液大部分被返排到地面，先收集存放后集中处理。另外有一小部分随原油一起被采出进入集输系统，或是某些返排液直接进入集输系统。这部分返排液进入集输系统后影响到联合站的三相分离器正常运行，对采出液的化学脱水产生严重影响，使采出液中油水界面张力降低，采出液稳定性增加，破乳难度加大，使原油乳状液的油水很难分离，而且分离出来的水中含油量高，达不到进入生化处理站水质要求，给生化处理带来极大困难，造成经生化处理后的污水水质指标高，污水含油、COD等主要指标达不到外排标准，给环境造成污染，影响正常生产。因此，为了防止环境污染，减少排液费用，提高经济效益，有必要研究返排液对集输系统影响，找出影响原因，为生产作业提供解决问题的依据。

但到目前为止，面对众多作业返排液，人们不清楚这些是何种返排液对采出液的化学破乳脱水产生影响，更不清楚是返排液中何种组分的影响，也很少见这方面的研究报道。本书通过研究返排液对原油脱水影响，分析返排液影响机理，确定针对性的破乳剂及相应的措施。这些研究对于解决返排液对油田生产的影响问题，减少排液费用，防止环境污染，提高经济效益，从而为油田开发提供科学保证都具有特别重要的现实意义。

5.1 作业返排液影响原油脱水研究

实验中所用到的CH类破乳剂为自主研制的，其他为市售破乳剂，返排液取自JD油田现场（表5.1）。实验研究参照中国石油天然气行业标准SY/T 5280—2018《原油破乳剂通用技术条件》、SY/T 5797—1993《水包油乳状液破乳剂使用性能评定方法》来进行。破乳温度为60℃。

5.1.1 破乳剂的初步筛选

在室内研究了从现场取回的6种采出液破乳脱水性能，评价了160个样品，比较各种破乳剂在不同时间的脱水量及 60min 时的界面情况，初步筛选出了具有较好破乳效果的破乳剂。具体见表 5.2。

表 5.1　实验使用的破乳剂及作业返排液

破乳剂名称	破乳剂名称	返排液种类
HD-01	CH1082	完井返排液
SQ-01	CH1083	JD 油田作业区一区油样
SQ-02	CH1084	JD 油田作业区二区油样
HX-01	CH1085	GX109-8 压裂液
TH-01	CH2064	G63-15 防砂液
BP2040	CH2065	G75 补孔返排液
TK01	CH2067	NP106 压井返排液
TK-11	CH2068	NP101-6 压井返排液
G5	CH1081	G104-5P81 酸化返排
G43-23	SP169	G75-25 井采出液样
G77	AR134	G56-46 井采出液样
CH1001	TK-02	G9-P3 井采出液样
CH1002	AR36	G206-4 井采出液样
CH1011	AR134	G91-10 封层重射液
CH1040		G15-13 补孔压裂液
CH1069		G29-P4 新井投产封补返排液

表 5.2　对不同油样破乳剂初筛结果

序号	样品	相应的效果较好的破乳剂
1	一区油样	HX-01、BP2040、TK01、TK-11、TK01+SP169
2	二区油样	HD-01、BP2040、SQ-01
3	G75-25	SQ-02、AE1910、AR134、TK-02、HD-01
4	G59-41	HD-01、SQ-02、AE1910、TK01、AR36、B-38、AR134、AE1910、TK01、AR36、B-38、AR134
5	G206-4	HD-01、SQ-02、TK-02、AR36、TK01+SP169
6	G9-P3	SQ-01、SQ-02、AE1910、TK01+SP169、AR36

5.1.2　返排液对原油脱水的影响研究方法

在室内研究返排液对集输系统影响，先将 JD 油田作业区一区和二区的油按 2∶1 混合，再取混合油样于容器中，然后按总量的 10%～20%（体积比）加入单一或混合的返排液，配成含水量为 50% 的原油乳状液，搅拌约 20min，置于比脱水温度低 5～10℃的恒温水浴缸内待用。按照 SY/T 5280—2018《原油破乳剂通用技术条件》开展破乳实验，观察油水界面，记录脱水量。用原油含水率测定仪测定原油含水量和水中含油量。

5.1.3　单一返排液对原油脱水的影响研究

5.1.3.1　解堵返排液的影响

（1）G104-5P72 井不动管柱解堵返排液的影响。

取混合油样于容器中，一是直接按混合油样总量的 10%～20%（体积分数）加入 G104-5P72 井不动管柱解堵返排液，二是调节 G104-5P72 井不动管柱解堵返排液 pH 值为近中性后，再按混合油样总量的 20% 加入混合油样中。G104-5P72 井不动管柱解堵返排液对原油脱水的影响见表 5.3 至表 5.6。

表 5.3　G104-5P72 井不动管柱解堵返排液的影响（一）

破乳剂	不同时间脱水量 /mL					油中含水 /%	水中含油 /（mg/L）	水相清洁度	界面状况	挂壁程度
	5min	15min	30min	45min	60min					
G5	22	23	24	24	25	0.50	1250	浑	不齐	挂
G43-23	23	24	24	24	24	0.50	1300	浑	不齐	挂
CH1011	23	23	23.5	23.5	23.5	0.49	1150	浑	不齐	挂
CH1040	23	24	24	24	24.5	0.49	1050	浑	不齐	挂
HX-01	23	24	25	25	25	0.48	1180	浑	不齐	挂

注：未调 pH 值，解堵返排液加量 10%。

表 5.4　G104-5P72 井不动管柱解堵返排液的影响（二）

破乳剂	不同时间脱水量 /mL					油中含水 /%	水中含油 /（mg/L）	水相清洁度	界面状况	挂壁程度
	5min	15min	30min	45min	60min					
G5	24	25	25	25	25	0.45	950	浑	不齐	挂
SQ-01	24	24	24.5	24.5	24.5	0.49	1185	浑	不齐	挂
CH1069	24	24.5	24.5	25	25	0.50	1255	浑	不齐	挂
CH1002	24	24	24.5	24.5	25	0.50	1125	浑	不齐	挂
CH1083	23.5	23.5	24	24	24.5	0.50	1300	浑	不齐	挂

注：未调 pH 值，解堵返排液加量 20%。

表 5.5　G104-5P72 井不动管柱解堵返排液的影响（三）

破乳剂	不同时间脱水量 /mL					油中含水 /%	水中含油 /（mg/L）	水相清洁度	界面状况	挂壁程度
	5min	15min	30min	45min	60min					
CH1040	21	22	25	25	25	0.49	380	清	齐	挂
SQ-01	24	24	24	24.5	24.5	0.47	420	清	齐	挂
CH1082	24	24.5	24.5	25	25	0.48	570	清	齐	挂
CH1084	23.5	23.5	24	24.5	25	0.50	350	清	齐	挂
CH1002	23	23.5	23.5	24	24.5	0.50	355	清	齐	挂

注：调 pH≈7，解堵返排液加量 10%。

表 5.6　G104-5P72 井不动管柱解堵返排液的影响（四）

破乳剂	不同时间脱水量 /mL					油中含水 /%	水中含油 /（mg/L）	水相清洁度	界面状况	挂壁程度
	5min	15min	30min	45min	60min					
CH1081	—	23.5	23.5	24	24.5	0.48	780	浑	不齐	挂
CH1083	23	23.5	24	24	24.5	0.50	820	浑	不齐	挂
CH2067	—		20	22	24	0.49	230	清	齐	不挂
CH2065	24	24.5	24.5	24.5	24.5	0.49	220	清	齐	不挂
CH2064	24	24	24	24.5	24.5	0.50	690	浑	齐	挂
CH2064	—	—	24	24	24	0.49	720	浑	齐	挂
SQ-01	24	24	24.5	24.5	24.5	0.50	320	清	齐	挂

注：调 pH≈7，解堵返排液加量 20%。

由表 5.3 至表 5.6 可知，G104-5P72 井不动管柱解堵返排液对集输系统原油脱水有严重的影响，但是通过对该返排液进行调 pH 值预处理后，再与集输系统原油混合脱水，得到 7 种消除该返排液影响的针对性很强的破乳剂。

（2）G104-5P18 井解堵返排液的影响。

取混合油样于容器中，一是直接按混合油样总量的 10%～20% 加入 G104-5P18 井不动管柱解堵返排液，二是调节 G104-5P18 井不动管柱解堵返排液 pH 值为近中性后，再按总量的 20% 加入混合油样中。G104-5P18 井不动管柱解堵返排液对原油脱水的影响见表 5.7 至表 5.9。

由表 5.7 至表 5.9 可知，按总量的 10%～20% 向混合油样中加 G104-5P18 井解堵返排液，该返排液对集输系统原油脱水有影响，但通过实验得到 5 种能够消除该返排液影响的针对性很强的破乳剂，这 5 种针对性很强的破乳剂能够达到脱水效果和要求。

表 5.7　G104−5P18 井解堵返排液的影响（一）

破乳剂	不同时间脱水量 /mL					油中含水 /%	水中含油 /（mg/L）	水相清洁度	界面状况	挂壁程度
	5min	15min	30min	45min	60min					
G77	24	24	24	24	24.5	0.50	316	清	齐	微挂
CH1069	24.5	24.5	25	25	25.5	0.49	310	清	齐	微挂
G5	24	24	24.5	25	25	0.49	293	清	齐	不挂

注：G104−5P18 返排液加量 10%。

表 5.8　G104−5P18 井解堵返排液的影响（二）

破乳剂	不同时间脱水量 /mL					油中含水 /%	水中含油 /（mg/L）	水相清洁度	界面状况	挂壁程度
	5min	15min	30min	45min	60min					
SQ−02	23	24	25	25	25	0.50	315	清	齐	挂
TH−01	24	24	24.5	24.5	24.5	0.50	320	清	齐	挂
CH2068	24.5	24.5	24.5	24.5	25	0.49	300	清	齐	微挂
CH2067	23	23.5	24	24.5	25	0.49	306	清	齐	微挂

注：G104−5P18 返排液加量 20%。

表 5.9　G104−5P18 井解堵返排液的影响（三）

破乳剂	不同时间脱水量 /mL					油中含水 /%	水中含油 /（mg/L）	水相清洁度	界面状况	挂壁程度
	5min	15min	30min	45min	60min					
SQ−02	23	23	23.5	24	24	0.49	342	较清	齐	微挂
SQ−01	24	25	26	26	26	0.50	338	较清	齐	微挂
G5	23	24	24	24	24	0.49	313	较清	齐	微挂
CH2068	22	23	23	24	24	0.50	290	清	齐	微挂
CH2067	24	25	25	26	26	0.50	284	清	齐	微挂

注：调 pH≈7 值，G104−5P18 返排液加量 20%。

（3）G104−5P37 井封补防砂解堵返排液的影响。

取混合油样于容器中，一是直接按混合油样总量的 10%～20% 加入 G104−5P37 井不动管柱解堵返排液，二是调节 G104−5P37 井不动管柱解堵返排液 pH 值为近中性后，再按总量的 20% 加入混合油样中。其对原油脱水的影响见表 5.10 至表 5.12。

由表 5.10 至表 5.12 可知，按总量的 10%～20% 向混合油样中加 G104−5P37 井封补防砂解堵返排液，该返排液对集输系统原油脱水有影响，但是通过实验得到 5 种能够消除该返排液影响的针对性很强的破乳剂，这 5 种针对性很强的破乳剂能够达到脱水效果和要求。

表 5.10 G104-5P37 井封补防砂解堵返排液的影响（一）

破乳剂	不同时间脱水量 /mL					油中含水 / %	水中含油 / （mg/L）	水相清洁度	界面状况	挂壁程度
	5min	15min	30min	45min	60min					
SQ-02	25	25	25	25	25	0.50	350	较清	齐	挂
G77	24	24.5	24.5	24.5	25	0.50	329	清	齐	挂
CH1069	25	25	25	25	25.5	0.49	315	较清	齐	微挂
TH-01	24	24	24	24	24.5	0.50	325	清	齐	微挂
CH1085	24.5	24.5	24.5	24.5	24.5	0.50	340	清	齐	微挂

注：G104-5P37 返排液加量 10%。

表 5.11 G104-5P37 井封补防砂解堵返排液的影响（二）

破乳剂	不同时间脱水量 /mL					油中含水 / %	水中含油 / （mg/L）	水相清洁度	界面状况	挂壁程度
	5min	15min	30min	45min	60min					
SQ-02	24	24	24	24	24.5	0.50	340	清	齐	挂
G43-23	24	25	25	25	25	0.49	332	清	齐	不挂
CH2065	24	25	25	25	25	0.50	320	清	齐	微挂

注：G104-5P37 返排液加量 20%。

表 5.12 G104-5P37 井封补防砂解堵返排液的影响（三）

破乳剂	不同时间脱水量 /mL					油中含水 / %	水中含油 / （mg/L）	水相清洁度	界面状况	挂壁程度
	5min	15min	30min	45min	60min					
SQ-02	23.5	23.5	24	24.5	25	0.49	289	清	齐	微挂
G77	23	23.5	24	24	24.5	0.50	290	清	齐	微挂
SQ-01	23.5	23.5	23.5	24	24.5	0.50	310	清	齐	微挂
TH-01	23.5	24	24	24	24.5	0.49	285	清	齐	微挂
CH1069	23	23.5	24	24	24.5	0.50	320	较清	齐	微挂

注：调 pH≈7 值，G104-5P37 返排液加量 20%。

（4）G104-5P30 井解堵返排液的影响。

取混合油样于容器中，一是直接按混合油样总量的 10%～20% 加入 G104-5P30 井不动管柱解堵返排液，二是调节 G104-5P30 井不动管柱解堵返排液 pH 值为近中性后，再按总量的 20% 加入混合油样中。其对原油脱水的影响见表 5.13 至表 5.15。

表 5.13　G104-5P30 井解堵返排液的影响（一）

破乳剂	不同时间脱水量 /mL					油中含水 /%	水中含油 /（mg/L）	水相清洁度	界面状况	挂壁程度
	5min	15min	30min	45min	60min					
SQ-02	21	22	23	23.5	24.5	0.50	300	清	齐	微挂
SQ-01	24.5	25	25	25.5	25.5	0.49	302	清	齐	挂
CH1069	22	23	24	24	24.5	0.50	310	清	齐	挂

注：G104-5P30 返排液加量 10%。

表 5.14　G104-5P30 井解堵返排液的影响（二）

破乳剂	不同时间脱水量 /mL					油中含水 /%	水中含油 /（mg/L）	水相清洁度	界面状况	挂壁程度
	5min	15min	30min	45min	60min					
G43-23	22	22	22	23	24	0.49	290	清	齐	微挂
CH1001	20	21	22	23	25	0.49	302	清	齐	微挂
CH2065	22	23	24	24.5	24.5	0.49	312	清	齐	微挂

注：G104-5P30 返排液加量 20%。

表 5.15　G104-5P30 井解堵返排液的影响（三）

破乳剂	不同时间脱水量 /mL					油中含水 /%	水中含油 /（mg/L）	水相清洁度	界面状况	挂壁程度
	5min	15min	30min	45min	60min					
SQ-02	—	24	24	24.5	24.5	0.50	312	清	齐	微挂
G77	—	23.5	24	24.5	25	0.49	284	清	齐	微挂
CH2068	—	24	24	24.5	25	0.50	280	清	齐	微挂
TH-01	—	23.5	23.5	24	24.5	0.49	311	清	齐	微挂
CH2067	—	24	24	24.5	24.5	0.49	296	清	齐	微挂

注：调 pH≈7 值，G104-5P30 返排液加量 20%。

　　由表 5.13 至表 5.15 可知，按总量的 10%～20% 向混合油样中加 G104-5P30 井解堵返排液，该解堵返排液对集输系统原油脱水有影响，但是通过实验得到 5 种能够消除该返排液影响的针对性很强的破乳剂，这 5 种针对性很强的破乳剂能够达到脱水效果和要求。

5.1.3.2　压裂返排液的影响

（1）G15-13 井补孔压裂返排液的影响。

　　取混合油样于容器中，直接按混合油样总量的 10%～20%（体积分数）加入 G15-13 井补孔压裂返排液。其对原油脱水的影响见表 5.16、表 5.17。

表 5.16　G15-13 井补孔压裂返排液的影响（一）

破乳剂	不同时间脱水量 /mL					油中含水 /%	水中含油 /（mg/L）	水相清洁度	界面状况	挂壁程度
	5min	15min	30min	45min	60min					
TH-01	23	24	25	25	25	0.47	310	清	齐	不挂
G77	23	23	23	23.5	23.5	0.48	320	清	齐	不挂
SQ-02	24	24	24.5	24.5	24.5	0.48	340	清	齐	微挂
SQ-01	23.5	23.5	24	24.5	24.5	0.49	342	清	齐	微挂
G43-23	24	24.5	24.5	25	25	0.50	340	清	齐	微挂
CH1001	24	24	24.5	24.5	24.5	0.50	342	清	齐	微挂
CH1081	23.5	23.5	23.5	24	24.5	0.50	350	清	齐	微挂

注：G15-13 返排液加量 10%。

表 5.17　G15-13 井补孔压裂返排液的影响（二）

破乳剂	不同时间脱水量 /mL					油中含水 /%	水中含油 /（mg/L）	水相清洁度	界面状况	挂壁程度
	5min	15min	30min	45min	60min					
SQ-02	23.5	23.5	24	24.5	24.5	0.48	300	清	齐	不挂
G43-23	24	24	24.5	24.5	24.5	0.48	300	清	齐	不挂
CH1001	24	24.5	25	25	25	0.48	310	清	齐	不挂
G77	24	24	24	24.5	24.5	0.50	335	清	齐	微挂
SQ-01	24	24	25	25	25	0.50	340	清	齐	微挂
CH1081	23.5	23.5	24	24	24.5	0.50	345	清	齐	微挂

注：G15-13 返排液加量 20%。

由表 5.16 和表 5.17 可知，按总量的 10%～20% 向混油样中加 G15-13 井补孔压裂返排液，该补孔压裂返排液对集输系统原油脱水有影响，但是通过实验得到 6 种能够消除该返排液影响的针对性很强的破乳剂，这 6 种针对性很强的破乳剂能够达到脱水效果和要求。

（2）GX109-8 井压裂返排液的影响。

取混合油样于容器中，直接按混合油样总量的 10%～20% 加入 GX109-8 井压裂返排液。其对原油脱水的影响见表 5.18、表 5.19。

由表 5.18、表 5.19 可知，按总量的 10%～20% 向混合油样中加 GX109-8 井压裂返排液，该返排液对集输系统原油脱水有影响，但是通过实验得到 4 种能够消除该返排液影响的针对性强的破乳剂，这 4 种针对性很强的破乳剂能够达到脱水效果和要求。

表5.18　GX109-8井压裂返排液的影响（一）

破乳剂	不同时间脱水量 /mL					油中含水 /%	水中含油 /（mg/L）	水相清洁度	界面状况	挂壁程度
	5min	15min	30min	45min	60min					
SQ-02	21	22	23	23.5	24	0.50	644	较浑	齐	微挂
TH-01	23	24	24	24	24.5	0.50	435	较清	齐	挂
CH1069	24	24	24.5	24.5	25	0.49	320	清	齐	挂
CH2065	24.5	24.5	24.5	24.5	24.5	0.50	342	较清	齐	挂

注：GX109-8返排加量10%。

表5.19　GX109-8井压裂返排液的影响（二）

破乳剂	不同时间脱水量 /mL					油中含水 /%	水中含油 /（mg/L）	水相清洁度	界面状况	挂壁程度
	5min	15min	30min	45min	60min					
G77	24	24	24	24	24.5	0.50	291	清	齐	微挂
G43-23	24	25	25	25.5	25.5	0.49	289	清	齐	微挂
G5	23.5	23.5	24	24	24.5	0.50	295	清	齐	微挂
CH2068	23.5	24	24.5	24.5	25	0.50	280	清	齐	微挂

注：GX109-8返排加量20%。

5.1.3.3　防砂返排液的影响

取混合油样于容器中，直接按混合油样总量的10%～20%加入防砂返排液。防砂返排液对原油脱水的影响见表5.20、表5.21。

表5.20　G63-15井防砂返排液的影响（一）

破乳剂	不同时间脱水量 /mL					油中含水 /%	水中含油 /（mg/L）	水相清洁度	界面状况	挂壁程度
	5min	15min	30min	45min	60min					
CH1040	24	24.5	24.5	24.5	25	0.49	280	清	齐	不挂
G43-23	24	24	24	24.5	24.5	0.48	280	清	齐	不挂
SQ-01	24	24	25	25	25.5	0.5	380	浑	齐	微挂
TH-01	23	23	23.5	24	24.5	0.5	385	浑	齐	微挂
G77	24.5	24.5	24.5	24.5	24.5	0.5	380	浑	齐	微挂

注：G63-15返排加量10%。

表 5.21　G63-15 井防砂返排液的影响（二）

破乳剂	不同时间脱水量 /mL					油中含水 /%	水中含油 /（mg/L）	水相清洁度	界面状况	挂壁程度
	5min	15min	30min	45min	60min					
TH-01	22	22	23	24	24.5	0.49	280	清	齐	不挂
CH1040	24	24	24.5	24.5	24.5	0.50	280	清	齐	不挂
SQ-02	23	23	23	24	24	0.50	285	清	齐	微挂
G77	23.5	23.5	24	24	24.5	0.50	290	浑	齐	微挂
G5	24	24	24.5	24	25	0.50	290	清	齐	微挂
SQ-01	24	24	24	24.5	24.5	0.50	300	清	齐	微挂
G43-23	24	24.5	25	25	25	0.50	295	清	齐	微挂
CH1001	23.5	23.5	24	24	25	0.50	300	清	齐	微挂

注：G63-15 返排液加量 20%。

由表 5.20、表 5.21 可知，按总量的 10% 向混合油样中加 G63-15 井防砂返排液，该防砂返排液对集输系统原油脱水有影响，但通过实验得到 8 种能够消除该返排液影响的针对性很强的破乳剂，这 8 种针对性很强的破乳剂能够达到脱水效果和要求。

5.1.3.4　封层重射返排液的影响

取混合油样于容器中，直接按混合油样总量的 10%～20% 加入封层重射返排液。封层重射返排液对原油脱水的影响见表 5.22、表 5.23。

表 5.22　G91-10 井封层重射返排液的影响（一）

破乳剂	不同时间脱水量 /mL					油中含水 /%	水中含油 /（mg/L）	水相清洁度	界面状况	挂壁程度
	5min	15min	30min	45min	60min					
SQ-01	24	24	24.5	24.5	25	0.49	310	清	齐	微挂
G5	24	24	24	24.5	24.5	0.49	315	清	齐	微挂
G43-23	24	24.5	24.5	24.5	24	0.50	315	清	齐	微挂
CH1040	24	24	24	24	24.5	0.50	415	浑	齐	微挂
CH1002	24	24	24	24.5	24.5	0.50	400	浑	齐	微挂
CH1084	23.5	24	24	24.5	24.5	0.50	415	浑	齐	微挂

注：G91-10 返排液加量 10%。

由表 5.22、表 5.23 可知，按总量的 10% 向混合油样中加 G91-10 井封层重射返排液，该返排液对集输系统原油脱水有影响，但通过实验得到 6 种能够消除该返排液影响的针对性很强的破乳剂，这 6 种针对性很强的破乳剂能够达到脱水效果和要求。

表 5.23　G91-10 井封层重射返排液的影响（二）

破乳剂	不同时间脱水量 /mL					油中含水 /%	水中含油 /（mg/L）	水相清洁度	界面状况	挂壁程度
	5min	15min	30min	45min	60min					
CH1040	24	24	24	24.5	24.5	0.49	310	清	齐	微挂
G5	24	24.5	24.5	24.5	25	0.50	315	清	齐	微挂
TH-01	24	24	24.5	24.5	24.5	0.50	420	浑	齐	微挂
G77	24	24	24.5	24.5	24.5	0.50	425	浑	齐	微挂
CH1002	24	24	24	24.5	24.5	0.50	420	浑	齐	微挂
CH1081	23.5	23.5	24	24.5	25	0.50	410	浑	齐	微挂

注：G91-10 返排液加量 20%。

5.1.3.5　G29-P4 新井投产封补返排液的影响

取混合油样于容器中，直接按混合油样总量的 20% 加入 G29-P4 新井投产封补返排液。其对原油脱水的影响见表 5.24。

表 5.24　G29-P4 新井投产封补返排液的影响

破乳剂	不同时间脱水量 /mL					油中含水 /%	水中含油 /（mg/L）	水相清洁度	界面状况	挂壁程度
	5min	15min	30min	45min	60min					
SQ-02	24	24	24	24.5	24.5	0.49	294	清	较齐	微挂
CH2065	23	23.5	24	24.5	24.5	0.50	345	浑	齐	微挂

注：G29-P4 返排液加量 20%。

由表 5.24 可知，按总量的 20% 向混合油样中加 G29-P4 新井投产封补返排液，该返排液对集输系统原油脱水有影响，但是通过实验得到 2 种能够消除该返排液影响的针对性很强的破乳剂，这 2 种针对性很强的破乳剂能够达到脱水效果和要求。

5.1.3.6　完井返排液的影响

取混合油样于容器中，一是直接按混合油样总量的 20% 加入 G104-5P30 完井返排液；二是先调节 G104-5P30 完井液 pH 值为近中性后，再按总量的 20% 加入混合油样中；三是加 HCl 调节完井液 pH 值为近中性后，再按总量的 20% 加入混合油样中。完井液对原油脱水的影响见表 5.25 至表 5.27。

由表 5.25 至表 5.27 可以看出，完井液对集输系统原油脱水的影响大，完井液的加量对脱水挂壁状况有较大的影响，但通过调 pH 值后得到 4 种能够消除这种影响的针对性很强的破乳剂，能够达到脱水效果和要求。

表 5.25　完井液的影响（一）

破乳剂	不同时间脱水量 /mL					油中含水 /%	水中含油 /（mg/L）	水相清洁度	界面状况	挂壁程度
	5min	15min	30min	45min	60min					
SQ—01	—	24.5	—	—	25	0.50	1012	浑	不齐	挂
G43—23	—	25	—	—	25	0.50	962	浑	不齐	挂
CH2068	—	—	—	—	25	0.50	1205	浑	不齐	挂
CH1002	—	24	24	24	24.5	0.50	1023	浑	齐	挂
CH1083	—	—	24	24	24.5	0.50	1130	较浑	齐	挂

注：完井液加量 20%。

表 5.26　完井液的影响（二）

破乳剂	不同时间脱水量 /mL					油中含水 /%	水中含油 /（mg/L）	水相清洁度	界面状况	挂壁程度
	5min	15min	30min	45min	60min					
G77	24	24	24	24	24	0.50	295	清	齐	微挂
SQ—01	23	23	23	23.5	23.5	0.50	286	清	齐	微挂
CH1002	23.5	24	24	24	24.5	0.50	380	浑	齐	微挂
CH1083	24	24	24	24	24.5	0.50	352	浑	齐	微挂

注：完井液加量 20%，加 G104—5P30 调 pH≈7。

表 5.27　完井液的影响（三）

破乳剂	不同时间脱水量 /mL					油中含水 /%	水中含油 /（mg/L）	水相清洁度	界面状况	挂壁程度
	5min	15min	30min	45min	60min					
G77	24	24	24.5	24.5	25	0.50	301	清	齐	微挂
G43—23	23.5	23.5	23.5	24	24.5	0.50	310	清	齐	微挂
CH2068	24	24	24.5	24.5	24.5	0.50	300	清	齐	微挂
SQ—01	23.5	24	24.5	25	25	0.50	315	清	齐	微挂

注：完井液加量 20%，加 HCl 调 pH≈7。

5.1.3.7　洗井返排液的影响

取混合油样于容器中，直接按混合油样总量的 10%～20% 加入洗井返排液。洗井返排液对原油脱水的影响见表 5.28、表 5.29。

由表 5.28、表 5.29 可以看出，按总量的 10%～20% 向混合油样中加洗井返排液，该返排液对集输系统原油脱水的影响大，但通过实验得到 8 种能够消除这种影响的针对性很强的破乳剂，能够达到脱水效果和要求。

表 5.28　洗井返排液的影响（一）

破乳剂	不同时间脱水量 /mL					油中含水 / %	水中含油 / （mg/L）	水相清洁度	界面状况	挂壁程度
	5min	15min	30min	45min	60min					
TH−01	25	25	25	25	25	0.50	325	较清	齐	挂
G43−23	24	24	24.5	24.5	24.5	0.50	310	较清	齐	挂
CH1069	24.5	24.5	24.5	25	25	0.50	331	较清	齐	微挂

注：洗井返排液加量 10%。

表 5.29　洗井返排液的影响（二）

破乳剂	不同时间脱水量 /mL					油中含水 / %	水中含油 / （mg/L）	水相清洁度	界面状况	挂壁程度
	5min	15min	30min	45min	60min					
SQ−02	24	24	24.5	24.5	24.5	0.50	298	较清	齐	微挂
G77	24	24	24	24	24	0.50	280	清	齐	微挂
CH2067	24	25	25	25	25	0.49	284	清	齐	微挂
G43−23	24	24.5	24.5	24.5	24.5	0.50	280	清	齐	微挂
CH1083	23.5	23.5	24	24	24.5	0.50	300	清	齐	微挂
CH1084	24	24	24	24.5	24.5	0.50	287	清	齐	微挂

注：洗井返排液加量 20%。

5.1.3.8　压井返排液的影响

（1）NP101−6 压井返排液的影响。

取混合油样于容器中，直接按混合油样总量的 10%～20% 加入 NP101−6 压井返排液。NP101−6 压井返排液对原油脱水的影响见表 5.30、表 5.31。

表 5.30　NP101−6 压井返排液的影响（一）

破乳剂	不同时间脱水量 /mL					油中含水 / %	水中含油 / （mg/L）	水相清洁度	界面状况	挂壁程度
	5min	15min	30min	45min	60min					
SQ−01	24	24	25	25	25	0.49	300	较清	齐	微挂
CH1069	23.5	24	24.5	24.5	24.5	0.50	320	较清	齐	微挂
G43−23	23	23	24	25	25	0.50	295	清	齐	微挂
CH1001	24	24	24.5	24.5	25	0.50	301	清	齐	微挂
CH2065	23	24.5	24.5	25	25	0.50	299	清	齐	微挂

注：NP101−6 压井液返排液加量 10%。

表 5.31　NP101-6 压井返排液的影响（二）

破乳剂	不同时间脱水量 /mL					油中含水 /%	水中含油 /（mg/L）	水相清洁度	界面状况	挂壁程度
	5min	15min	30min	45min	60min					
G43-23	23	23.5	23.5	24	24	0.50	300	清	齐	微挂
G5	24	24	24	25	25	0.50	305	清	齐	微挂
CH2065	24	24	24.5	24.5	25	0.50	290	清	齐	微挂
CH1002	24	24	24	24	24.5	0.50	286	清	齐	微挂
CH1083	24	24.5	24.5	24.5	24.5	0.50	280	清	齐	微挂

注：NP101-6 压井液返排液加量 20%。

由表 5.30、表 5.31 可以看出，NP101-6 压井返排液对集输系统原油脱水的影响大，但通过实验得到 7 种能够消除这种影响的针对性很强的破乳剂，能够达到脱水效果和要求。

（2）NP106 压井返排液的影响。

取混合油样于容器中，直接按混合油样总量的 10%～20% 加入 NP106 压井返排液。NP106 压井返排液对原油脱水的影响见表 5.32、表 5.33。

表 5.32　NP106 压井返排液的影响（一）

破乳剂	不同时间脱水量 /mL					油中含水 /%	水中含油 /（mg/L）	水相清洁度	界面状况	挂壁程度
	5min	15min	30min	45min	60min					
G5	21	22.5	23	24	24	0.49	310	较清	齐	不挂
CH1001	24	24	24.5	24.5	24.5	0.49	264	较清	齐	不挂
CH1069	24	25	25	25	25	0.49	248	较清	齐	不挂

注：NP106 压井液返排液加量 10%。

表 5.33　NP106 压井返排液的影响（二）

破乳剂	不同时间脱水量 /mL					油中含水 /%	水中含油 /（mg/L）	水相清洁度	界面状况	挂壁程度
	5min	15min	30min	45min	60min					
SQ-02	23	23	24	24	24	0.50	290	清	齐	微挂
SQ-01	21	21	22	22	22	0.50	285	清	齐	微挂
TH-01	23	23	24	24	24	0.49	286	清	齐	微挂
CH2065	23	24	25	25	25	0.50	280	清	齐	微挂

注：NP106 压井液返排液加量 20%。

由表 5.32、表 5.33 可以看出，按总量的 20% 向混合油样中加 NP106 压井液返排液，该返排液对集输系统原油脱水的影响大，但通过实验得到 7 种能够消除这种影响的针对性很强的破乳剂，能够达到脱水效果和要求。

5.1.3.9　G104-5P81酸化返排液的影响

取混合油样于容器中，直接按混合油样总量的10%～20%加入G104-5P81酸化返排液。G104-5P81酸化返排液加量10%对原油脱水的影响，从所做的15组实验中选出比较好的3组，脱水效果较好，挂壁状况较好，水中含油较低，基本满足要求，具体见表5.34；G104-5P81酸化返排液加量20%对原油脱水的影响，从所做的15组实验中选出相对较好的5组，脱水效果不好，而且挂壁，水浑，水中含油较高，但基本满足要求，具体见表5.35。

表5.34　G104-5P81酸化返排液影响（一）

破乳剂	不同时间脱水量/mL					油中含水/%	水中含油/（mg/L）	水相清洁度	界面状况	挂壁程度
	5min	15min	30min	45min	60min					
SQ-01	24.5	25	25	25	25	0.49	264	较清	齐	不挂
G43-23	24.5	24.5	24.5	25	25	0.50	290	较清	齐	挂
CH2065	24.5	24.5	24.5	24.5	24.5	0.50	302	较清	齐	微挂

注：G104-5P81返排液加量10%。

表5.35　G104-5P81酸化返排液影响（二）

破乳剂	不同时间脱水量/mL					油中含水/%	水中含油/（mg/L）	水相清洁度	界面状况	挂壁程度
	5min	15min	30min	45min	60min					
G43-23	24	24	24.5	24.5	25	0.50	652	较浑	齐	不挂
CH1084	24	24	24	24	24.5	0.50	700	浑	齐	挂
CH1083	24	24	24.5	24.5	24.5	0.50	622	浑	齐	微挂
CH1011	24	24	24	24.5	24.5	0.50	651	浑	齐	微挂
CH2065	24.5	24.5	24.5	25	25	0.50	605	浑	齐	挂

注：G104-5P81返排液加量20%。

由表5.34、表5.35可以看出，G104-5P81含返排液的原油样，油中水占总量的50%，该返排液对集输系统原油脱水的影响大，但通过实验得到4种能够消除这种影响的针对性很强的破乳剂，能够达到脱水效果和要求。

5.1.4　不同返排液混合对原油脱水的影响研究

5.1.4.1　两种不同类型返排液混合的影响

按总量的20%（体积分数）加完井液和G104-5P30的混合（1∶1）的返排液，从所做的 15 组实验中选出比较好的 2 组，实验结果见表 5.36。

表 5.36　两种不同类型返排液混合的影响

破乳剂	不同时间脱水量 /mL					油中含水 /%	水中含油 /（mg/L）	水相清洁度	界面状况	挂壁程度
	5min	15min	30min	45min	60min					
G77	24	24	24	24	24	0.50	295	清	齐	微挂
SQ-01	23	23	23	23.5	23.5	0.50	286	清	齐	微挂

表 5.36 可以看出，碱性的完井液和酸性的 G104-5P30 解堵返排液混合对集输系统原油脱水的影响大，用盐酸处理过的完井液对原油脱水的影响得到改善，脱水效果较好，挂壁状况较好，水中含油低。通过实验得到 2 种能够消除这种影响的针对性很强的破乳剂，能够达到脱水效果和要求。

5.1.4.2　4 种解堵返排液混合的影响

按总量的 20%（体积分数）向混合油样中加等体积的 4 种返排液［G104-5P72（不动管柱解堵）：G104-5P18（解堵）：G104-5P37（封补防砂解堵）：G104-5P30（解堵）］，从所做的 16 组实验中选出比较好的 7 组，脱水效果比较好，但是挂壁，水中含油较低，实验结果见表 5.37。

表 5.37　4 种解堵返排液混合的影响

破乳剂	不同时间脱水量 /mL					油中含水 /%	水中含油 /（mg/L）	水相清洁度	界面状况	挂壁程度
	5min	15min	30min	45min	60min					
SQ-02	21	24	24	24	25	0.50	300	清	齐	挂
G77	18	21	22	23	23	0.50	281	清	齐	不挂
TH-01	20	22	23	24	24	0.50	302	清	齐	挂
G43-23	20	22	22	23	23	0.49	310	清	齐	挂
CH1069	19	21	24	24	25	0.50	311	清	齐	挂
CH2067	21	23	23	24	24	0.49	291	清	齐	挂
CH2068	22	24	25	25	25	0.50	284	清	齐	微挂

注：调 pH=7，按 20% 加 4 种混合返排液。

由表 5.37 可知，4 种解堵返排液混合对集输系统原油脱水的影响大，但通过实验得到 7 种能够消除这种影响的针对性很强的破乳剂，能够达到脱水效果和要求。

5.1.4.3　4 种不同类型返排液混合的影响

按总量的 20%（体积分数）向混合油样中加等体积的 4 种不同类型的返排液［G104-5P18（解堵）、G63-15（防砂）、G91-10（重射）、G15-13（补孔压裂）］，从所做的 16

组实验中选出比较好的 7 组，脱水效果比较一般，挂壁情况较好，水中含油低，实验结果见表 5.38。

表 5.38　4 种不同类型返排液混合的影响

破乳剂	不同时间脱水量 /mL					油中含水 /%	水中含油 /（mg/L）	水相清洁度	界面状况	挂壁程度
	5min	15min	30min	45min	60min					
SQ−02	23	23.5	24	24	24.5	0.50	310	较清	齐	微挂
G77	23.5	23.5	23.5	24	24.5	0.50	302	较清	齐	微挂
SQ−01	24	24	24.5	24.5	24.5	0.50	299	较清	齐	微挂
TH−01	23	23.5	24	24.5	24.5	0.50	295	较清	齐	微挂
CH1069	21	23	24	24.5	24.5	0.49	280	清	齐	微挂
G5	22	24	24	24	25	0.50	311	较清	齐	微挂
SQ−02	23	23.5	24	24	24.5	0.50	310	清	齐	微挂

由表 5.38 可以看出，4 种不同类型返排液混合对集输系统原油脱水的影响大，但通过实验得到 7 种能够消除这种影响的针对性很强的破乳剂，能够达到脱水效果要求。

5.1.4.4　8 种不同类型返排液混合的影响

按总量的 20% 向混合油样中加入 G104−5P72（不动管柱解堵）、G104−5P18（解堵）：G104−5P37（封补防砂解堵）、G104−5P30（解堵）、G15−13（补孔压裂）、GX109−8（压裂）：G63−15（防砂）、G91−10（封层重射）8 种返排液（按等体积混合）。实验结果见表 5.39。

表 5.39　8 种不同类型返排液混合的影响

破乳剂	不同时间脱水量 /mL					油中含水 /%	水中含油 /（mg/L）	水相清洁度	界面状况	挂壁程度
	5min	15min	30min	45min	60min					
SQ−02	24	24	24	24	24.5	0.49	290	清	齐	挂
SQ−01	23	23.5	24	24.5	24.5	0.50	289	清	齐	挂
G43−23	24	24	24	24.5	24.5	0.50	301	清	齐	挂
G5	23	24	25	25	25.5	0.50	280	较清	齐	挂
CH2067	24	24	24.5	25	25	0.50	300	较清	齐	挂
CH2065	24	24.5	24.5	25	25	0.50	310	较清	齐	挂
TH−01	23	23.5	24	24.5	24.5	0.50	321	较清	齐	挂

注：前 4 种调节 pH=7 后再与其他 4 种混合，按 20% 加 8 种返排液。

由表 5.39 可以看出，8 种不同返排液混合对集输系统原油脱水的影响大，但通过实验得到 7 种能够消除这种影响的针对性很强的破乳剂，能够达到脱水效果要求。

5.2 返排液对原油破乳脱出水处理的影响研究

5.2.1 无干扰条件下原油破乳脱出水混凝条件的优选

本实验所使用的混凝剂及废水和代表性返排液见表 5.40。先针对 JD 油田含油废水进行混凝剂筛选，并找到处理这种废水的最佳混凝剂及其加量，然后将每种返排液分别按总量 4%、8%、12%、16%、20% 与含油废水混合，并在最佳混凝剂条件下投加混凝剂，沉淀时间 40min 之后取上清液测其浊度、色度，同时做不加返排液的含油废水处理的空白实验，以进行对比。色度采用稀释倍数法测定；浊度采用浊度仪测定。先分别配制 10% 的聚合铝铁、聚合氯化铝、聚合氯化铝铁，再分别取含油废水 100mL 倒入 3 个烧杯中，分别向每个烧杯中加入 1000mg/L 不同的混凝剂，沉淀 30min 后测上清液的浊度，结果见表 5.41。

表 5.40 实验所用混凝剂、废水和返排液

实验试剂名称	实验其他材料
聚合铝铁、聚合氧化铝、聚合氯化铝铁	JD 油田含油废水、钻井返排液、完井返排液、压裂返排液、解堵返排液、防砂返排液、封层重射返排液

表 5.41 最佳混凝剂筛选

序号	混凝剂名称	混凝剂投加量 /（mg/L）	原水的浊度 /NTU	处理后水浊度 /NTU
1	聚合铝铁	1000	127	16.7
2	聚合氯化铝	1000	127	15
3	聚合氯化铝铁	1000	127	41.3

通过表 5.41 可以看出，处理效果最好的混凝剂为 10% 的聚合氯化铝。所以选取 10% 的聚合氯化铝作含油废水处理的混凝剂，分别取 100mL 含油废水倒入 4 个烧杯中，分别加入不同量聚合氯化铝，其最佳加量见表 5.42。由表 5.42 数据可知，聚合氯化铝的最佳投加量为 1000mg/L。

表 5.42 聚合氯化铝最佳投加量

废水量 /mL	混凝剂投加量 /（mg/L）	处理后水浊度 /NTU
100	500	7.92
100	1000	7.3
100	1500	8.7

5.2.2 不同返排液对原油破乳脱出水处理效果影响研究

5.2.2.1 完井返排液对含油废水处理效果影响

由于没有取到现场完井返排液，为了研究完井返排液对含油废水处理的影响，实验中用完井液进行实验。实验中聚合氯化铝的投加量均为 1000mg/L。加入不同量的完井液对污水处理的影响结果如图 5.1 所示。

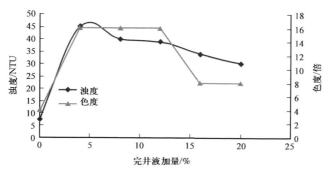

图 5.1　完井液对废水处理效果的影响

由图 5.1 所示，完井液对含油废水处理有影响，随着投加量的增大，影响程度逐渐减小；浊度和色度也随投加量的增大而减小。加入完井液后，投加量最小的时候影响程度最大，投加量最大的时候影响程度最小。

5.2.2.2 解堵返排液对含油废水处理效果的影响

为了研究解堵返排液对含油废水处理效果的影响，在实验中分别加入解堵返排液，所用的混凝剂均为聚合氯化铝，投加量均为 1000mg/L。解堵返排液对含油废水处理效果影响的结果如图 5.2 至图 5.4 所示。

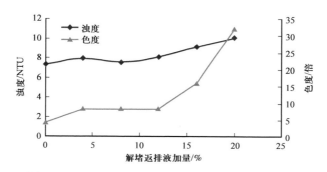

图 5.2　G104-5P18 解堵返排液对废水处理效果影响

由图 5.2 至图 5.4 所示，G104-5P30、G104-5P18 两种解堵返排液对含油废水处理效果有影响，使处理后水的浊度和色度都增加，G104-5P30 解堵返排液对含油废水的影响大于 G104-5P18 解堵返排液，但两种返排液都随着投加量的增加影响程度变大。不动管柱解堵返排液对含油废水处理有较大的影响，随着投加量的增大，该返排液对含油废水处理影响程度增大，浊度和色度也随着返排液投加量的增加而增大。

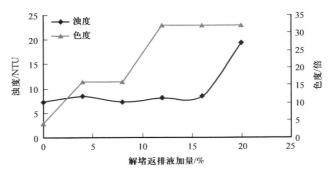

图 5.3　G104-5P30 解堵返排液对废水处理效果影响

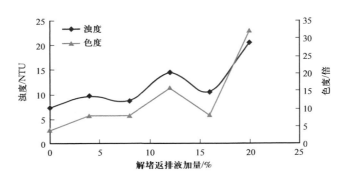

图 5.4　不动管解堵返排液对废水处理效果影响

5.2.2.3　压裂返排液对含油废水处理效果的影响

压裂返排液来自 GX109-8 井，含油废水中加入不同量此返排液后，再加入 1000mg/L 聚合氯化铝，沉淀 40min 后，对废水处理效果的影响如图 5.5、图 5.6 所示。

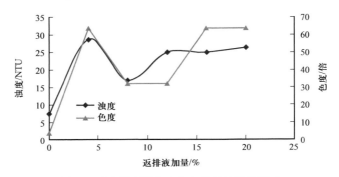

图 5.5　压裂返排液对废水处理效果的影响

由图 5.5、图 5.6 可知，压裂液对含油废水处理有影响，加入返排液后对含油废水处理效果影响程度变大，影响程度和处理后水的浊度、色度都随着投加量的增加先减小后增大。投加量为 8% 时处理效果影响程度最小。补孔压裂返排液对含油废水有影响，随着返排液投加量的增加使含油废水处理效果的影响程度变大，处理后水的浊度和色度也随着投加量的增加而变大。

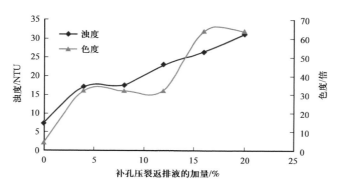

图 5.6 补孔压裂返排液对废水处理效果的影响

5.2.2.4 防砂返排液对含油废水处理效果的影响

此防砂液来自 G63-15 井，含油废水中加入不同量此返排液后，再加入 1000mg/L 聚合氯化铝，沉淀 40min 后，对含油废水处理效果的影响如图 5.7 所示。

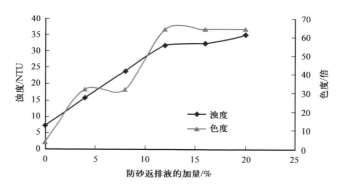

图 5.7 防砂返排液对含油废水处理的影响

由图 5.7 所示，防砂液对含油废水处理的影响，影响程度随着返排液投加量的增加而变大，处理后水的浊度、色度也随之增大。投加量为 16% 时影响程度最大。

5.2.2.5 封层重射返排液对含油废水处理效果影响

此封层重射返排液来自 G91-10 井，含油废水中加入此返排液后，再加入 1000mg/L 聚合氯化铝，沉淀 40min 后，对含油废水处理效果的影响如图所示 5.8 所示。

由图 5.8 所示，封层重射返排液对含油废水处理有很大的影响，影响程度随着返排液投加量的增加而变大，处理后水的浊度、色度也随返排液投加量的增加而增大。其中投加量为 12% 时影响程度最小。

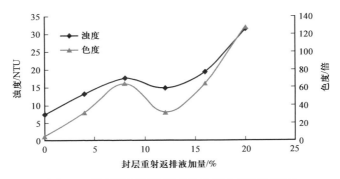

图 5.8　封层重射返排液对含油废水处理的影响

5.3　返排液对集输系统的影响因素分析及措施

5.3.1　解堵、酸化返排液对集输系统影响分析及措施

5.3.1.1　解堵、酸化返排液对集输系统影响分析

酸化解堵是油田增产的有效措施之一。针对不同的地质条件有不同的酸化解堵体系，包括常规盐酸、土酸、低伤害酸、潜在酸等。根据现场提供的资料表明，目前 JD 油田酸化液主要组成成分为盐酸、氢氟酸、缓蚀剂，解堵液主要组成成分为盐酸、氢氟酸、柠檬酸、氟硼酸、稠化酸等。但酸化解堵后的残液返排进入系统后，影响分离器脱水。根据实验研究结果并结合文献和现场实际情况分析如下。

（1）主要是因为酸中的 H^+ 将激活稠油中环烷酸，增加乳化剂数量，使乳化膜强度加大，从而使破乳剂替换油水界面的难度加大，影响了化学脱水的进行，造成原油破乳的困难，脱水系统紊乱，原油脱水速度慢，脱水率低，脱出水中含油多，脱出水颜色发黄，使排液费用增大，降低了措施产量核实的准确性，废液处理难度增大，造成环境污染。

（2）土酸对原油脱水影响比盐酸更大，特别是对稠油影响更大，脱出水颜色发黑，有大量渣存在，这是由于采出水中含有大量的高价离子，如 Ca^{2+}、Mg^{2+} 等，与土酸中的氢氟酸反应，产生沉淀，沉淀与稠油包裹在一起，使脱出水中含油量增加，脱出水颜色发黑。

（3）残酸成分更复杂，不仅有酸对乳状液的影响，还存在反应后颗粒的影响。颗粒的存在可以增加液膜的强度，提高乳状液的稳定性，使原油破乳脱水更加困难。主要表现在脱水速度减慢、水色不清、过渡带加长，并且水下有絮状物。

（4）盐酸、土酸、残酸对原油脱水的影响次序为残酸＞土酸＞盐酸。

5.3.1.2　解决措施

通过研究酸化、解堵返排液对原油脱水的影响，确定在此类返排液中加入碱缓冲溶液，并添加针对性较强的破乳剂，以便使进入系统内的乳状液 pH 值控制在 7.0 左右，并控制酸化返排液进入系统的量不超过20%，就可以保证集输系统正常脱水，使系统中油含水和水含油符合要求，满足油田需要。

5.3.2　洗井返排液对集输系统影响分析及措施

5.3.2.1　洗井返排液对集输系统影响分析

洗出液中有悬浮物、机械杂质，有的还含有聚集物等，因此成分复杂，处理难度大。油井洗井工艺以往都采用热水洗井，此工艺最大的缺点是极易造成油田污染，降低采油率；也有采用专用洗井液进行清洗，对井筒内蜡、胶质、沥青等有较好的洗涤作用，洗井返排液中有砂、水、油、石蜡、胶质、沥青质等。无论是注水井还是油井的洗井返排液都成分复杂，处理难度较大。根据现场提供的资料，目前JD油田油井洗井液的主要成分是表面活性剂（OP-10）、NH_4Cl、有机溶剂及热水等。根据实验研究结果并结合现场分析如下：

主要是洗井返排液进入集输系统后，洗井返排液中的表面活性剂OP-10分子、胶质、沥青质等吸附到油水界面上，使界面张力降低，油水界面膜的厚度和强度增加，界面稳定性增加，成膜能力增强，使乳状液稳定性增加，因而破膜困难，使脱出的污水中油含量较高。

5.3.2.2　解决措施

通过实验筛选和对破乳机理研究分析，得到了针对性较强的几种破乳剂，在集输系统中加入适当浓度的针对性较强的破乳剂后，破乳剂能够取代原界面吸附的活性物分子，使界面张力升高，界面自由能增大，降低界面膜强度体系失去稳定。如果使用这几种针对性较强的破乳剂并控制洗井返排液进入系统的量不超过20%，就可以保证集输系统正常脱水，使系统中油含水和水含油符合要求，满足油田需要。

5.3.3　压裂返排液对集输系统影响分析及措施

5.3.3.1　压裂返排液对集输系统影响分析

压裂施工中用了增稠剂、交联剂、调节剂、稳定剂、防膨剂、助排剂等添加剂。其组成复杂，压裂施工会产生压裂返排液。目前JD油田压裂返排液中主要成分为羟丙基瓜尔胶、聚丙烯酰胺等。压裂返排液外观黏稠，呈灰黑色，具有高COD值、高稳定性等特点。根据实验研究结果并结合现场分析如下。

（1）主要是因为压裂液返排至系统后，由于压裂液中羟丙基瓜尔胶、聚丙烯酰胺等化学剂的存在，使得系统中的原油乳状液油水界面张力降低，乳状液稳定性增加，化学破乳难度加大，使原油乳状液的油水很难分离，而且分离出来的水中含油量高，增加了污水处理难度。

（2）压裂液中羟丙基瓜尔胶、聚丙烯酰胺等化学剂的存在对原油破乳有明显的抑制作用，因为聚合物疏水基伸入油相造成了空间障碍，使水滴之间保持一定的距离，从而抑制了水滴相互聚结。聚合物中疏水链的长度不同，对破乳的抑制作用不同，碳链越长疏水作用越强，造成的空间障碍越大，对原油乳状液破乳的抑制作用越大。另外，聚合物在油水界面间吸附和聚集，也增加了油水界面膜的厚度和强度，降低了分散相和分散介质界面自由熵，使它们的聚结倾向降低，增加了乳状液稳定性。因此，聚合物对原油破乳有抑制作用。

5.3.3.2 解决措施

通过实验筛选和对破乳机理研究分析，得到了针对性较强的几种破乳剂，这几种破乳剂在使用浓度下能升高乳状液界面张力，使界面自由能增大，体系失稳，同时使乳状液界面膜强度减弱，使破乳顺利。如果使用这几种针对性较强的破乳剂并控制压裂返排液进入系统的量不超过20%，就可以保证集输系统正常脱水，使系统中油含水和水含油符合要求，满足油田需要。

5.3.4 射孔返排液对集输系统影响分析及措施

5.3.4.1 射孔返排液对集输系统影响分析

一般射孔液中都添加了阳离子聚合物强抑制剂——降低体系的表面张力；表面活性剂（OP-10）——疏通油气通道；暂堵剂——快速形成致密阻塞层，降低滤失总量；降滤失剂——降低滤失总量；加重剂 $CaCl_2$。由此可见，射孔作业返排液中一般都含有聚合物、表面活性剂、砂粒等，射孔作业返排液进入集输系统后对原油乳状液的脱水产生影响。根据实验研究结果并结合现场分析如下。

主要是因为射孔作业返排液返排至系统后，由于返排液中聚合物、表面活性剂等化学剂的存在，使得系统中的原油乳状液油水界面张力降低，乳状液稳定性增加，化学破乳难度加大，使原油乳状液的油水很难分离，而且分离出来的水中含油量高，增加了污水处理难度。

5.3.4.2 解决措施

通过实验筛选和对破乳机理研究分析，得到了针对性较强的几种破乳剂，这几种破乳剂在使用浓度下能升高乳状液界面张力，使界面自由能增大，体系失稳，同时使乳状液界面膜强度减弱，使破乳顺利。如果使用这几种针对性较强的破乳剂并控制射孔返排液进入系统的量不超过20%，就可以保证集输系统正常脱水。

5.4 返排液影响原油脱水的生产现场评价

在对含酸化解堵、解堵、完井、洗井和射孔等作业返排液对原油脱水影响规律和机理分析基础上，得到了一些效果好、针对性强的破乳剂。虽然上述研究过程中的油样、水样都取自油田生产现场，但是由于长途运输、路途耽搁等原因导致这些样品不能完全代表现场样品性能，为了验证室内研究结果，验证室内实验所得数据的代表性和有效性，将校内实验室研究得到的能针对性解决返排液影响原油脱水的几种破乳剂运到 JD 油田生产现场，在现场实验室技术人员配合下，油样、水样、返排液样现取现做，实验结果代表性强、实验结果可靠，对生产现场更具实际的指导意义。

表 5.43 是针对多种返排液影响原油脱水，通过上述实验研究得到的不同的破乳剂，表 5.44 是在生产现场现取的用于现场评价破乳剂实验的各种作业返排液。

表 5.43 实验筛选得到的破乳剂及现取的原油乳状液

破乳剂名称	原油乳状液
G77、CH2064、G5、CH2065、501、CH2067 CH1011、CH2068、CH1040、SQ-01、CH1081 SQ-02、CH1083、TH-01、CH1084	一区和二区的原油乳状液

表 5.44 油田生产现场现取的各种作业返排液

井号	返排液量 /m³	油量 /m³	作业措施	存在返排液	pH 值
G160-P9	50.6	0.8	不动管柱解堵	解堵液	7
G160-8	41.2	18	新井、解堵	完井液、酸化液	7
G180-1	37.7	0	封层补孔	射孔液	5
G104-5P69	378	23	冲砂、氮气排液	洗井液、酸化解堵液	7
G104-5P90	25	4.8	新井、解堵	酸化解堵液	4

5.4.1 G160-P9 井不动管柱解堵返排液的影响

实验前先将 JD 油田一区和二区的油（一区：二区 =2：1）混合，取 300mL 混合油样于容器中，然后加入 180mL 混合污水（一区：二区 =2：1），最后按总量的 20% 加入 120mL 单一或混合的返排液。用乳化机搅拌上述混合样约 20min，配成含水量为 50% 的原油乳状液，再按照《原油破乳剂通用技术条件》（SY/T 5280—2018）开展破乳实验。首先研究了针对性的破乳剂消除 G160-P9 井不动管柱解堵返排液对原油脱水的影响，结果见表 5.45。

表 5.45 消除 G160-P9 井不动管柱解堵返排液影响原油脱水实验结果

破乳剂	不同时间脱水量 /mL					水相清洁度	界面状况	挂壁程度
	5min	15min	30min	45min	60min			
CH1081	33.8	36.5	37.9	38	38	清	齐	不挂
CH1083	34.2	38	38.5	39	39.8	清	齐	不挂

破乳剂	不同时间脱水量 /mL					水相清洁度	界面状况	挂壁程度
	5min	15min	30min	45min	60min			
CH2067	33	36.5	37.2	38	38	清	齐	不挂
CH2065	34	38	39	39	40	清	齐	不挂
CH2064	33.8	37.5	39	39.2	39.8	清	齐	不挂
SQ-01	34	38.9	40	40.5	41	清	齐	不挂

由表 5.44 可以看出，实验中脱出水清、不挂壁、界面齐、脱水速率快。其中 CH1083、CH2065、CH2064 和 SQ-01 破乳剂脱水率高，效果尤佳。

5.4.2　G160-8 井完井、酸化返排液的影响

按照上述实验方法，研究了针对性的破乳剂消除 G160-8 井完井、酸化返排液对原油脱水的影响，结果见表 5.46。

表 5.46　消除 G160-8 井完井、酸化返排液影响原油脱水实验结果

破乳剂	不同时间脱水量 /mL					水相清洁度	界面状况	挂壁程度
	5min	15min	30min	45min	60min			
SQ-02	34	39	40	40.2	41	清	齐	微挂
SQ-01	36	39	40	40.2	40.5	清	齐	不挂
G5	38	41	42	42	42	清	齐	不挂
CH2068	32.5	38	40	40.1	40.5	清	齐	不挂
CH2067	32	38	40	40.1	40.5	清	齐	不挂
G77	36	39	40	40.1	41	清	齐	不挂

由表 5.45 可以看出，实验中脱出水清、不挂壁、界面齐、脱水速率快、脱水率高，6 种破乳剂均能够达到脱水效果和要求，其中 G5 和 G77 破乳剂破乳效果尤佳。

5.4.3　G180-1 井封层补孔返排液的影响

按照上述实验方法，研究了针对性的破乳剂消除 G180-1 井封层补孔返排液对原油脱水的影响，结果见表 5.47。

由表 5.46 可以看出，实验中脱出水清、不挂壁、界面齐、脱水速率快、脱水率高，能够达到脱水效果和要求。其中 G5、CH1081 和 CH2064 破乳剂破乳效果尤佳。

表 5.47　消除 G180-1 井封层补孔返排液影响原油脱水实验结果

破乳剂	不同时间脱水量 /mL					水相清洁度	界面状况	挂壁程度
	5min	15min	30min	45min	60min			
CH1040	36	39	40	40	40	清	齐	不挂
G5	38	40	41	42	42	清	齐	不挂
TH-01	36	39	40	40	40.5	清	齐	不挂
G77	36	38	38	39	39	清	齐	微挂
CH1081	38	40	40	40.5	41	清	齐	不挂
CH2064	36	39	40	40.5	41	清	齐	不挂

5.4.4　G104-5P69 井洗井液、酸化解堵返排液的影响

　　按照上述实验方法，研究了针对性的破乳剂消除 G104-5P69 井洗井液、酸化解堵返排液对原油脱水的影响，结果见表 5.48。

表 5.48　消除 G104-5P69 井洗井液、酸化解堵返排液影响原油脱水实验结果

破乳剂	不同时间脱水量 /mL					水相清洁度	界面状况	挂壁程度
	5min	15min	30min	45min	60min			
CH1083	38.5	41	42	42.2	43	较清	齐	不挂
CH1084	40	42	43	43.5	43.8	较清	齐	微挂
CH1011	40	43	43.8	44	44	较清	齐	微挂
CH2067	37	41	42	42.5	43	清	齐	不挂
G77	38	41	41.8	42	42	清	齐	不挂
SQ-02	38	40	41	42	42	清	齐	不挂
501	38	40	41	41.8	41.8	较清	齐	挂

　　由表 5.48 可以看出，以上 7 种破乳剂脱水率高、界面齐、脱水速率快，均能达到脱水效果和要求。其中 CH2067、G77 和 SQ-02 破乳剂脱水效果最好。

5.4.5　G104-5P90 井酸化解堵返排液的影响

　　按照上述实验方法，研究了针对性的破乳剂消除 G104-5P90 井酸化解堵返排液对原油脱水的影响，结果见表 5.49。

表 5.49　消除 G104-5P90 井酸化解堵返排液影响原油脱水实验结果

破乳剂	不同时间脱水量 /mL					水相清洁度	界面状况	挂壁程度
	5min	15min	30min	45min	60min			
CH1083	22	29	33	34	35	清	齐	不挂
CH1084	23.5	30	35	36.2	37.5	清	齐	不挂
CH1011	21	29	33	35	36	清	齐	挂
CH2067	23.5	31	35	36	37	清	齐	挂
501	18	27	30.5	32	33	清	齐	挂
CH2065	29.5	38.5	42.5	44	44.5	清	齐	不挂

由表 5.49 可以看出，实验中脱出水清、界面齐。其中 CH1083、CH1084 和 CH2065 破乳剂脱水效果尤佳。

5.4.6　不同返排液混合对原油脱水的影响研究

按照上述实验方法，研究了针对性的破乳剂消除 5 种返排液混合后（G160-P9∶G160-8∶G180-1∶G104-5P69∶G104-5P90=1∶1∶1∶1∶1）对原油脱水的影响，结果见表 5.50，脱水效果如图 5.9 所示。

表 5.50　消除 5 种返排液混合影响原油脱水实验结果

破乳剂	不同时间脱水量 /mL					水相清洁度	界面状况	挂壁程度
	5min	15min	30min	45min	60min			
CH1083	37	37	37.2	38	38	清	齐	微挂
SQ-02	34.5	35	35	35	35	清	齐	不挂
CH2067	37.8	38.8	39	40	40	清	齐	挂
G5	37	38	38	39.5	39.8	清	齐	不挂
G77	37	38	38	39	39	清	齐	不挂
CH2065	37.8	38.2	38.2	39	39.5	清	齐	挂
501	32	32	32.5	34	34.5	清	齐	微挂

由表 5.50 和图 5.9 可以看出，以上 7 种破乳剂脱出水清、界面齐、脱水速率快。其中 G5 和 G77 破乳剂脱水效果尤佳。

综合上述在 JD 油田实验室进行的 5 种返排液（酸化液、洗井液、射孔液、解堵液、完井液）对原油脱水影响的现场实验研究，结果表明，室内针对不同返排液影响原油脱水的研究结果具有代表性，得到的针对性破乳剂能满足原油化学脱水的要求。为了得到一种普适性破乳剂，下面开展直接用这些破乳剂处理返排液实验研究。

图 5.9　消除 5 种返排液混合对原油脱水影响的效果

5.4.7　处理返排液普适性破乳剂的筛选

虽然通过前面大量实验研究得到了一些针对性强、可以解决某种或几种返排液对原油脱水影响的专用破乳剂，但是这些破乳剂在生产中使用起来并不方便，因此很有必要找到一种适应性很广泛、能消除多种返排液影响的破乳剂。下面对得到的一些针对性破乳剂进行了筛选实验，以便得到一种普适性破乳剂。

5.4.7.1　普适性破乳剂的初步筛选

选择了上述实验得到的效果较好的 6 种药剂（CH1081、CH1083、CH1084、CH2064、CH2065 和 CH2067），编号为 1#—6#，以 G17-32（新井）和 G69-21（补孔井）井返排液为处理对象开展实验研究。实验方法：取措施井返排液，倒 100mL 于 100mL 比色管中，分别加入各种药剂摇匀后放入恒温 60℃ 水浴中观察结果。结果见表 5.51、表 5.52。

表 5.51　新井 G17-32 井返排液处理结果

药剂	药剂加量 /（mg/L）	处理前现象	处理后现象
1#	50		水色较浑
2#	50		水色基本不变
3#	50	黑浑	水色变清，底部有黑色残渣
4#	50		水色较清，出现絮状漂浮物
5#	50		水色黄浑
6#	50		水色较黄

表 5.52 补孔井 G69-21 返排液处理结果

药剂	药剂加量 /（mg/L）	处理前现象	处理后现象
1#	50		大量挂壁，水色较浑
2#	50		水色基本不变
3#	50	含油高，油水成均匀乳状液，颜色黑浑	油水分离，水色较清
4#	50		油水分离，水色较清，有较厚过渡带
5#	50		有少量原油分离，水色较浑
6#	50		有少量原油分离，水色黑浑

从表 5.51 和表 5.52 可以看出，3# 药剂可以破坏新井和补孔井返排液的稳定性，使原来稳定的乳状液油水分离，固液分离，从而消除新井、补孔井返排液中化学药剂、聚合物和固相颗粒的影响。因此选择 3# 药剂进行下一步的实验。

5.4.7.2 普适性破乳剂的效果验证

用 3# 药剂作为处理剂，选择新开补孔井、新井和其他措施井返排液为样品进行大量的室内实验。表 5.53 为一些较为有代表性的实验结果。

表 5.53 措施井返排液使用 3# 药剂处理结果

日期	井号	药剂加量 /（mg/L）	措施类型	试验前现象	试验后现象
7 月 29 日	G15-32	30	新井投产	白色	水色变清，发白
	G17-23	40	新井投产	橙黄色，较深	水色变清，底部有黄色残渣
	G17-32	40	新井投产	黑浑	水色变清，底部有黑色残渣
	G17-42	30	新井投产	淡黄色，稍浑	水色变清、淡黄
8 月 1 日	G29-14	40	解堵	灰浑	水色发黄
	G15-44	40	新井投产	橙黄色	颜色变浅
	G69-21	40	补孔	含油高	油水分离，水色较清
	G17-32	30	新井投产	黑浑	水色变清
	G64-28	40	不动管柱解堵	黑浑	灰浑
8 月 15 日	G56-50	30	新井投产	橙红色，浑浊	油絮上浮、水色变清
8 月 29 日	G98-12	50	补孔	淡黄色	无明显变化
	G12-P1	30	补孔	草绿色，浑浊	絮凝上浮或下沉，水色清透略带黄色

日期	井号	药剂加量 / （mg/L）	措施类型	试验前现象	试验后现象
8 月 29 日	G91-1	50	封补	橘红色，浑浊	有絮上浮、水色变清、略带微红
	G98-12	50	补孔	土黄色，浑浊	水色变清
	G64-37	30	解堵	黑色，浑浊	油状物上浮，水色变清
9 月 18 日	G34-28	100	解堵	水发黄，上有浮油	水清，絮团上浮
	G94-1	50	补孔	水发黄	无明显变化
	G98-10	30	补孔	水较清	水清，絮团上浮或下沉
	G160-P8	30	不动管柱解堵	水较清	水清
9 月 30 日	CX10-1	30	解堵	灰黑色，浑浊	絮上浮，水变清不透
	G63-16	50	新井	黄绿色，浑浊	絮上浮或下沉，水清透
	G80-37	30	补孔酸化	灰黑色，浑浊	絮上浮，水清透
10 月 13 日	G211-8	50	碱解堵	深灰色，浑浊	颜色变浅
	G160-1	30	酸化	浅灰色，浑浊	水清透、絮下沉

从表 5.53 可知：

（1）G15-32、G17-23、G17-32、G17-42 4 口新井返排液经过 3# 药剂处理后均有较大程度的改善，效果明显。

（2）G29-14、G15-44、G69-21、G64-28 和 G17-32 井经过 3# 药剂处理后，都有较大的改变，效果较为明显。

（3）新井 G56-50 橙红色浑浊的返排液经 3# 药剂处理后，变为澄清、透明的状态，效果很好。

（4）措施井 G12-P1、G91-1、G64-37 返排液经 3# 药剂处理后均有不同程度的改善，G98-12 井在不同时间取了两个样品，从现象来看，先取的样品经 3# 药剂处理后无明显变化，后取的样品在处理后水色变清，效果较为明显。

（5）G34-28 井返排液在经 3# 药剂处理前后区别较大，油水分层，下层污水颜色较清，G94-1 井返排液经 3# 药剂处理前后区别不大，但是在提高药量至 100mg/L 后可使水色变清透，G160-P8 和 G98-10 井返排液在经 3# 药剂处理后均变得澄清透明。因此，选择 G94-1 和 G98-10 进行现场实验时可以获得较好的结果。

（6）GX10-1、G63-16 和 G80-37 井返排液在经 3# 药剂处理后颜色变浅，固相和水相分离彻底，水色较为澄清，说明 3# 药剂能够有效地消除化学药剂的影响，破坏返排液的稳定性。

（7）G211-8 井返排液经 3# 药剂处理后，水色变浅，但依然浑浊，提高 3# 药剂的加量至 100mg/L 后处理 G211-8 返排液，可得澄清透明的水层，上层为浮油和固相。G160-1 返排液经 3# 药剂处理后水色变得澄清透明。

5.5 油田生产现场应用

为了发挥 3# 药剂在实际生产中处理返排液的效果，在 JD 油田作业区选取 4 口生产作业井，在补孔井、新井和碱解堵井口返排液中加入 3# 药剂，然后直接导入集输系统。

5.5.1 现场应用效果

选取 G94-1（补孔作业）、G98-10（补孔作业）、G63-16（新井作业）、G211-8（碱解堵作业）井进行了现场试验，井口加入 3# 药剂时间均为 10d。

按照室内确定的加药方案，先用 3# 药剂处理 G94-1（补孔作业）、G98-10（补孔作业）、G63-16（新井作业）、G211-8（碱解堵作业）返排液，然后让处理后的返排液进入生产集输系统，并不断监测联合站生产集输系统油含水及水含油指标，生产集输系统分离的油含水及外输水含油变化情况见表 5.54 至表 5.56。

表 5.54　G94-1 和 G98-10 返排液进系统前后联合站运行数据（9 月 17 日进）

日期	原油处理 /%					预脱水 /（mg/L）				外输净化水含油 /（mg/L）
	1# 三相油含水	2# 三相油含水	3# 三相油含水	4# 三相油含水	脱后油含水	1# 三相水含油	2# 三相水含油	3# 三相水含油	4# 三相水含油	
9 月 8 日	1.78	0.28	停	0.7	0.34	70	94	1307	1632	5
9 月 9 日	1.55	1.8	停	5.48	0.76	87	211	1910	2466	4
9 月 10 日	1.4	1	停	2.06	0.34	184	146	435	721	6
9 月 11 日	1.92	1.44	停	0.5	0.43	740	547	841	1200	5
9 月 12 日	1.76	0.36	停	6.66	0.26	142	158	1179	533	6
9 月 13 日	2.05	0.45	停	3.74	1.23	309	186	237	352	6
9 月 14 日	1.57	0.6	停	4.02	0.75	191	186	1281	363	6
9 月 15 日	1.09	0.09	停	4.41	0.59	136	212	699	854	4
9 月 16 日	2.15	5.4	停	4.37	1.28	120	594	542	850	6
9 月 17 日	1.26	4.2	停	3.24	0.94	115	336	459	102	4
9 月 18 日	2.38	1.43	停	2.67	0.71	141	273	467	803	6
9 月 19 日	2.54	0.08	停	4.02	0.53	323	255	534	350	5

日期	原油处理 /%					预脱水 /（mg/L）				外输净化水含油 /（mg/L）
	1# 三相油含水	2# 三相油含水	3# 三相油含水	4# 三相油含水	脱后油含水	1# 三相水含油	2# 三相水含油	3# 三相水含油	4# 三相水含油	
9 月 20 日	2.08	0.68	停	2.57	0.88	230	520	584	671	5
9 月 21 日	3.44	0.74	停	0.92	0.61	75	107	492	323	3
9 月 22 日	1.66	1.24	停	4.08	0.68	223	211	1137	1245	3
9 月 23 日	3.59	0.33	停	0.68	0.66	177	180	303	580	3
9 月 24 日	4.35	4.43	停	0.52	0.55	126	185	347	1290	5
9 月 25 日	3.58	1.96	停	4.63	0.71	250	414	2323	3124	4
9 月 26 日	1.07	1.17	停	7.69	0.55	224	145	494	456	5
9 月 27 日	3.94	0.61	停	4.52	0.61	276	162	749	1637	5
9 月 28 日	3.43	0.55	停	7.72	0.84	79	105	800	1727	4
平均值	2.3	1.4	停	3.6	0.7	200.9	248.9	815.2	1013.3	4.8

表 5.55　G63-16 井返排液进系统后联合站的运行数据（10 月 1 日进）

日期	原油处理 /%					预脱水 /（mg/L）				外输净化水含油 /（mg/L）
	1# 三相油含水	2# 三相油含水	3# 三相油含水	4# 三相油含水	脱后油含水	1# 三相水含油	2# 三相水含油	3# 三相水含油	4# 三相水含油	
10 月 1 日	2.26	0.48	停	9.18	1.32	267	260	201	284	5
10 月 2 日	4.45	1.37	停	7.83	0.77	106	154	141	555	4
10 月 3 日	2.76	0.26	停	3.73	0.58	197	108	1716	1729	4
10 月 4 日	1.46	0.17	停	4.44	0.72	46	217	189	238	4
10 月 5 日	1.07	0.52	停	7.37	0.93	517	243	150	341	6
10 月 6 日	0.99	0.77	停	12.33	0.84	181	162	578	1144	4
10 月 7 日	2.05	0.84	0.08	3.28	0.57	117	164	1959	1582	4
10 月 8 日	4.61	0.73	0.07	6.8	0.47	184	192	362	223	6
10 月 9 日	5.01	0.3	0.06	6	1.43	278	209	391	1701	4
10 月 10 日	1.65	1.41	0.03	4.61	0.73	395	186	550	642	6
平均值	2.26	0.72	0.36	4.09	0.57	190.61	179.14	444.18	637.21	4.75

表 5.56　G211-8 井返排液进系统后联合站的运行数据（10 月 30 日进）

日期	原油处理 /%					预脱水 /（mg/L）				外输净化水含油 /（mg/L）
	1# 三相油含水	2# 三相油含水	3# 三相油含水	4# 三相油含水	脱后油含水	1# 三相水含油	2# 三相水含油	3# 三相水含油	4# 三相水含油	
10 月 30 日	2.25	1.85	0.19	7.73		35	70	475	1236	4.11
10 月 31 日	0.86	0.40	0.06	1.99		20	52	52	475	3.047
11 月 1 日	3.28	0.09	0.42	1.68		92	205	750	815	3.90
11 月 2 日	3.78	0.07	2.20	0.75		115	121	83	437	2.85
11 月 3 日	1.93	0.06	0.14	0.43		102	82	198	336	3.944
11 月 4 日	0.60	0.42	1.47	0.84		59	126	333	956	4.84
11 月 5 日	0.89	2.19	1.79	1.11		70	280	303	580	2.47
11 月 6 日	1.19	0.07	0.62	2.63		66	159	92	545	3.18
11 月 7 日	2.14	0.07	1.68	2.49		36	44	78	200	2.87
11 月 8 日	1.44	0.07	3.00	1.98		94	101	1250	195	2.972

从表 5.54 至表 5.56 可以看出，G98-10、G94-1、G63-16 和 G211-8 井返排液经井口加 3# 药剂处理后，再导入集输系统并未对集输系统造成明显影响，集输系统因为来液性质复杂，几乎每天都有新的措施井开井排液合格后进入集输系统，所以集输系统自身是在一个动态的稳定过程中运行，出现波动后随即恢复平稳，这与没用新型 3# 破乳剂（CH1084）以前措施井返排液进入系统后集输系统长时间不稳定形成鲜明的对比。说明加新型破乳剂 CH1084 后可使返排液进入集输系统后不对集输系统造成不利影响。

5.5.2　现场应用经济效益分析

G98-10、G94-1、G63-16 和 G211-8 4 口现场井实际加药时间均为 10d，在进系统后 10d 中液量和油量的统计见表 5.57。

表 5.57　4 口现场生产井液量和油量统计

井号	液量 /m³	油量 /t
G94-1	366.8	3.69
G98-10	823	90.06
G63-16	242.37	190.21

井号	液量 /m³	油量 /t
G211-8	458.1	32.62
合计	1890.27	316.58

从表 5.56 可以看出，4 口现场生产井共计减少排液 1890.27m³，按照 2738 元 /40m³ 液计算，节省排液费约 13 万元，减少原油损失共计 316.58t。

第6章 LP 油田采油助剂和措施入井液及其返排液对原油脱水的影响研究与应用

  LP 油田属于中低渗透复杂断块油田，且经过多年的勘探开发，目前已进入高含水期。为进一步提高不同类型复杂断块油藏的采收率，该油田按照"一类一法，一块一案"的原则，以层系块为对象，以"三提高"为目的，针对不同类型油藏的重点潜力方向，采取相应的技术对策分类治理，逐个断块进行层系及注采井网方案优化，优化到单井、单个措施。

  在生产过程中，为了保持油井的正常生产，添加了井筒维护剂、稠油降黏剂、热洗添加剂、生物酶清洗剂、缓蚀剂、脱硫剂等；为了增产稳产，使用措施用剂，如酸化解堵液、乳液压裂液、携砂液等。这些采油助剂虽然在增储上产上发挥了重要作用，但部分返排残液不可避免地随采出液一起进入油水处理系统。目前国内现有生产实践表明：如果这些含有采油助剂的乳状液直接进入集输系统很可能对原油乳状液脱水产生冲击，影响脱水；如果含有采油助剂的乳状液不进集输系统也给生产带来许多麻烦，如可影响对措施井效果评价的准确性；因不能量油、测含水及大量原油被浪费而不计入各区产量，从而影响到措施产量核实；即使对含有采油助剂的乳状液进行单独处理，也很难达到商品油标准，影响油价并影响油田经济效益。由此可见，采油助剂及作业措施是油田增产稳产不可或缺的，同时采油助剂及返排残液又会反过来影响油田上产、增产。因此必须对含有采油助剂及返排残液的采出液对生产集输系统的破乳脱水问题引起足够的重视并加以解决，才能为油田开发提供科学保证。

  国内有专家学者对此类问题做了一些研究工作。如浙江大学的范振中等[23]的研究表明，酸化返排液中的 H^+ 将激活稠油中环烷酸，增加乳化剂数量，使乳化膜强度加大，原油破乳困难。研究结果还表明，土酸酸化返排残酸对原油脱水的影响程度比盐酸大。江苏油田的潘义等[35]针对真 35 块聚合物驱 HPAM 对应油井采出原油的破乳脱水问题进行了研究，投加 400mg/L 复配破乳剂 RDH-54，在采出液含 HPAM 浓度小于 200mg/L 时，破乳率达到了 94%，基本满足了一定含聚合物浓度下采出液破乳要求。檀国荣等[36]研究发现，聚合物对 31 种破乳剂的破乳有明显的抑制作用，脱水后水层含油量高且相当稳定。西安奥德石油工程技术有限公司张卫东等[37]研究了低固相聚合物钻井、硼交联瓜尔胶压裂液破胶液、土酸乏酸液、清蜡剂、杀菌剂、阻垢剂、聚合铝 / 聚合铁复合絮凝剂、聚合物 HPAM、弱凝胶、NaOH、盐酸等对特定破乳剂 YT-100 脱水效果的影响。长江大学也对各种入井液、返排液残液及其主要组分，如各种酸、聚合物、胶质、沥青质等对原油破乳脱水、对脱出水处理的影响开展了研究、对针对性的破乳剂也开展了相应的研究工作，提出了解决问题的措施，并将研究结果用于生产实际取得了很好的效果。但是，每个油田的原油性质、地层水、采油助剂存在差异，因此，针对性地开展相关技术研究是非常必要的。

6.1 采油助剂及残液对 P2 联破乳剂脱水影响研究

6.1.1 现场取回样品

为了尽可能取到代表性油水样，2020 年 7 月 17 日凌晨 4：00 于 P2 联三相分离器前端停加破乳剂，上午 10：00 左右取样（P2 联油水样）；但部分单井加了破乳剂和其他药剂；井筒维护剂加药每天比较固定，但热洗有周期，不一定每天都有。2020 年七区热洗井每月平均 169 口，八区较少，每月 23～35 口不等。所有单井取得返排液，除乳液压裂液外，其他均为七区油井。

共取样品 22 种，其中原油乳状液样 4 种、水样 2 种、采油助剂—井筒维护剂 6 种、措施入井液 4 种、措施返排液 4 种、现场在用破乳剂 2 种。表 6.1 中对除水样外的 20 种样品来源、生产情况、使用情况都有简要说明。

表 6.1 LP 油田现场取回的采油助剂及返排液

样品种类	样品名称	取样/生产日期	备注
井筒维护剂	生物酶清洗剂	2020 年 5 月 21 日生产，7 月 1 日取样	新井投产洗井用量 10%，直接进流程
	常温稠油降黏剂	2020 年 2 月 20 日生产，6 月 28 日取样	一般投加量小于 0.5%～1%
	脱硫剂	2020 年 4 月 10 日生产，6 月 12 日取样	一般含硫化氢井投加量为 10%，pH=8.0
	热洗添加剂	2020 年 7 月 20 日	一般投加量为 1% 左右
	水质缓蚀剂	2020 年 7 月 20 日	一般投加量为 30mg/L
	无固相压井液（视作原液）	2020 年 7 月 16 日	密度为 1.38g/cm³，原液入井，压后直接进流程
措施入井液	酸化解堵液（原液）	2020 年 7 月 14 日	主要有清水 +12% 盐酸 +3% 氢氟酸 +2% 酸化缓蚀剂 +2% 互溶剂 +2% 黏土稳定剂 + 铁离子稳定剂。现场 1：1 比例稀释
	LNXl70-X063 等 井乳液压裂液（原液）	2020 年 7 月 6 日	乳液压裂液使用浓度一般为 1.5%
	LPP80-X10C 携砂液（原液）	2020 年 7 月 8 日	

样品种类	样品名称	取样 / 生产日期	备注
措施入井液	瓜尔胶粉（常规压裂液稠化剂）	2014 年 1 月 20 日	目前压裂井少，乳液压裂液不成熟，建议用瓜尔胶粉配制常规压裂液开展实验
入井返排液	LPP2–504 井热洗返出液	2020 年 7 月 12 日	虽然按时间计算取样，但取的返出液不能确定是否就是热洗水，建议用原液模拟（浓度 1%），但返排液中残留浓度未知
	LPP2–X172 井高压充填挂滤返排液（瓜尔胶携砂液）	2020 年 7 月 12 日	虽然按时间计算取样，但取的返出液不能确定是否就是充填挂滤返排液
	LNXI70–X068 井乳液压裂液返排液	2020 年 7 月 2 日	压裂后因砂堵解卡半月之后开井即取样，虽然按时间计算取样，但取的返出液不能确定是否就是压裂液返排液
	LPP80–X10C 井复合纤维固砂剂防砂返排液	2020 年 7 月 12 日	虽然按时间计算取样，但取的返出液不能确定是否就是防砂返排液
破乳剂	SJ 站破乳剂	2020 年 2 月 12 日	80kg/d，10mg/L
	P2 联水溶性破乳剂		100kg/d，10mg/L，原液黏稠

6.1.2　样品主要成分分析

6.1.2.1　水样水质离子分析

按照 SY/T 5523—2016《油气田水分析方法》采用 ICS2100 离子色谱仪对取回的 P2 联七区、八区分离器出口（水）混合水样进行了离子全分析。结果见表 6.2。

表 6.2　现场水样离子成分

指标	Na^++K^+/（mg/L）	Ca^{2+}/（mg/L）	Mg^{2+}/（mg/L）	SO_4^{2-}/（mg/L）	Cl^-/（mg/L）	CO_3^{2-}/（mg/L）	HCO_3^-/（mg/L）	可溶性 SiO_2/（mg/L）	矿化度/（mg/L）	pH 值	水型
含量	15533.8	1708.6	364.0	6.0	27355.8	0	356.4	33.23	45046.83	7.2	$CaCl_2$

从表 6.2 数据可知，P2 联采出水矿化度高，含钙、镁及硅等，水样显中性，为氯化钙型。

6.1.2.2　油样主要成分分析

（1）油含水测定。

根据 GB/T 8929—2006《原油水含量的测定蒸馏法》，对产出液含水率进行测定。具体测定方法如下：首先分离游离水，再采用蒸馏法测定原油中的含水率。测定结果见表6.3。

表6.3 不同原油含水测定

油样	取样质量 /g	净出水体积 /mL	含水率 /%
SJ 站过渡带油水混合物	50.86	无	无
八区分离器出口油	49.82	无	无
七区分离器出口油	50.93	2.3	4.38
P2 联沉降罐溢流 （过渡带老化油）	50.46	12.5	23.78

从表6.3中可以看出，测定结果均低于实际含水率，原因是本次样品放置时间较长，检测时部分乳化水已沉降变成游离水。

（2）原油族组分分析。

参照SY/T 5119—2016《岩石中可溶有机物及原油族组分分析》完成了4种原油的族组分的测定，分别得到了这些油品的饱和烃、芳香烃、胶质及沥青质含量，结果见表6.4。

表6.4 不同原油族组分分析

井号	样品类型	样品称重 /mg	族组成 /%				闭合度 /%
			饱和烃	芳香烃	胶质	沥青质	
P2 联七区分离器出口油	原油	34.8	51.15	37.07	12.36	3.16	103.74
P2 联八区分离器出口油	原油	33.8	56.21	23.37	9.76	1.18	90.53

从表6.4可以看出，LP油田原油的沥青质含量较低，而胶质含量较高。原油中胶质和沥青质含量越多，其密度越大，黏度越高。这是由于胶质和沥青质分子中含有可形成氢键的羟基、羧基、羰基和氨基等基团使其形成无规则的聚集体，增大了稳定性。由于沥青质具有一定的表界面活性，在乳状液中是一种主要的成膜物质，其含量越高，形成的油水界面膜强度越高，不易破裂，进而乳状液稳定性也越强。

（3）原油含固分析。

将P2联七区、八区分离器出口油、P2联老化油、SJ站油分别用马弗炉加热到850℃，在马弗炉中密闭冷却后称重，得到不同油中无机质含量（表6.5）。然后将残渣研磨成粉末，进行 EDS 和 XRD 扫描分析，采用 PANalytical X 射线衍射仪进行 XRD 分析，实验条件为：滤波 Ni，CuKα，高压强度 40kV，管流 40mA，以 2θ 角 4°/min 扫描 2.5°～40°，万特探测器，结合 EDS 和 XRD 分析结果。得到油中无机质主要组分见表6.6。

表 6.5　LP 油田原油固含量

原油	称取质量 / g	残渣质量 / g	无机质质量分数 / %
P2 联八区分离器出口油	50.38	1.6995	3.38
P2 联七区分离器出口油	50.03	0.3550	0.71

从表 6.5 可知，LP 油田取回的原油中都含有无机质，这些无机质颗粒会被吸附至油水界面上，从而增加油水界面的强度，可能导致乳状液的破乳变得更为困难。

表 6.6　LP 油田原油中无机质成分分析

油样—无机质	无机质主要成分	备注
P2 联八区分离器出口油	硫酸钙、氧化铁、二氧化硅	还含有少量的 Pb、Cu、Mg、Al、Fe、K、Na 等元素的无机物
P2 联七区分离器出口油	氯化钠、硫化钙、碳酸钙	还含有少量的 Pb、Cu、Ni、Mg、Al、Fe、Na、K、Cl 等元素的无机物

从表 6.6 可知，LP 油田取回的原油所含无机质组分各不相同，但大多数为碳酸钙、硫酸钙、二氧化硅等，这些组分主要来自地层，氧化铁可能是结垢、腐蚀产物。这些无机质存在原油中会对破乳有一定的影响，因此，要适当降低原油黏度，才能使这些无机质沉降并与油分离。

6.1.2.3　采油助剂及增产措施用剂组分分析

油田采油助剂往往具有多重功能，多数助剂都依据不同需求添加了各种助剂及辅剂，因此采油助剂大多为成分非常复杂的混合物，要完全弄清其组分及含量，工作量巨大，耗时很长且成本很高，因为知识产权保护及经济利益的原因，即使找到相应的供应商，也不能得到相应的完整配方。得到了取回样品的主要成分见表 6.7。

从表 6.7 可知，井筒维护剂中的稠油降黏剂、生物酶清洗剂为表面活性剂类，热洗添加剂、缓蚀剂、脱硫剂也为有机化合物，无固相压井液为含 $CaCl_2$ 的混合物；措施入井液中的酸化解堵液含酸及无机、有机添加剂，乳液压裂液、携砂液及瓜尔胶液主要组分都是有机聚合物，黏度很高。入井返排残液中的热洗返排液、LPP2-X172 井高压充填挂滤返排液、LNXI70-X068 井乳液压裂返排液及 LPP80-X10C 井复合纤维固砂剂防砂返排液除了含有机聚合物外，还含有从地层带出的黏土、泥沙及油等。

6.1.3　原油破乳脱水影响研究方法

6.1.3.1　影响破乳剂脱水的实验方法

按 SY/T 5280—2018《原油破乳剂通用技术条件》来进行破乳剂评价，具体如下。

表6.7 LP油田现场取回的采油助剂及返排液主要成分

样品种类	样品名称	主要成分
井筒维护剂	生物酶清洗剂	呈中性，是一种表面活性剂，主要用于新投产水平井酸洗或出砂井防砂前洗井，pH值为6~8
	常温稠油降黏剂	pH值为7~9，非离子表面活性剂（水溶，无色透明）
	脱硫剂	pH值为7~9，三嗪类化合物，易溶于水。主要用于脱H_2S
	热洗添加剂	pH值为7~9，壬基酚氨基磺酸钠，油井井筒清蜡防蜡
	水质缓蚀剂	十二烷基二甲基苄基氯化铵咪唑啉，pH值为5~9，水溶
措施入井液	无固相压井液（视作原液）	氯化钾、氯化钙、EDTA等，密度为1.38g/cm³，原液人井压后直接进流程
	酸化解堵剂（原液）	盐酸、氢氟酸及添加剂（包括酸化互溶剂，铁离子稳定剂，黏土稳定剂，酸化缓蚀剂等）
	LNXI70-X063等井乳液压裂液（原液）	缔合多种有机溶剂制备；人井浓度1.5%左右，基液黏度为50~90mPa·s
	LPP80-X10C携砂液（原液）	主要是羟丙基瓜尔胶，原液人井，黏度为40~70mPa·s
	瓜尔胶粉	常规压裂液增稠剂主剂是瓜尔胶，因基近压裂井是瓜尔胶，取不到瓜尔胶类返排液，因此，用瓜尔胶粉配液开展实验
入井返排液	LPP2-504井热洗返出液	地层水＋壬基酚氨基磺酸钠，pH值为7~9，油井井筒清蜡防蜡
	LPP2-X172井高压充填挂滤返排液（瓜尔胶携砂液）	主剂是羟丙基瓜尔胶
	LNXI70-X068井乳液压裂液返排液	缔合多种有机溶剂制备，主剂是瓜尔胶，压裂后因砂堵解卡半月之后开井即取样
	LPP80-X10C井复合纤维固砂剂防砂返排液	环氧树脂，pH值为6~8
破乳剂	SJ站破乳剂（德利）	环氧乙烷、环氧丙烷
	P2联合破乳剂	环氧乙烷、环氧丙烷、甲醇等

（1）先将 P2 联七区和八区的油（七区：八区 =1：1）混合，再取混合油样于容器中，然后再向其中加入一定量的单一 / 混合井筒维护剂、增产措施用剂及残余返排液，另外，还添加七区八区混合水，配成含水量为 40% 的原油乳状液，搅拌 8～10min，置于比脱水温度低 5～10℃的恒温水浴缸内待用。

（2）分别在 50 mL 或 100mL 具塞量筒内加入待用的原油乳状液，放入比脱水温度低 5℃的恒温水浴中，预热至脱水温度 40～45℃，再恒温 0.5h，取出。用移液管加入 P2 联破乳剂（10mg/L），人工振荡 200 次，排气，再置于恒温水浴中，升温至脱水温度，计时。在 5min、15min、30min、45min、60min、90min 时观察油水界面，记录脱水量。

6.1.3.2 采油助剂及返排残液在原油乳状液中添加量的确定

在原油乳状液中，确定单一 / 混合井筒维护剂、增产措施用剂及残余返排液添加量时，已知生产现场使用浓度的（实际这些添加剂应该远低于其使用浓度），在其最高使用浓度及低于使用浓度研究其对原油脱水影响；不能确定生产现场使用浓度或返排残液浓度的，本实验参考已有文献报道、考虑生产实际，尽可能提高其加量，来研究其对原油脱水的影响；依据实验结果，如果添加量严重影响乳状液脱水，就不需再提高添加量。实验过程中采油助剂及残液添加量参照表 6.8。

6.1.4 单一采油助剂及残液对 P2 联原油破乳脱水效果的影响研究

6.1.4.1 单一采油助剂——井筒维护剂对脱水的影响

为了弄清单一井筒维护剂对 P2 联破乳剂脱水的影响，按"6.1.3"的标准方法，分别开展了向原油乳状液中按体积比添加以下 6 种单剂对破乳脱水效果的影响实验（43℃，P2 联破乳剂加量为 10mg/L）。结果见表 6.9。

由表 6.9 可知：（1）稠油降黏剂、热洗添加剂、生物酶清洗剂均有促进 P2 联破乳剂的破乳作用，脱水率（提高 30%）及脱水速度（15min 即达到最高值）均高于破乳剂本身；（2）缓蚀剂、脱硫剂、无固相压井液不同程度地抑制了 P2 联破乳剂的破乳性能，其中脱硫剂的抑制作用最为明显；（3）在实验添加量范围内，综合对比其影响程度大小为缓蚀剂＞脱硫剂＞无固相压井液。

6.1.4.2 单一采油助剂——措施入井液对脱水的影响

为了弄清单一措施入井液对 P2 联破乳剂脱水的影响，按"6.1.3"的标准方法，分别开展了向原油乳状液中按体积比添加 4 种措施入井液［加 5%、10% 酸化解堵液，添加 10%、20% 乳液压裂液，添加 10%、20% 携砂液及添加 10%、20% 瓜尔胶液（浓度为 0.5%）］对破乳脱水效果的影响实验（43℃，P2 联破乳剂加量为 10mg/L）。结果见表 6.10。

表 6.8　采油助剂及残液参考添加量

样品种类	样品名称	生产实际使用情况说明	原油乳状液中参考添加量
井筒维护剂	生物酶清洗剂	新井投产洗井用浓度10%，直接进流程	5%～10%（体积分数）
	常温稠油降黏剂	一般投加浓度0.5%～1%	0.5%～1%（体积分数）
	脱硫剂	一般含硫化氢井投加浓度为10%，pH=8.0	5%～10%（体积分数）
	热洗添加剂	一般投加浓度为1%左右	0.5%～1%（体积分数）
	水质缓蚀剂	一般投加浓度为30 mg/L	10～30mg/L
	无固相压井液（视作原液）	密度为1.38g/cm³，原液入井，压后直接进流程	1%～2%（体积分数）
措施入井液	酸化解堵液（原液）	主要有清水+12%盐酸+3%互溶剂+2%氢氟酸+2%酸化缓蚀剂+2%互溶剂+2%黏土稳定剂+铁离子稳定剂。现场1：1比例稀释	5%～10%（体积分数）（参考已有文献，另外，考虑实际生产中原油乳状液中最大含酸量不会超过10%）
	LNXI70-X063等井乳液压裂液（原液）	乳液压裂液使用浓度一般为1.5%	10%～20%（体积分数）（参考已有文献，另外，考虑实际生产中原油乳状液中最大含量）
	LPP80-X10C携砂液（原液）	目前压裂井少，乳液压裂液不成熟，最好主要用瓜尔胶粉配制常规压裂液开展实验（0.5%）	10%～20%（体积分数）（参考已有文献，另外，考虑实际生产中原油乳状液中最大含量）
	瓜尔胶粉，常规压裂裂液稠化剂		先把瓜尔胶粉配制成0.5%溶液，然后将其按总量的10%～20%加入原油乳状液中（尽可能增加实际生产中原油乳状液中的含量，增加其影响）
入井返排液	LPP2-504井热洗出液	虽然按时间计算取样，但取的返出液不能确定是热洗水，建议用原液模拟（浓度1%），浓度未知	1%～2%（体积分数）（热返出液肯定浓度低于添加浓度1%）
	LPP2-X172井高压充填挂滤返排液（瓜尔胶携砂液）	虽然按时间计算取样，但取的返出液不能确定是就是充填挂滤返排液	10%～20%（体积分数）（尽可能增加实际生产中原油乳状液中的含量，增加其影响）
	LNXI70-X068井乳液压裂液压裂返排液	压裂后因砂堵解卡半月之后开井取样，虽然按时间计算取样，但取的返出液不能确定是就是压裂返排液	10%～20%（体积分数）（尽可能增加实际生产中原油乳状液中的含量，增加其影响）
	LPP80-X10C井复合纤维固砂剂防砂返排液	虽然按时间计算取样，但取的返出液不能确定是就是防砂返排液	10%～20%（体积分数）（尽可能增加实际生产中原油乳状液中的含量，增加其影响）
破乳剂	P2联在用破乳剂	100 kg/d，10 mg/L	10mg/L
	SJ站破乳剂	80 kg/d，10 mg/L	10mg/L

表 6.9 单一井筒维护剂对原油乳状液脱水的影响研究

采油用剂	加量	破乳剂	不同时间脱水量/mL						水相清洁度	75min 脱水率/%
			5min	15min	30min	45min	60min	75min		
无		P2 联破乳剂	0	0.5	2	5	8	10	清	60.51
生物酶清洗剂	5%	P2 联破乳剂	1	6	14.5	15	15	16	清	96.82
	5%	空白	2	10	14.5	15.5	15.5	16	清	96.82
	10%	P2 联破乳剂	0.5	7.5	14	15	15.5	16	清	96.82
	10%	空白	1	8	14	14.5	15	15	清	90.77
常温稠油降黏剂	0.5%	P2 联破乳剂	13	15	15	15	15.5	15.5	浑（棕色）	93.79
	0.5%	空白	11	12	12	12	12	12	浑（棕色）	72.61
	1%	P2 联破乳剂	11	15	15.5	16	16	16	浑（深棕色）	96.82
	1%	空白	11	15	16	16	16	16	浑（深棕色）	96.82
脱硫剂	5%	P2 联破乳剂	0.5	0.5	1	1	2	3	黄色	18.15
	5%	空白	0	0	0	0.5	1	3	黄色	18.15
	10%	P2 联破乳剂	0	0.5	0.5	1	2	2	黄色	12.10
	10%	空白	0	0.5	0.5	2	4	5	黄色	30.26
热洗添加剂	0.5%	P2 联破乳剂	7	15	15	15.5	15.5	15.5	浑	93.79
	0.5%	空白	11	13	15	15	15	15	浑	90.77
	1%	P2 联破乳剂	7	8	12	13	14	14.5	浑	87.74
	1%	空白	6	11	15	15	15	15	浑	90.77

续表

采油用剂		加量	破乳剂	不同时间脱水量/mL							水相清洁度	75min脱水率/%
				5min	15min	30min	45min	60min	75min			
水质缓蚀剂		10mg/L	P2联破乳剂	0.5	2	2	2	5	8	清	48.41
			空白	0	0.5	0.5	1	1	2	清	12.10
		30mg/L	P2联破乳剂	0	0	0.5	2	2	3	清	18.15
			空白	0	0	0	0	0.5	0.5		3.03
无固相压井液		1%	P2联破乳剂	0	0	0.5	2	4	8	清	48.41
			空白	0	0	0.5	1	2	5	清	30.26
		2%	P2联破乳剂	0	0.5	2	3	4	7	清	42.36
			空白	0	0.5	1	2	3	6	清	36.31

表 6.10　单一措施入井液对原油乳状液脱水的影响研究

入井原液	入井液加量 / [%（体积分数）]	破乳剂	不同时间脱水量 /mL						水相清洁度	75min 脱水率 / %
			5min	15min	30min	45min	60min	75min		
空白	空白	P2 联破乳剂	0	0.5	2	5	8	10	清	60.51
酸化解堵液	5	P2 联破乳剂	0	0	0	1	2	5	清	30.25
		空白	0	0	0.5	1	2	4	清	24.20
	10	P2 联破乳剂	0	0	0.5	0.5	2	2	清	12.1
		空白	0	0	2	3	7	9	清	54.46
LNXI70– X063 等井乳液压裂液	10	P2 联破乳剂	0	0.5	0.5	2	4	6	清	36.30
		空白	0	0	0.5	1	7	11	清	66.56
	20	P2 联破乳剂	0	0	0	0.5	1	2	清	12.1
		空白	8	8	9	9	10	11	浑	66.56
LPP80–X10C 携砂液	10	P2 联破乳剂	0	0	0	0.5	2	3	清	18.15
		空白	0	0	0	0	7	9	清	54.46
	20	P2 联破乳剂	0	0	0	0	1	2	清	18.15
		空白	0	0	0	0	2	4	清	24.20
模拟常规压裂液主要组分（配成 0.5% 瓜尔胶液）	10	P2 联破乳剂	0	0.5	0.5	0.5	1	2	清	12.1
		空白	0	0	0.5	0.5	5	9	清	54.46
	20	P2 联破乳剂	0	0	0	0.5	0.5	1	浑	6.05
		空白	2	9.5	13	14	14.5	15	浑	90.77

从表 6.10 数据可知，单一措施入井液酸化解堵液、乳液压裂液、携砂液及瓜尔胶液，对 P2 联破乳剂破乳脱水有严重的影响，且原油乳状液中加的措施入井液越多，影响越显著。在实验添加量范围内，综合对比其影响程度大小为 0.5% 的瓜尔胶液＞酸化解堵液＞乳液压裂液＞携砂液。

6.1.4.3　单一返排残液对脱水的影响

为了弄清单一返排残液对 P2 联破乳剂脱水的影响，按 "6.1.3" 的标准方法，分别向原油乳状液中按体积比添加 10%、20% 热洗返出液，添加 10%、20% 高压充填挂滤返排液，添加 10%、20% 乳液压裂液返排液及添加 10%、20% 复合纤维固砂剂防砂返排液，开展了对破乳脱水效果的影响实验（43℃，P2 联破乳剂加量为 10mg/L），结果见表 6.11。

表6.11 单一返排残液对原油乳状液脱水的影响研究

单一残余返排液	加量/[%(体积分数)]	破乳剂	不同时间脱水量/mL						水相清洁度	75min脱水率/%
			5min	15min	30min	45min	60min	75min		
空白	空白	P2联破乳剂	0	0.5	2	5	8	10	清	60.51
热洗返出液	10	P2联破乳剂	0	0	0	0.5	5	8	清	48.41
		空白	0	0	0	0	0.5	0.5		3.03
	20	P2联破乳剂	0	0	0.5	0.5	5	8	清	48.41
		空白	0	0	0	0.5	2.5	6	清	36.31
高压充填挂滤返排液（瓜尔胶携砂液）	10	P2联破乳剂	0	0	0.5	4	9	12	清	72.61
		空白	0	0.5	0.5	2	7	10	清	60.51
	20	P2联破乳剂	0	0	0.5	4	9	12	清	72.61
		空白	0	0	0.5	4	7	10	清	60.51
乳液压裂液返排液	10	P2联破乳剂	0	0	0	1	6	8.5	清	51.44
		空白	0	0.5	1	4	6.5	9	清	54.46
	20	P2联破乳剂	0	0.5	0.5	2	7	10	清	60.51
		空白	0	0	0	2	6	9	清	54.46
复合纤维固砂剂防砂返排液	10	P2联破乳剂	0	0	2	5	8	10	黄色	60.51
		空白	0	0	0	1	2	4	黄色	24.20
	20	P2联破乳剂	0	0.5	1	4	6.5	9	清	54.46
		空白	0	0	0	0	1	4	清	24.20

由表6.11数据可知，热洗返出液、乳液压裂返排液及复合纤维固砂剂返排液三种返排残液对P2联的破乳脱水效果有显著抑制作用，而高压充填挂滤返排液在60min前抑制中显著，60～75min出水很快。其中随乳液压裂返排液量的增加，抑制作用增强；说明添加10%时就已经产生了最大影响。在实验添加量范围内，综合对比其影响程度大小为热洗返出液＞乳液压裂返排液＞防砂固砂返出液＞高压填充挂滤液。

6.1.5 混合采油助剂及残液对P2联原油破乳脱水效果的影响研究

6.1.5.1 混合采油助剂——井筒维护剂对脱水的影响

为了弄清混合井筒维护剂对P2联破乳剂脱水的影响，按"6.1.3"的标准方法，分别开展了向原油乳状液中按体积比添加 10%、20% 的混合采油助剂（使用浓度下等体积混合）对破乳脱水效果的影响实验（43℃，P2 联破乳剂加量为 10mg/L）。结果见表 6.12。

由表 6.12 可知，混合井筒维护剂对 P2 联破乳剂脱水有严重影响，除 6 种混合液添加 20% 脱水量高于添加 10% 外，其他都是添加越多脱水率越低，且出现严重挂壁，界面不齐。

6.1.5.2　混合采油助剂——措施入井液对脱水的影响

为了弄清混合措施入井液对 P2 联破乳剂脱水的影响，按 "6.1.3" 的标准方法，分别开展了向原油乳状液中按体积比添加 10%、20% 的混合增产剂（使用浓度下等体积混合）对破乳脱水效果的影响实验（43℃，P2 联破乳剂加量为 10mg/L），结果见表 6.13。

由表 6.13 可知，混合措施入井液对 P2 联破乳剂脱水有严重影响，且混合的种类越多、添加量越多，影响越显著，主要是脱水率下降或脱不出、严重挂壁，界面不齐。

6.1.5.3　混合返排残液对脱水的影响

为了弄清混合返排液对 P2 联破乳剂脱水的影响，按 "6.1.3" 的标准方法，分别开展了向原油乳状液中按体积比添加 10%、20% 的混合返排残液对破乳脱水效果的影响（43℃，P2 联破乳剂加量 10mg/L），结果见表 6.14。

由表 6.14 可知，混合返排残液对 P2 联破乳剂脱水有严重影响，且混合的种类越多、添加量越多，影响越显著，脱水率下降或脱不出、严重挂壁，界面不齐。

6.2　采油助剂及残液对原油脱水的影响分析及措施

6.2.1　井筒维护剂对原油脱水的影响分析及措施

6.2.1.1　单一降黏剂、热洗添加剂、生物酶清洗剂对破乳脱水的促进作用

原因分析：降黏剂主要成分是非离子表面活性剂，其主要作用是给原油降黏；热洗剂主要成分是壬基酚磺酸钠，具有耐高温抗盐作用，也是一种表面活性剂，主要用于油井井筒的清防蜡；而生物酶清洗剂也是一种表面活性剂，主要用于酸洗或防砂前清洗井筒及近井地带的油污。它们都是表面活性剂，都可能降低油品黏度、降低油水界面膜的稳定性，因此，发挥了类似破乳剂或促进了破乳剂的脱水作用。

应对措施：这类添加剂不但不影响破乳剂脱水效率，反而起促进作用，因此，无须采取措施。

6.2.1.2　单一脱硫剂、缓蚀剂、无固相压井液对破乳脱水的抑制作用

原因分析：P2 联破乳剂主要成分可能是环氧乙烷与环氧丙烷的嵌段共聚物，井筒添加的缓蚀剂主要成分为十八烷基二甲基苄基氯化铵与咪唑啉的复合物，其中十八烷基二甲

表6.12 混合井筒维护剂对原油乳状液脱水的影响

混合液代码	采油用剂	加量/[%(体积分数)]	破乳剂	不同时间脱水量/mL						水相清洁度	75min脱水率/%
				5min	15min	30min	45min	60min	75min		
空白	空白	空白	空白	0	0.5	2	5	8	10	清	60.51
A	缓蚀剂+脱硫剂（1:1）	10	P2联破乳剂	0.5	1	2	4	5	7.5	清	45.38
		10	空白	0	0.5	0.5	1	6	9	清	54.46
		20	P2联破乳剂	0	0	0.5	2	4	6.5	清	39.33
		20	空白	0	0	0.5	2	7	13	清	78.67
B	缓蚀剂+无固相压井液+脱硫剂（1:1:1）	10	P2联破乳剂	0.5	0.5	2	4	6	9	清	54.46
		10	空白	0	0	1	2	5	6	清	36.31
		20	P2联破乳剂	0	0	0.5	3	7	11	清	66.56
		20	空白	0	0	0	0.5	8	14	清	84.72
C	缓蚀剂+无固相压井液+脱硫剂+热洗添加剂（1:1:1:1）	10	P2联破乳剂	0	0	0	1	2.5	4.5	清	27.23
		10	空白	0	0	0	1	2.5	5	清	30.26
		20	P2联破乳剂	0	0	0	1	4	5.5	清	33.28
		20	空白	0	0	0	0.5	2	2.5	清	15.13
D	缓蚀剂+降黏剂+热洗添加剂+无固相压井液（1:1:1:1:1）	10%	P2联破乳剂	0	0.5	1	1	2	2.5	清	15.13
		10%	空白	0.5	0.5	1	2	2.5	4.5	清	27.23
		20	P2联破乳剂	0	0	0	0	0	1	清	6.05
		20	空白	0	0	0	0.5	1	2	清	12.10
E	缓蚀剂+降黏剂+脱硫剂+无固相压井液+生物酶（1:1:1:1:1）	10	P2联破乳剂	0	0	2	5	10	10	清	60.51
		10	空白	0	0	1	2	3	5	清	30.26
		20	P2联破乳剂	0	0	0	8	13.5	13.5	清	81.69
		20	空白	0	0	0	8	13.5	13.5	清	81.69

表 6.13 混合措施入井液对原油乳状液脱水的影响

混合液代码	采油助剂	加量/[%（体积分数）]	破乳剂	不同时间脱水量/mL						水相清洁度	脱水率/%
				5min	15min	30min	45min	60min	75min		
空白	空白	空白	P2 联破乳剂	0	0.5	2	5	8	10	清	60.51
A	携砂液 + 瓜尔胶液（1:1）	10	P2 联破乳剂	0.5	1	2	4	4.5	6	清	36.31
			空白	0	0	0.5	0.5	1	1	清	6.05
		20	P2 联破乳剂	0.5	0.5	0.5	0.5	1	1	清	6.05
			空白	0	0	0	0.5	0.5	0.5	清	3.03
B	酸化解堵液 + 瓜尔胶液 + 携砂液（1:1:1）	10	P2 联破乳剂	0	0.5	0.5	2	4	6	清	36.31
			空白	0	0	0	0.5	0.5	0.5	清	3.03
		20	P2 联破乳剂	0	0	0	0.5	2	2	清	66.56
			空白	0	0	0	0	0	0	清	0
C	酸化解堵液 + 乳液压裂液 + 携砂液 + 瓜尔胶液（1:1:1:1）	10	P2 联破乳剂	0	0.5	1	2	2	4	清	24.20
			空白	0	0	0	0	0	0	清	0
		20	P2 联破乳剂	0	0	0	0	1	2	清	12.10
			空白	0	0	0	0	0	0.5	清	3.03

表6.14　混合返排残液对原油乳状液脱水的影响

混合液代码	残液混合比（体积比）	加量/[%（体积分数）]	破乳剂	不同时间脱水量/mL						水相清洁度	脱水率/%
				5min	15min	30min	45min	60min	75min		
空白	空白	空白	P2联破乳剂	0	0.5	2	5	8	10	清	60.51
A	热洗返出液+高压充填挂滤返排液（瓜尔胶携砂液）（1:1）	10	P2联破乳剂	0	0	1	3.5	6	10	清	60.51
			空白	0	0.5	0.5	2	6	9	清	54.46
		20	P2联破乳剂	0.5	0.5	1	4	8	11	清	66.56
			空白	0.5	0.5	2	5	7	10	清	60.51
B	热洗返出液+高压充填挂滤返排液（瓜尔胶携砂液）+乳液压裂返排液（1:1:1）	10	P2联破乳剂	0.5	2	4	7	10	10	清	60.51
			空白	0.5	2	4	7	10	10	清	60.51
		20	P2联破乳剂	0	0.5	2	5	8	11.5	清	69.58
			空白	0	0	0.5	2	6	9	清	54.46
C	热洗返出液+高压充填挂滤返排液（瓜尔胶携砂液）+乳液压裂返排液+复合纤维固砂剂防砂返排液（1:1:1:1）	10	P2联破乳剂	0	0.5	2	3	8	11.5	清	69.58
			空白	0	0.5	2	5.5	9	12	清	72.61
		20	P2联破乳剂	0	0.5	2	5	8	9.5	清	58.71
			空白	0	0	0	7	12	14	清	84.72
D	热洗返出液+高压充填挂滤返排液（瓜尔胶携砂液）+乳液压裂返排液+复合纤维固砂+酸化解堵液（1:1:1:1:1）	10	P2联破乳剂	0	0	0	0	0.5	2	清	12.10
			空白	0	0	0	0	0	0		0.00
		20	P2联破乳剂	0	0	0	0	0.5	4	清	24.20
			空白	0	0	0	0	0	0		0.00

基苄基氯化铵能够同时与阳离子及阴离子型表面活性剂发生作用，作缓蚀剂主要是通过成膜发挥缓蚀作用，咪唑啉是强碱性，它在酸性和碱性介质中均稳定，也可同阴离子、阳离子、非离子表面活性剂相配伍。在井筒中添加后，可能增加了油水界面膜的厚度及稳定性。另外，其可能与破乳剂发生反应，最终导致脱水效率下降。

脱硫剂主要成分是三嗪类胺类化合物，其中正丁胺和二正丁胺类三嗪基脱硫剂的硫容量较低。三嗪基环己胺类化合物硫容量高，但与 H_2S 反应会有沉淀生成，生成的沉淀物会导致油水界面膜变厚，强度增加，影响脱水。

无固相压井液的主要成分是 $CaCl_2$，因此无固相压井液进入原油乳状液后，会影响水中离子的平衡，可能生成 $CaCO_3$、$CaSO_4$、CaS 等物质，导致破乳脱水困难。

应对措施：（1）更换三嗪类脱硫剂，避免因脱 H_2S 生成沉淀；更换成膜缓蚀剂，避免增加乳状液稳定性，不使用 $CaCl_2$ 无固相压井液；但是更换这些药剂，实验室评价筛选工作量巨大，周期长。（2）如不能更换药剂，建议降低这三种药剂的使用量。（3）控制含影响脱水的井筒维护剂的乳状液进入生产系统的量，可以降低影响。

6.2.1.3　混合井筒维护剂对破乳脱水的抑制作用

原因分析：除生物酶清洗剂外，其他 5 种维护剂由"1+1"混合逐步增加到"1+4"，结果都对 P2 联的破乳效果有抑制作用。其原因不仅与单一的药剂性能有关，甚至还有药剂间不配伍，如实验中还发现无固相压井液与脱硫剂混合也会有少量沉淀，这种叠加效应加重了这些药剂对脱水的影响。

应对措施：（1）除日常必须添加的井筒维护剂，如脱硫剂、缓蚀剂外，尽量加大井筒维护作业的间隔时间，避免这些药剂同时混合使用；（2）开展井筒维护剂配伍性评估，同时控制含影响脱水的井筒维护剂乳状液进入生产系统的量，可以降低影响。

6.2.2　措施入井液对原油脱水的影响分析及措施

6.2.2.1　单一酸化解堵液对破乳脱水的影响分析

原因分析：目前 LP 油田酸化解堵液主要成分为盐酸、氢氟酸及添加剂（包括酸化互溶剂、铁离子稳定剂、黏土稳定剂、酸化缓蚀剂等），其影响破乳脱水原因分析如下：

（1）酸中的 H^+ 将激活稠油中环烷酸，增加乳化剂数量，使乳化膜强度加大，从而使破乳剂替换油水界面的难度加大，影响了化学破乳脱水的进行，造成原油脱水速度慢，脱水率低。

（2）土酸对原油脱水影响比盐酸更大，特别是对稠油影响更大，脱出水颜色发黑，有大量渣存在，这是由于采出水中含有大量的高价离子，如 Ca^{2+}、Mg^{2+} 等，与土酸中的氢氟酸反应，产生沉淀，沉淀与稠油包裹在一起，使脱出水中含油量增加，脱出水颜色发黑。

应对措施：（1）在酸化解堵后，油井生产前，尽量排空废酸化液并单独收集，监测酸化后生产的前期产出液的 pH 值，如果呈酸性，就将这一部分连同含油的酸化返排液一起用碱调节废液的 pH 值至中性，并控制其进入系统的量，就可以保证集输系统正常脱水，使系统中油含水和水含油符合系统要求，满足油田需要。

（2）研发针对性较强的破乳剂，克服废酸液的干扰。

6.2.2.2　单一乳液压裂液、携砂液及常规压裂液对破乳脱水的影响分析

原因分析：目前 LP 油田乳液压裂液主要成分为水、瓜尔胶、交联剂、防砂剂、泡沫剂等；携砂液的主要成分为稠化剂，以环氧树脂类交联剂为主，常规压裂液主要成分为水、瓜尔胶、交联剂、杀菌剂、助排剂、破胶剂等。它们的共同特点是高黏度、高交联度、良好的悬浮性和稳定性等。

（1）这些组分不仅增加压裂液的黏稠度，而且在压裂液中瓜尔胶液和交联剂还会发生分子链之间的纠缠及交联，最终形成三维的网络结构。

（2）环氧树脂是一种高分子聚合物，它是环氧氯丙烷与双酚 A 或多元醇的缩聚产物。由于环氧基的化学活性，可为多种含有活泼氢的化合物使其开环交联生成网状结构；黏度增加及网状结构都使得原油乳状液油水界面张力降低，乳状液稳定性增加，因此导致化学破乳脱水难度加大。

（3）瓜尔胶、环氧树脂都是高分子聚合物，其疏水基可伸入原油乳状液的油相造成空间障碍，使水滴之间保持一定的距离，从而抑制了水滴相互聚结。且随聚合物中疏水链的长度不同，对破乳的抑制作用不同，碳链越长疏水作用越强，造成的空间障碍越大，对原油乳状液破乳的抑制作用越大。另外，这类聚合物在油水界面间吸附和沉积，也增加了油水界面膜的厚度和强度，降低了分散相和分散介质界面自由焓，使它们的聚结倾向降低，增加了乳状液稳定性。

应对措施：（1）在压裂液及携砂液中尽量不使用这类聚合物或者降低这类物质的量，如研发超低浓度瓜尔胶压裂液或用滑溜水取代。

（2）研发针对性的破乳剂，在使用浓度下能升高乳状液界面张力，使界面自由能增大，体系失稳，同时使乳状液界面膜强度减弱，破乳顺利。如果使用这几种针对性较强的破乳剂并控制压裂返排液进入系统的量，就可以保证集输系统正常脱水，使系统中油含水和水含油符合系统要求，满足油田需要。

6.2.2.3　混合措施入井液对破乳脱水的抑制作用

酸化解堵液、乳液压裂液、携砂液、瓜尔胶液中的两种、三种、四种混合增产剂对 P2 联破乳剂对原油脱水的影响研究表明，随着混合增产剂叠加效应显著，随混合增产剂种类增加、添加量的增加，P2 联破乳剂对含混合药剂的乳状液破乳效果越差。

原因分析：主要是酸的活化效应与瓜尔胶、环氧树脂类高分子聚合物的增黏作用、网状结构效应的叠加，导致原油乳状液更加稳定，因此，对脱水影响更为显著。

应对措施：（1）控制增产作业频次，尽量交叉、间隔作业，避免同时进行酸化压裂、

防砂固砂作业，可以避免产生混合增产用剂；

（2）尽量降低含混合措施入井液的原油乳状液直接进入生产系统的量或者将含酸化解堵液的措施入井液的原油乳状液 pH 值调至中性后再让其进入生产系统；

（3）研发针对性的破乳剂，在使用浓度下能升高乳状液界面张力，使界面自由能增大，体系失稳，同时使乳状液界面膜强度减弱，破乳顺利。如果使用这几种针对性较强的破乳剂并控制压裂返排液进入系统的量不超过 20%，就可以保证集输系统正常脱水，使系统中油含水和水含油符合系统要求，满足油田需要。

6.2.3 返排残液对原油脱水的影响分析及措施

6.2.3.1 热洗井返排残液对破乳脱水的影响分析及措施

原因分析：LP 油田的热洗剂主要成分是壬基酚磺酸钠，具有耐高温抗盐作用，也是一种表面活性剂，主要是用于油井井筒的清防蜡，在其作为井筒维护剂，添加 0.5%～1% 时，可以显著增加 LP 破乳剂的脱水，但是热洗返排残液添加 5%～10% 时，却显著抑制了 LP 破乳剂的脱水。原因如下：

（1）可能是热洗返排残液添加量比热洗液添加量大，反而使原油乳状液乳化，使脱水困难。

（2）洗出液中有的还含有水、油、石蜡、胶质、沥青质、砂、悬浮物等机械杂质的聚集物，这些物质中有些能吸附到油水界面上，使界面张力降低，油水界面膜的厚度和强度增加，界面稳定性增加，成膜能力增强，使乳状液稳定性增加。因而破膜困难，脱出的污水中油含量较高。

应对措施：（1）研发针对性强的破乳剂，破乳剂能够取代原界面吸附的活性物分子，使界面张力升高，界面自由能增大，降低界面膜强度体系失去稳定。

（2）使用针对性较强的破乳剂并控制洗井返排液进入系统的量，以不影响系统正常脱水为最高限。

6.2.3.2 酸化解堵残液对破乳脱水的影响分析及措施

原因分析：由于没有取到酸化解堵返排液，用酸化解堵原液替代。有文献报道酸化解堵返排残液比酸化解堵原液影响更强，原因如下：

（1）成分更复杂，不仅有酸对乳状液的影响，还存在反应后颗粒的影响。颗粒的存在可以增加液膜的强度，提高乳状液的稳定性，使原油破乳脱水更加困难。主要表现在脱水速度减慢，水色不清，过渡带加长，并且水下有絮状物。

（2）在酸化过程中，原油和酸液接触后可能生成一些以沥青质、胶质为主要成分的沉淀，这些沉淀称为酸化淤渣。美国和加拿大的油田调查发现，28%～35% 的油井酸化时生成酸化淤渣。酸化淤渣不仅堵塞地层，使酸返排困难，影响酸化效果，而且使油水界面膜更加稳定，乳状液的脱水难度变大。对后续原油脱水造成很大的困难。

应对措施：（1）避免酸化解堵残液直接进入系统，对含酸化解堵液的返排残液混合液加碱中和至中性，再尽量降低其进入生产系统的量；

（2）研发针对性的破乳剂，解决混合残液对原油破乳脱水的影响；

（3）控制油井不同作业时间间隔，尽量避免形成混合返排残液。

6.2.3.3 压裂、防砂及高压充填挂滤残液对破乳脱水的影响分析及措施

原因分析：LP油田所使用的压裂液及充填挂滤液的主要成分是瓜尔胶，防砂液主要成分是环氧树脂。此外，这几种入井液中还有交联剂、调节剂、稳定剂、防膨剂、助排剂等添加剂，其组成在入井前就很复杂，作业完成后，它们从井底返出地面时成分更加复杂，不仅有油、盐，还有大量的泥砂及其他机械固体杂质。

这类残液进系统后，不仅因为其中的瓜尔胶、环氧树脂等聚合物导致原油更稳定，而且会因为大量裹挟的泥砂、盐等，使得系统中的原油乳状液油水界面张力降低，乳状液稳定性增加，因此化学破乳难度加大。

应对措施：（1）使用针对性的破乳剂，在使用浓度下能提高乳状液界面张力，使界面自由能增大，体系失稳，同时使乳状液界面膜强度减弱，顺利破乳。

（2）残液进入系统的量以不影响集输系统正常脱水为上限。

6.3 针对采油助剂及残液影响原油脱水的破乳剂研究

针对采油助剂及返排残液对P2联破乳剂的原油破乳脱水性能的影响，如果能得到一种能在某种程度上具有抗这些采油助剂及返排残液干扰的破乳剂是较佳的选择，既可以不改变现有的生产工艺，无须增加设备，同时又不影响增产稳产措施的实施，无须增加能耗，且又不影响措施井增产的计量。为此，拟从破乳剂分子结构的层面开展相关研究。基于上一章得出的现场产出液的性能、特点和原油乳状液的稳定机制，以"改头、换尾、加骨、调重和复配"为原则，制备了一种五元共聚聚醚破乳剂TFS-75，改性超高分子破乳剂01-K及TF-04、JL-25D，具体见发明专利ZL202110745219.4，对合成破乳剂及收集的破乳剂、P2联现场在用破乳剂进行破乳性能进行评价，探讨其单独使用时抗采油助剂及返排残液干扰脱水的性能。

6.3.1 破乳剂的初步筛选评价

参照SY/T 5280—2018《原油破乳剂使通用技术条件》来进行破乳剂评价。

（1）先将P2联七区和八区的油（七区：八区=1：1）混合，再取混合油样于容器中，然后再向其中加入一定量七区、八区混合水，配成含水量为40%的原油乳状液，搅拌8～10min，置于比脱水温度低5～10℃的恒温水浴缸内待用。

（2）分别在50mL或100mL具塞量筒内加入待用的原油乳状液，放入比脱水温度低5℃的恒温水浴中，预热至脱水温度40～45℃，再恒温0.5h后取出。用移液管加入破乳

剂，人工振荡 200 次，排气，再置于恒温水浴中，升温至脱水温度，记录不同时间脱水量，观察油水界面。

6.3.2　破乳剂对 P2 联原油脱水效果评价

按照上述方法，在 43℃分别对 P2 联破乳剂、合成的聚醚破乳剂 01-K、TFS-75、通过初筛的其他破乳剂（TF-04、JL-25D）进行评价，破乳剂添加量为 10mg/L、50mg/L，在 5min、15min、30min、45min、60min、75min 时观察油水界面，记录脱水量。结果见表 6.15。

表 6.15　5 种破乳剂对 P2 联原油脱水效果

破乳剂加量 / （mg/L）	破乳剂种类	不同时间脱水率 /%						水相清洁度	界面状况	挂壁程度
		5min	15min	30min	45min	60min	75min			
10（现场使用加量）	空白	0	0	3.03	3.03	3.03	3.03	清	齐	挂
	P2 联破乳剂	0	3.03	12.1	30.26	48.41	60.51	清	齐	微挂
	TF-04	3.03	3.03	6.05	18.15	42.36	60.51	清	齐	微挂
	TFS-75	3.03	18.15	36.31	60.51	84.72	84.72	清	齐	微挂
	01-K	0	12.1	30.26	30.26	60.51	78.67	清	齐	微挂
	JL-25D	0	6.05	18.15	30.26	42.36	60.51	清	齐	微挂
50	空白	3.03	3.03	3.03	3.03	3.03	3.03	清	齐	微挂
	P2 联破乳剂	6.05	12.1	54.46	78.67	84.72	84.72	清	齐	微挂
	TF-04	78.67	93.79	96.82	96.82	96.82	99.85	清	齐	微挂
	TFS-75	0	54.46	72.61	90.77	90.77	96.82	清	齐	微挂
	01-K	0	6.05	12.1	90.77	90.77	90.77	清	齐	微挂
	JL-25D	0	18.15	42.36	78.67	90.77	90.77	清	齐	微挂

由表 6.15 可知，在 43℃时，合成的聚醚破乳剂 01-K、TFS-75 及 TF-04、JL-25D 脱水效果优于 P2 联在用破乳剂，此外，增加破乳剂加量，可以显著增加脱水量。

6.3.3　破乳剂对添加单一采油助剂及残液的原油脱水效果评价

6.3.3.1　破乳剂对添加单一井筒维护剂的原油脱水效果评价

为了弄清单一井筒维护剂对破乳剂脱水的影响，按"6.1.3"的标准方法，分别向原油乳状液（P2 联七区、八区原油 1：1 混合，含水率 40%）中添加 0.5%、1%（体积分数）

稠油降黏剂，添加5种单一采油助剂，在43℃时，分别对P2联破乳剂、合成的聚醚破乳剂01-K、TFS-75、通过初筛的其他破乳剂（TF-04、JL-25D）进行评价，破乳剂添加量10mg/L，记录脱水量，观察油水界面，结果见表6.16。

表6.16 破乳剂对添加了井筒维护剂的原油脱水效果评价

采油用剂	采油助剂加量	破乳剂	不同时间脱水率/%						水相清洁度	界面状况	挂壁程度
			5min	15min	30min	45min	60min	75min			
生物酶清洗剂	5%	P2联破乳剂	6.05	36.31	87.74	90.77	90.77	96.82	微浑	齐	不挂
		TF-04	12.10	78.67	87.74	90.77	90.77	90.77	微浑	齐	不挂
		TFS-75	84.72	90.77	93.79	96.82	96.82	96.82	微浑	齐	不挂
		01-K	60.51	84.72	87.74	90.77	93.79	93.79	微浑	齐	不挂
		JL-25D	36.31	87.74	90.77	90.77	93.79	93.79	微浑	齐	不挂
		空白	12.10	60.51	87.74	93.79	93.79	96.82	微浑	齐	不挂
	10%	P2联破乳剂	3.03	43.57	84.72	90.77	93.79	96.82	微浑	齐	不挂
		TF-04	24.20	90.77	90.77	93.79	96.82	96.82	微浑	齐	不挂
		TFS-75	84.72	90.77	93.79	93.79	93.79	96.82	微浑	齐	不挂
		01-K	42.36	87.74	90.77	90.77	90.77	93.79	微浑	不齐	不挂
		JL-25D	42.36	87.74	90.77	90.77	90.77	93.79	微浑	齐	不挂
		空白	6.05	48.41	84.72	87.74	90.77	90.77	微浑	齐	不挂
常温稠油降黏剂	0.5%	P2联破乳剂	78.67	90.77	90.77	90.77	93.79	93.79	微浑	齐	不挂
		TF-04	84.72	93.79	96.82	96.82	96.82	96.82	微浑	齐	不挂
		TFS-75	72.61	75.64	78.67	81.69	84.72	84.72	微浑	齐	不挂
		01-K	72.61	78.67	84.72	87.74	90.77	90.77	微浑	齐	不挂
		JL-25D	66.56	72.61	72.61	72.61	72.61	72.61	微浑	齐	不挂
		空白	66.56	72.61	72.61	72.61	72.61	72.61	微浑	齐	不挂
	1%	P2联破乳剂	66.56	90.77	93.79	96.82	96.82	96.82	微浑	齐	不挂
		TF-04	66.56	90.77	99.85	99.85	99.85	99.85	微浑	齐	不挂
		TFS-75	99.85	99.85	99.85	99.85	99.85	99.85	微浑	齐	不挂
		01-K	78.67	87.74	90.77	90.77	90.77	90.77	微浑	齐	不挂

续表

采油用剂	采油助剂加量	破乳剂	不同时间脱水率 /%						水相清洁度	界面状况	挂壁程度
			5min	15min	30min	45min	60min	75min			
常温稠油降黏剂	1%	JL-25D	66.56	87.74	90.77	90.77	90.77	93.79	微浑	齐	不挂
		空白	66.56	90.77	96.82	96.82	96.82	96.82	微浑	齐	不挂
脱硫剂	5%	P2 联破乳剂	3.03	3.03	6.05	6.05	12.10	18.15	黄	齐	挂
		TF-04	0.00	3.03	24.20	78.67	90.77	90.77	黄	不齐	挂
		TFS-75	0.00	12.10	60.51	84.72	84.72	84.72	黄	不齐	挂
		01-K	0.00	6.05	54.46	84.72	84.72	84.72	黄	不齐	挂
		JL-25D	0.00	12.10	66.56	78.67	78.67	78.67	黄	不齐	挂
		空白	0.00	0.00	0.00	3.03	6.05	18.15	黄	不齐	挂
	10%	P2 联破乳剂	0.00	3.03	3.03	6.05	12.10	12.10	黄	齐	挂
		TF-04	0.00	3.03	24.20	66.56	84.72	84.72	黄	不齐	挂
		TFS-75	3.03	54.46	84.72	90.77	90.77	90.77	黄	不齐	挂
		01-K	3.03	30.26	78.67	84.72	84.72	84.72	黄	不齐	挂
		JL-25D	0.00	24.20	78.67	78.67	84.72	84.72	黄	不齐	挂
		空白	0.00	3.03	3.03	12.10	24.20	30.26	黄	齐	挂
热洗添加剂	0.5%	P2 联破乳剂	42.36	90.77	90.77	93.79	93.79	93.79	浑	齐	不挂
		TF-04	48.41	84.72	96.82	99.85	99.85	99.85	浑	齐	不挂
		TFS-75	60.51	84.72	96.82	96.82	96.82	96.82	浑	齐	不挂
		01-K	54.46	90.77	90.77	93.79	93.79	93.79	浑	齐	不挂
		JL-25D	48.41	78.67	90.77	90.77	90.77	90.77	浑	齐	不挂
		空白	66.56	78.67	90.77	90.77	90.77	90.77	浑	齐	不挂
	1%	P2 联破乳剂	42.36	48.41	72.61	78.67	84.72	87.74	浑	齐	不挂
		TF-04	42.36	48.41	72.61	78.67	81.69	84.72	浑	齐	不挂
		TFS-75	66.56	78.67	96.82	96.82	96.82	96.82	浑	齐	不挂
		01-K	36.31	54.46	72.61	78.67	81.69	81.69	浑	齐	不挂
		JL-25D	42.36	78.67	81.69	84.72	84.72	87.74	浑	齐	不挂

续表

采油用剂	采油助剂加量	破乳剂	不同时间脱水率/%						水相清洁度	界面状况	挂壁程度
			5min	15min	30min	45min	60min	75min			
热洗添加剂	1%	空白	36.31	66.56	90.77	90.77	90.77	90.77	浑	齐	不挂
水质缓蚀剂	10mg/L	P2 联破乳剂	3.03	12.10	12.10	12.10	30.26	48.41	清	齐	微挂
		TF-04	0.00	0.00	6.05	24.20	42.36	60.51	清	齐	微挂
		TFS-75	6.05	60.51	90.77	90.77	90.77	90.77	清	不齐	挂
		01-K	3.03	60.51	84.72	84.72	84.72	84.72	清	不齐	挂
		JL-25D	0.00	18.15	78.67	78.67	84.72	84.72	清	不齐	挂
		空白	0.00	3.03	3.03	6.05	6.05	12.10	清		
	30mg/L	P2 联破乳剂	0.00	0.00	3.03	12.10	12.10	18.15	清	不齐	挂
		TF-04	6.05	12.10	12.10	30.26	54.46	72.61	清	齐	微挂
		TFS-75	12.10	60.51	90.77	90.77	90.77	90.77	清	不齐	挂
		01-K	3.03	72.61	90.77	96.82	96.82	96.82	清	不齐	挂
		JL-25D	0.00	24.20	72.61	78.67	78.67	78.67	清	不齐	挂
		空白	0.00	0.00	0.00	0.00	3.03	3.03	清		
无固相压井液	1%	P2 联破乳剂	0.00	0.00	3.03	12.10	24.20	48.41	清	齐	挂
		TF-04	3.03	3.03	12.10	24.20	24.20	60.51	清	齐	挂
		TFS-75	3.03	84.72	93.79	96.82	96.82	96.82	清	齐	挂
		01-K	3.03	84.72	90.77	90.77	90.77	90.77	清	齐	挂
		JL-25D	3.03	78.67	84.72	84.72	90.77	90.77	清	齐	挂
		空白	0.00	0.00	3.03	6.05	72.61	30.26	清	齐	挂
	2%	P2 联破乳剂	0.00	3.03	12.10	18.15	24.20	42.36	清	齐	挂
		TF-04	0.00	3.03	6.05	18.15	30.26	54.46	清	齐	微挂
		TFS-75	3.03	72.61	90.77	96.82	96.82	96.82	清	齐	挂
		01-K	3.03	84.72	96.82	96.82	96.82	96.82	清	齐	挂
		JL-25D	0.00	60.51	78.67	84.72	84.72	84.72	清	不齐	挂
		空白	0.00	3.03	6.05	12.10	18.15	36.31	清	不齐	挂

由表 6.16 数据可知：

（1）添加 5%、10% 生物酶清洗剂，添加 0.5%～1% 稠油降黏剂都可以促进破乳剂对原油的脱水，5 种破乳剂脱水率都能达到 90% 以上；

（2）添加 0.5% 热洗添加剂，5 种破乳剂脱水率都能达到 90% 以上；添加 1% 热洗添加剂，TFS-75 脱水率能达到 90% 以上；

（3）添加 10% 脱硫剂，TFS-75 脱水率能达到 90% 以上；

（4）添加 10mg/L 缓蚀剂，TFS-75 脱水率能达到 90% 以上；添加 30mg/L 缓蚀剂，TFS-75、01-K 脱水率能达到 90% 以上；

（5）添加 1%、2% 无固相压井液，TFS-75、01-K 脱水率能达到 90% 以上。

综上数据，针对 6 种单一筒维护剂对原油破乳脱水的影响，破乳剂 TFS-75 最具代表性，其次是 01-K 具有较好的抗缓蚀剂、无固相压井液干扰的能力。

6.3.3.2 破乳剂对添加单一措施入井液的原油脱水效果评价

为了弄清单一措施入井液对破乳剂脱水的影响，按"6.1.3"的标准方法，分别向原油乳状液（P2 联七区、八区原油 1∶1 混合，含水率 40%）中添加不同量措施入井液，在 43℃时，分别对 P2 联破乳剂、合成的聚醚破乳剂 01-K、TFS-75、通过初筛的其他破乳剂（TF-04、JL-25D）进行评价，破乳剂添加量 10mg/L，记录不同脱水量，观察油水界面，结果见表 6.17。

表 6.17　不同措施入井液对不同破乳剂脱水效果的影响

入井原液	入井液加量 /[%（体积分数）]	破乳剂	不同时间脱水率 /%						水相清洁度	界面状况	挂壁程度
			5min	15min	30min	45min	60min	75min			
酸化解堵液	5	P2 联破乳剂	0.00	0.00	3.02	3.02	12.10	12.10	清	不齐	挂
		TF-04	0	3.03	42.36	72.61	78.67	84.72	清	不齐	微挂
		TFS-75	0	42.36	84.72	84.72	90.77	90.77	清	齐	微挂
		01-K	0	30.26	78.67	84.72	90.77	90.77	清	齐	微挂
		JL-25D	0	0	42.36	60.51	72.61	78.67	清	不齐	挂
		空白	0	0	3.03	6.05	12.1	24.2	清	不齐	微挂
	10	P2 联破乳剂	0.00	0.00	0.00	6.05	12.10	30.25	清	不齐	挂
		TF-04	0	3.03	54.46	72.61	78.67	84.72	清	齐	挂
		TFS-75	0	48.41	84.72	84.72	84.72	90.77	清	齐	微挂
		01-K	0	3.03	60.51	78.67	78.67	84.72	清	齐	微挂

续表

入井原液	入井液加量 / [% (体积分数)]	破乳剂	不同时间脱水率 /%						水相清洁度	界面状况	挂壁程度
			5min	15min	30min	45min	60min	75min			
酸化解堵液	10	JL-25D	0	0	54.46	72.61	78.67	78.67	清	齐	微挂
		空白	0	0	12.1	18.15	42.36	54.46	清	不齐	挂
LNXI70-X063等井乳液压裂液	10	P2 联破乳剂	0.00	3.02	3.02	12.10	24.20	36.31	清	齐	不挂
		TF-04	0	0	3.03	24.2	42.36	63.54	清	齐	不挂
		TFS-75	0	18.15	78.67	84.72	84.72	90.77	清	齐	不挂
		01-K	0	24.2	84.72	90.77	90.77	90.77	清	齐	不挂
		JL-25D	3.03	6.05	60.51	72.61	75.64	78.67	清	不齐	不挂
		空白	0	0	3.03	6.05	42.36	66.56	清	齐	不挂
	20	P2 联破乳剂	0.00	0.00	0.00	3.02	6.06	12.10	浑	不齐	挂
		TF-04	66.56	72.61	72.61	72.61	72.61	72.61	浑	齐	微挂
		TFS-75	60.51	60.51	66.56	72.61	72.61	78.67	浑	齐	不挂
		01-K	3.03	30.26	84.72	90.77	90.77	90.77	清	齐	不挂
		JL-25D	48.41	48.41	51.44	60.51	66.56	69.59	清	齐	不挂
		空白	48.41	48.41	54.46	54.46	60.51	66.56	清	齐	挂
LPP80-X10C携砂液	10	P2 联破乳剂	0	0	0	3.03	12.1	18.15	清	齐	挂
		TF-04	0	0	0	54.46	72.61	78.67	清	不齐	微挂
		TFS-75	3.03	60.51	84.72	84.72	90.77	90.77	清	齐	不挂
		01-K	3.03	54.46	84.72	84.72	84.72	84.72	清	齐	不挂
		JL-25D	3.03	18.15	48.41	60.51	66.56	66.56	清	齐	不挂
		空白	0	0	0	0	42.36	54.46	清	不齐	不挂
	20	P2 联破乳剂	0.00	0.00	0.00	0	6.06	18.15	清	不齐	不挂
		TF-04	0	0	12.1	42.36	57.49	66.56	清	齐	不挂
		TFS-75	3.03	30.26	54.46	72.61	72.61	78.67	清	齐	不挂
		01-K	3.03	48.4	72.61	78.67	90.77	96.82	清	齐	不挂

入井原液	入井液加量 / [%（体积分数）]	破乳剂	不同时间脱水率 /%						水相清洁度	界面状况	挂壁程度
			5min	15min	30min	45min	60min	75min			
LPP80–X10C 携砂液	20	JL–25D	0	30.26	48.41	60.51	66.56	72.61	清	齐	不挂
		空白	0	0	0	0	12.1	24.2	清	不齐	不挂
模拟常规压裂液主要组分（配成 0.5% 瓜尔胶液）	10	P2 联破乳剂	0.00	3.02	3.02	3.02	6.05	12.10	清	齐	不挂
		TF–04	66.56	78.67	84.72	84.72	84.72	90.77	清	齐	不挂
		TFS–75	75.64	81.69	84.72	87.74	90.77	90.77	清	齐	不挂
		01–K	3.03	30.26	42.36	48.41	48.41	66.56	清	齐	不挂
		JL–25D	0	30.26	54.46	60.51	60.51	60.51	清	齐	不挂
		空白	0	0	3.03	3.03	30.26	54.46	清	齐	微挂
	20	P2 联破乳剂	0.00	0.00	0.00	3.02	3.02	6.05	微浑	齐	不挂
		TF–04	24.2	54.46	84.72	90.77	90.77	96.82	微浑	齐	不挂
		TFS–75	30.26	78.67	90.77	96.82	96.82	96.82	微浑	齐	不挂
		01–K	3.03	30.26	48.41	54.46	60.51	60.51	清	齐	不挂
		JL–25D	0	6.05	42.36	48.41	54.46	60.51	清	不齐	不挂
		空白	12.1	57.49	78.67	84.72	87.74	90.77	清	齐	不挂

由表 6.17 数据可知：

（1）添加 5% 酸化解堵液，破乳剂 01–K、TFS–75 对原油的脱水率能达到 90% 以上；添加 10% 酸化解堵液，破乳剂 FS–75 对原油的脱水率达到 90% 以上；

（2）添加 10% 乳液压裂液，破乳剂 01–K、TFS–75 对原油的脱水率达到 90% 以上；添加 20% 乳液压裂液，破乳剂 01–K 脱水率能达到 90% 以上，TFS–75 脱水率达到 78.67%；

（3）添加 10% 携砂液，破乳剂 TFS–75 脱水率能达到 90% 以上；添加 20% 携砂液破乳剂 01–K 脱水率能达到 90% 以上，TFS–75 脱水率能达到 78.67%；

（4）添加 10% 或 20% 的瓜尔胶液（浓度为 0.5%），破乳剂 TF–04、TFS–75 脱水率都能达到 90% 以上。

综合以上数据，针对 4 种井措施入井液对原油破乳脱水的影响，破乳剂 TFS–75 最具代表性，其次是 01–K 及 TFS–04。

6.3.3.3 破乳剂对添加单一返排残液的原油脱水效果评价

为了弄清单一返排残液对破乳剂脱水的影响，按"6.1.3"的标准方法，向原油乳状液（P2联七区、八区原油1:1混合，体积含水40%）中添加单一返排残液，在43℃时，分别对P2联破乳剂、合成的聚醚破乳剂01-K、TFS-75、通过初筛的其他破乳剂（TF-04、JL-25D）进行评价，破乳剂添加量10mg/L，记录不同脱水量，观察油水界面，结果见表6.18。

表6.18 不同单一返排残液对不同破乳剂脱水效果的影响

单一返排残液	残液加量/[%（体积分数）]	破乳剂	不同时间脱水量/mL						水相清洁度	界面状况	挂壁程度
			5min	15min	30min	45min	60min	75min			
LPP2-504井热洗返出液	10	P2联破乳剂	0	0	0	3.03	30.26	48.41	清	齐	不挂
		TF-04	3.03	3.03	3.03	12.1	33.28	48.41	清	齐	不挂
		TFS-75	3.03	42.36	87.74	90.77	90.77	90.77	清	齐	不挂
		01-K	3.03	66.56	90.77	93.79	93.79	96.82	清	齐	不挂
		JL-25D	3.03	18.15	72.61	78.67	81.69	84.72	清	齐	不挂
		空白	0	0	0	0	3.03	3.03			不挂
	20	P2联破乳剂	0	0	3.03	3.03	30.26	48.41	清	齐	不挂
		TF-04	0	0	12.1	24.2	39.33	54.46	清	齐	不挂
		TFS-75	3.03	36.31	78.67	84.72	90.77	90.77	清	不齐	不挂
		01-K	3.03	54.46	96.82	96.82	96.82	96.82	清	齐	不挂
		JL-25D	3.03	24.2	72.61	78.67	81.69	84.72	清	齐	不挂
		空白	0	0	0	3.03	15.13	36.31	清	齐	不挂
LPP2-X172井高压充填挂滤返排液（瓜尔胶携砂液）	10	P2联破乳剂	0	0	3.03	24.2	54.46	72.61	清	齐	不挂
		TF-04	0	3.03	3.03	24.2	48.41	66.56	清	齐	不挂
		TFS-75	0	42.36	84.72	84.72	90.77	90.77	清	齐	不挂
		01-K	0	48.41	90.77	90.77	90.77	90.77	清	齐	不挂
		JL-25D	0	3.03	72.61	75.64	78.67	81.69	清	齐	不挂
		空白	0	3.03	3.03	12.1	42.36	60.51	清	不齐	不挂
	20	P2联破乳剂	0	0	3.03	24.2	54.46	72.61	清	齐	不挂
		TF-04	0	0	12.1	36.31	51.44	66.56	清	齐	微挂
		TFS-75	3.03	42.36	78.67	84.72	90.77	90.77	清	齐	不挂

续表

单一返排残液	残液加量/[%（体积分数）]	破乳剂	不同时间脱水量/mL						水相清洁度	界面状况	挂壁程度
			5min	15min	30min	45min	60min	75min			
LPP2-X172井高压充填挂滤返排液（瓜尔胶携砂液）	20	01-K	0	60.51	96.82	96.82	96.82	99.85	清	齐	不挂
		JL-25D	3.03	12.1	72.61	78.67	78.67	81.69	清	齐	微挂
		空白	0	0	3.03	24.2	42.36	60.51	清	齐	挂
LNXI70-X068井乳液压裂返排液	10	P2联破乳剂	0	0	0	6.05	36.31	51.44	清	齐	不挂
		TF-04	0	0	3.03	12.1	42.36	60.51	清	齐	微挂
		TFS-75	3.03	42.36	54.46	90.77	90.77	90.77	清	齐	微挂
		01-K	3.03	66.56	96.82	96.82	96.82	96.82	清	齐	微挂
		JL-25D	0	24.2	72.61	75.64	78.67	84.72	清	不齐	微挂
		空白	0	3.03	6.05	24.2	39.33	54.46	清	齐	挂
	20	P2联破乳剂	0	3.03	15.13	12.1	42.36	60.51	清	不齐	微挂
		TF-04	0	0	3.03	12.1	42.36	60.51	清	齐	不挂
		TFS-75	0	0	84.72	87.74	87.74	90.77	清	齐	微挂
		01-K	0	54.46	78.67	90.77	90.77	90.77	清	齐	微挂
		JL-25D	0	27.23	69.59	72.61	75.64	78.67	清	齐	微挂
		空白	0	0	0	12.1	36.31	54.46	清	齐	微挂
LPP80-X10C井复合纤维固砂剂防砂返排液	10	P2联破乳剂	0	0	12.1	30.26	48.41	60.51	清	齐	挂
		TF-04	6.05	6.05	18.15	30.26	48.41	63.54	清	齐	微挂
		TFS-75	0	36.31	78.67	81.69	84.72	90.77	清	较齐	挂
		01-K	0	30.26	78.67	84.72	90.77	90.77	清	不齐	挂
		JL-25D	0	6.05	66.56	72.61	75.64	75.64	清	不齐	挂
		空白	0	0	0	6.05	12.1	24.2	清	不齐	挂
	20	P2联破乳剂	0	3.03	6.05	24.2	39.33	54.46	清	不齐	严挂
		TF-04	0	0	3.03	18.15	39.33	60.51	清	齐	微挂
		TFS-75	3.03	42.36	54.46	87.74	87.74	90.77	清	齐	微挂
		01-K	12.1	36.31	84.72	90.77	90.77	90.77	清	齐	微挂
		JL-25D	3.03	3.03	42.36	66.56	69.59	72.61	清	齐	严挂
		空白	0	0	0	0	6.05	24.2	清	不齐	挂

由表 6.18 数据可知：向原油乳状液中添加 10%、20% 热洗返出液，添加 10%、20% 高压充填挂滤返排液，添加 10%、20% 乳液压裂液返排液及添加 10%、20% 复合纤维固砂剂防砂返排液，破乳剂 TFS-75、01-K 脱水率都能达到 90% 以上，但有些存在不同程度的挂壁情况。

综合以上数据，针对 4 种单一返排残液对原油破乳脱水的影响，破乳剂 TFS-75、01-K 最具代表性。

6.3.4　破乳剂对添加混合采油助剂及残液的原油脱水效果评价

6.3.4.1　破乳剂对添加混合井筒维护剂的原油脱水效果评价

按 "6.1.3" 的标准方法，将井筒维护剂 "缓蚀剂、降黏剂、脱硫剂、热洗添加剂、无固相压井液、生物酶清洗剂" 配制成使用浓度，然后按照等体积比进行混合，再将混合井筒维护剂与采出污水混合，加入七区、八区混合原油中，配成含水率 40% 左右的乳化液，在 43℃时，开展 P2 联破乳剂、破乳剂 01-K、TFS-75、TF-04、JL-25D 破乳脱水实验，破乳剂添加量 10mg/L，记录不同脱水量，观察油水界面，结果见表 6.19。

表 6.19　井筒维护剂混合对原油乳状液脱水的影响

混合采油助剂	加量/[%（体积分数）]	破乳剂	不同时间脱水率/%						水相清洁度	界面状况	挂壁程度
			5min	5min	30min	45min	60min	75min			
缓蚀剂+脱硫剂（1:1）	10	P2 联破乳剂	3.03	6.05	12.1	24.2	30.26	45.38	清	较齐	挂
		TF-04	6.05	12.1	30.26	60.51	84.72	84.72	清	较齐	微挂
		TFS-75	0	6.05	78.67	90.77	90.77	90.77	清	齐	微挂
		01-K	0	3.03	54.46	72.61	78.67	78.67	清	齐	微挂
		JL-25D	0	3.03	54.46	84.72	84.72	84.72	清	齐	微挂
		空白	0	3.03	3.03	6.05	36.31	54.46	清	齐	微挂
	20	P2 联破乳剂	0	0	3.03	12.1	24.2	39.33	清	齐	微挂
		TF-04	0	0	12.1	60.51	78.67	84.72	清	齐	微挂
		TFS-75	0	12.1	42.36	84.72	84.72	84.72	清	齐	较挂
		01-K	0	3.03	36.31	60.51	84.72	84.72	清	齐	微挂
		JL-25D	0	3.03	60.51	84.72	84.72	84.72	清	齐	较挂
		空白	0	0	3.03	12.1	42.36	78.67	清	齐	严挂

混合采油助剂	加量/[%（体积分数）]	破乳剂	不同时间脱水率/%						水相清洁度	界面状况	挂壁程度
			5min	5min	30min	45min	60min	75min			
缓蚀剂＋无固相压井液＋脱硫剂（1:1:1）	10	P2联破乳剂	3.03	3.03	12.1	24.2	36.31	54.46	清	齐	严挂
		TF-04	0	3.03	18.15	78.67	81.69	84.72	清	齐	微挂
		TFS-75	3.03	3.03	60.51	78.67	78.67	78.67	清	齐	微挂
缓蚀剂＋无固相压井液＋脱硫剂（1:1:1）	10	01-K	0	3.03	42.36	78.67	78.67	87.74	清	齐	微挂
		JL-25D	0	6.05	48.41	72.61	84.72	84.72	清	齐	严挂
		空白	0	0	6.05	12.1	30.26	36.31	清	不齐	严挂
	20	P2联破乳剂	0	0	3.03	18.15	42.36	66.56	清	不齐	严挂
		TF-04	3.03	3.03	18.15	66.56	81.69	84.72	清	齐	微挂
		TFS-75	0	3.03	3.03	66.56	78.67	78.67	清	齐	微挂
		01-K	0	6.05	78.67	87.74	90.77	90.77	清	齐	微挂
		JL-25D	0	6.05	66.56	69.59	81.69	84.72	清	齐	微挂
		空白	0	0	0	3.03	48.41	84.72	清	齐	严挂
缓蚀剂＋无固相压井液＋脱硫剂＋热洗添加剂（1:1:1:1）	10	P2联破乳剂	0.00	0.00	0.00	6.05	24.20	33.28	清	齐	挂
		TF-04	0.00	0.00	30.26%	60.51	84.72	84.72	清	齐	挂
		TFS-75	0.00	0.00	72.61	78.67	84.72	84.72	清	齐	严挂
		01-K	0.00	3.03	48.41	78.67	84.72	84.72	清	齐	严挂
		JL-25D	0.00	3.03	48.41	78.67	84.72	84.72	清	较齐	挂
		空白	0.00%	0.00	0.00%	3.03	12.10%	15.13	清	不齐	严挂
	20	P2联破乳剂	0	0	0	6.05	24.2	33.28	清	齐	严挂
		TF-04	0	0	30.26	60.51	84.72	84.72	清	不齐	严挂
		TFS-75	0	0	72.61	78.67	84.72	84.72	清	不齐	严挂
		01-K	0	3.03	48.41	78.67	84.72	84.72	清	不齐	严挂
		JL-25D	0	3.03	48.41	78.67	84.72	84.72	清	不齐	严挂
		空白	0	0	0	3.03	12.1	15.13	清	不齐	严挂

续表

混合采油助剂	加量 / [%（体积分数）]	破乳剂	不同时间脱水率 /%						水相清洁度	界面状况	挂壁程度
			5min	5min	30min	45min	60min	75min			
缓蚀剂 + 降黏剂 + 脱硫剂 + 热洗添加剂 + 无固相压井液（1:1:1:1:1）	10	P2 联破乳剂	0	3.03	6.05	6.05	12.1	15.13	清	齐	微挂
		TF–04	3.03	3.03	30.26	78.67	78.67	84.72	清	齐	微挂
		TFS–75	0	6.05	60.51	84.72	84.72	84.72	清	齐	微挂
		01–K	0	3.03	90.77	90.77	90.77	90.77	清	齐	微挂
		JL–25D	0	3.03	54.46	78.67	78.67	84.72	清	齐	微挂
		空白	3.03	3.03	6.05	12.1	15.13	27.23	清	齐	微挂
	20	P2 联破乳剂	0	0	0	0	0	6.05	清		
		TF–04	0	0	6.05	42.36	72.61	84.72	清	齐	严挂
		TFS–75	0	3.03	18.15	54.46	72.61	87.74	清	齐	微挂
		01–K	0	0	24.2	72.61	78.67	78.67	清	不齐	严挂
		JL–25D	0	0	12.1	48.41	60.51	78.67	清	齐	微挂
		空白	0	0	0	3.03	6.05	12.1	清	齐	
缓蚀剂 + 降黏剂 + 脱硫剂 + 热洗添加剂 + 无固相压井液 + 生物酶（1:1:1:1:1:1）	10	P2 联破乳剂	0	0	12.1	30.26	60.51	60.51	较浑	齐	严挂
		TF–04	0	0	12.1	30.26	36.31	75.64	较浑	齐	严挂
		TFS–75	0	0	30.26	60.51	66.56	72.61	较浑	齐	严挂
		01–K	0	0	24.2	30.26	84.72	90.77	较浑	齐	严挂
		JL–25D	0	0	12.1	30.26	60.51	66.56	较浑	齐	严挂
		空白	0	0	6.05	12.1	18.15	30.26	清	齐	严挂
	20	P2 联破乳剂	0	0	0	48.41	81.69	81.69	浑	齐	严挂
		TF–04	0	0	30.26	54.46	81.69	81.69	浑	齐	严挂
		TFS–75	0	84.72	84.72	84.72	84.72	84.72	较浑	齐	严挂
		01–K	0	0	0	18.15	69.59	69.59	浑	齐	严挂
		JL–25D	0	0	30.26	30.26	69.59	69.59	浑	齐	严挂
		空白	0	0	0	48.41	81.69	81.69	浑	齐	严挂

由表 6.19 数据可知：

（1）43℃时，添加 10% 缓蚀剂 + 脱硫剂（1∶1）混合液，10mg/L 破乳剂 TFS-75 对原油的脱水率能达到 90% 以上；添加 20% 的混合液，破乳剂 TFS-75（挂）、01-K（微挂）的脱水率能达到 84.72% 以上。

（2）43℃时，添加 10% 缓蚀剂 + 脱硫剂 + 无固相压井液（1∶1∶1）混合液，10mg/L 破乳剂 01-K 对原油的脱水率能达到 87.74% 以上；添加混合液 20% 时，破乳剂 01-K 脱水率能达到 90% 以上，TFS-75 脱水率能达到 78.67%。

（3）43℃时，添加 10% 缓蚀剂 + 脱硫剂 + 无固相压井液 + 热洗添加剂（1∶1∶1∶1）混合液，10mg/L 破乳剂 01-K、TFS-75、JL-25D 对原油的脱水率能达到 90% 以上，但挂壁较重；添加混合液 20% 时，破乳剂 01-K、TFS-75 脱水率只能达到 84.72%。

（4）43℃时，添加 10% 缓蚀剂 + 脱硫剂 + 无固相压井液 + 热洗添加剂 + 降黏剂（1∶1∶1∶1∶1）混合液，10mg/L 破乳剂 01-K 对原油的脱水率能达到 90% 以上；添加混合液 20% 时，破乳剂 TFS-75 脱水率能达到 87.74%。

（5）43℃时，添加 10% 缓蚀剂 + 脱硫剂 + 无固相压井液 + 热洗添加剂 + 降黏剂 + 生物酶清洗剂（1∶1∶1∶1∶1∶1）混合液，10mg/L 破乳剂 01-K 对原油的脱水率能达到 90% 以上；添加混合液 20% 时，破乳剂 TFS-75 脱水率能达到 84.72%（较浑，严重挂壁）。

由此可见，无论是 2 种还是 6 种井筒维护剂混合，当控制其加量为 10% 时，都能得到脱水率 90% 以上的破乳剂，但添加量 20% 时，最高脱水量也只有 87.74%，且存在挂壁、水浑现象，因此，要解决脱水问题，一是控制混合液进入原油乳状液中的量，二是有必要开展破乳剂的复配改性工作。

6.3.4.2 破乳剂对添加混合措施入井液的原油脱水效果评价

按"6.1.3"的标准方法，分别向原油乳状液（P2 联七区、八区原油 1∶1 混合，含水率 40%）中添加酸化解堵液、乳液压裂液、携砂液及瓜尔胶液（浓度为 0.5%），在 43℃时，开展 P2 联破乳剂、破乳剂 01-K、TFS-75、TF-04、JL-25D 破乳脱水实验，破乳剂添加量 10mg/L，记录不同脱水量，观察油水界面，结果见表 6.20。

由表 6.20 数据可知：

（1）43℃时，添加 10% LPP80-X10C 携砂液 + 瓜尔胶液（1∶1）混合液，10mg/L 破乳剂 TFS-75、01-K 的脱水率能达到 90% 以上；添加 20% 混合液，01-K（微挂）的脱水率能达到 84.72% 以上。

（2）43℃时，添加 10% 酸化解堵液 +LPP80-X10C 携砂液 + 瓜尔胶液（1∶1∶1）混合液，10mg/L 破乳剂 TFS-75、01-K 的脱水率达到 90% 以上，TFS-75 效果更佳；添加混合液 20% 时，TFS-75（微挂）、01-K（挂）、JL-25D（挂）脱水率都达到 90% 以上。

（3）在 43℃时，添加 10% 酸化解堵液 +LPP80-X10C 携砂液 + 瓜尔胶液 +LNX170-

表 6.20　混合措施入井液对原油乳状液脱水的影响

混合措产用剂	加量/[%（体积分数）]	破乳剂	不同时间脱水率/%						水相清洁度	界面状况	挂壁程度
			5min	15min	30min	45min	60min	75min			
LPP80-X10C 携砂液 + 瓜尔胶液（1∶1）	10	P2联破乳剂	3.03	6.05	12.1	24.2	27.23	36.31	清	齐	微挂
		TF-04	3.03	12.1	24.2	39.33	54.46	72.61	清	齐	微挂
		TFS-75	6.05	66.56	84.72	90.77	90.77	90.77	清	齐	微挂
		01-K	3.03	66.56	90.77	90.77	90.77	90.77	清	齐	微挂
		JL-25D	3.03	18.15	72.61	78.67	78.67	84.72	清	齐	微挂
		空白	0	0	3.03	3.03	6.05	6.05	清	齐	微挂
	20	P2联破乳剂	3.03	3.03	3.03	3.03	6.05	6.05	清	齐	微挂
		TF-04	3.03	3.03	3.03	6.05	18.15	30.26	清	齐	微挂
		TFS-75	3.03	42.36	72.61	72.61	78.67	78.67	清	较齐	微挂
		01-K	3.03	60.51	78.67	78.67	84.72	84.72	清	齐	微挂
		JL-25D	0	36.31	72.61	72.61	78.67	78.67	清	不齐	挂
		空白	0	0	0	3.03	3.03	3.03	清	齐	微挂
酸化解堵液 + 瓜尔胶液 + LPP80-X10C 携砂液（1∶1∶1）	10	P2联破乳剂	0	3.03	3.03	12.1	24.2	36.31	清	齐	微挂
		TF-04	0	3.03	24.2	72.61	84.72	84.72	清	齐	挂
		TFS-75	0	36.31	54.46	96.82	96.82	96.82	清	齐	微挂
		01-K	0	30.26	72.61	90.77	90.77	90.77	清	齐	微挂
		JL-25D	0	3.03	30.26	66.56	78.67	84.72	清	齐	微挂
		空白	0	0	0	3.03	3.03	3.03	清	不齐	严挂

续表

混合增产用剂	加量/[%（体积分数）]	破乳剂	不同时间脱水率/%						水相清洁度	界面状况	挂壁程度
			5min	15min	30min	45min	60min	75min			
酸化解堵液 + 瓜尔胶液 + LPP80-X10C 携砂液（1∶1∶1）	20	P2 联破乳剂	0	0	0	3.03	12.1	12.1	清	齐	挂
		TF-04	0	0	3.03	36.31	72.61	78.67	清	齐	挂
		TFS-75	0	12.1	60.51	84.72	90.77	90.77	清	齐	微挂
		01-K	0	3.03	18.15	78.67	84.72	90.77	清	齐	挂
		JL-25D	0	3.03	18.15	78.67	84.72	90.77	清	齐	挂
		空白	0	0	0	0	0	0			
酸化解堵液 + LNXI70-X063 井乳液压裂液 + LPP80-X10C 携砂液（1∶1∶1∶1）	10	P2 联破乳剂	0	3.03	6.05	12.1	12.1	24.2	清	齐	微挂
		TF-04	12.1	12.1	24.2	36.31	66.56	78.67	清	齐	微挂
		TFS-75	3.03	36.31	66.56	84.72	84.72	90.77	清	齐	微挂
		01-K	3.03	60.51	90.77	90.77	90.77	93.79	清	齐	微挂
		JL-25D	0	36.31	84.72	90.77	90.77	90.77	清	齐	微挂
		空白	0	0	0	0	0	0			
酸化解堵液 + LPP80-X10C 携砂液 + 瓜尔胶液（1∶1∶1∶1）	20	P2 联破乳剂	0	0	0	0	6.05	12.1	清	不齐	挂
		TF-04	0	3.03	12.1	36.31	66.56	69.59	清	齐	挂
		TFS-75	0	36.31	78.67	84.72	90.77	90.77	清	齐	微挂
		01-K	0	30.26	48.41	78.67	84.72	84.72	清	齐	挂
		JL-25D	0	6.05	60.51	78.67	78.67	84.72	清	较齐	挂
		空白	0	0	0	0	0	3.03			

X063 井乳液压裂液（1∶1∶1∶1）混合液，10mg/L 破乳剂 01-K、TFS-75、JL-25D 对原油的脱水率能达到 90% 以上；添加混合液 20% 时，破乳剂 TFS-75 脱水率能达到 90.77%。

由此可见，无论是 2 种还是六种措施入井液混合，当控制其加量为 10% 时，都能得到脱水率 90% 以上的破乳剂，但添加量 20% LPP80-X10C 携砂液 + 瓜尔胶液（1∶1）混合液，最高脱水量也只有 84.72%，且存在微挂现象，因此，要解决脱水问题，一是控制混合液进入原油乳状液中的量，二是有必要开展破乳剂的复配改性工作。

6.3.4.3　破乳剂对添加混合返排残液的原油脱水效果评价

按"6.1.3"的标准方法，分别向原油乳状液（P2 联七区、八区原油 1∶1 混合，含水率 40%）中添加热洗返出液、高压充填挂滤返排液、乳液压裂液返排液及复合纤维固砂剂防砂返排液的不同混合液，在 43℃时，分别对 P2 联破乳剂、破乳剂 01-K、TFS-75、TF-04、JL-25D 进行评价，破乳剂添加量 10mg/L，记录不同脱水量，观察油水界面，结果见表 6.21。

由表 6.21 数据可知：

（1）43℃时，添加 10% 或 20% 的 LPP2-504 井热洗返出液 +LPP2-X172 井高压充填挂滤返排液（瓜尔胶携砂液）（1∶1）混合液，10mg/L 破乳剂 TFS-75、01-K（微挂）的脱水率能达到 90% 以上。

（2）43℃时，添加 10% LPP2-504 井热洗返出液 +LPP2-X172 井高压充填挂滤返排液（瓜尔胶携砂液）+LNXI70-X068 井乳液压裂液返排液 +LPP80-X10C 井复合纤维固砂剂防砂返排液（1∶1∶1）混合液，10mg/L 破乳剂 01-K 的脱水率能达到 90% 以上（弱挂），TFS-75 为 84.72%；添加混合液 20% 时，破乳剂 TFS-75（弱挂）、01-K（弱挂）的脱水率都能达到 90% 以上。

（3）43℃时，添加 10% LPP2-504 井热洗返出液 +LPP2-X172 井高压充填挂滤返排液（瓜尔胶携砂液）+LNXI70-X068 井乳液压裂液返排液 +LPP80-X10C 井复合纤维固砂剂防砂返排液（1∶1∶1∶1）混合液，10mg/L 破乳剂 JL-25D（弱挂）对原油的脱水率最高为 84.72%，01-K（挂）、TSF-75（弱挂）均只达到 72.61%；添加 20% 混合液时，破乳剂 01-K（弱挂）、TSF-75（严挂）均只达到 87.74%。

（4）43℃时，添加 10% LPP2-504 井热洗返出液 +LPP2-X172 井高压充填挂滤返排液（瓜尔胶携砂液）+LNXI70-X068 井乳液压裂液返排液 +LPP80-X10C 井复合纤维固砂剂防砂返排液 + 酸化解堵原液（1∶1∶1∶1∶1）混合液，10mg/L 破乳剂 01-K（严挂）、TSF-75（严挂）的脱水率能达到 90.77%；添加 20% 时，破乳剂 01-K（严挂）、TSF-75（严挂）的脱水率分别为 84.72%、87.72%。

由此可见，混合的返排残液种类越多，加量越多，破乳剂脱水达到 90% 以上越困难。因此，尽量控制不同作业措施的间隔时间，避免多种残液混合；其次是控制混合液进入原油乳状液中的量，三是有必要开展破乳剂的复配改性工作。

表 6.21　混合残余返排液对原油乳状液脱水的影响

混合残液	加量/[%（体积分数）]	破乳剂	不同时间脱水率/%						水相清洁度	界面状况	挂壁程度
			5min	15min	30min	45min	60min	75min			
LPP2-504井热洗返出液 + LPP2-X172井高压充填挂壁返排液滤液（瓜尔胶携砂液）（1:1）	10	P2联破乳剂	0	0	6.05	21.18	36.31	60.51	清	齐	弱挂
		TF-04	0	3.03	12.1	27.23	42.36	60.51	清	齐	弱挂
		TFS-75	3.03	48.41	84.72	90.77	90.77	93.79	清	齐	微挂
		01-K	3.03	60.51	90.77	90.77	90.77	90.77	清	齐	微挂
		JL-25D	0	12.1	72.61	78.67	78.67	81.69	清	不齐	微挂
		空白	0	3.03	3.03	12.1	36.31	54.46	清	齐	弱挂
	20	P2联破乳剂	3.03	3.03	6.05	24.2	48.41	66.56	清	齐	不挂
		TF-04	3.03	3.03	6.05	30.26	48.41	66.56	清	齐	不挂
		TFS-75	3.03	48.41	90.77	90.77	96.82	96.82	清	较齐	微挂
		01-K	0	54.46	90.77	96.82	96.82	96.82	清	齐	微挂
		JL-25D	0	42.36	84.72	84.72	84.72	93.79	清	齐	微挂
		空白	3.03	3.03	12.1	30.26	42.36	60.51	清	齐	弱挂
LPP2-504井热洗返出液 + LPP2-X172井高压充填挂壁返排液（瓜尔胶携砂液）+ LNXI70-X068井乳液压裂返液（1:1:1）	10	P2联破乳剂	3.03	12.1	24.2	42.36	60.51	75.64	清	齐	挂
		TF-04	6.05	18.15	30.26	42.36	60.51	75.64	清	齐	挂
		TFS-75	3.03	24.2	78.67	84.72	84.72	84.72	清	齐	挂
		01-K	3.03	30.26	84.72	90.77	90.77	90.77	清	齐	弱挂
		JL-25D	3.03	12.1	60.51	72.61	78.67	78.67	清	齐	弱挂
		空白	0	0	6.05	18.15	42.36	60.51	清	齐	挂

续表

混合残液	加量/[%（体积分数）]	破乳剂	不同时间脱水率/%						水相清洁度	界面状况	挂壁程度
			5min	15min	30min	45min	60min	75min			
LPP2-504井热洗返出液+LPP2-X172井高压充填挂滤返排液（瓜尔胶携砂液）+LNXI70-X068井乳液压裂压排液返排液（1:1:1:1）	20	P2联破乳剂	0	3.03	12.1	30.26	48.41	69.59	清	齐	挂
		TF-04	0	0	12.1	24.2	48.41	66.56	清	齐	弱挂
		TFS-75	3.03	36.31	84.72	84.72	87.74	90.77	清	齐	弱挂
		01-K	0	54.46	87.74	90.77	90.77	93.79	清	齐	弱挂
		JL-25D	0	15.13	69.59	75.64	78.67	78.67	清	不齐	挂
		空白	0	0	3.03	12.1	36.31	54.46	清	齐	挂
LPP2-504井热洗返出液+LPP2-X172井高压充填挂滤返排液（瓜尔胶携砂液）+LNXI70-X068井乳液压裂压排液返排液（1:1:1:1）	10	P2联破乳剂	0	3.03	12.1	18.15	48.41	66.56	清	不齐	挂
		TF-04	0	3.03	12.1	24.2	36.31	54.46	清	不齐	挂
		TFS-75	0	24.2	66.56	72.61	72.61	72.61	清	不齐	弱挂
		01-K	0	18.15	66.56	66.56	72.61	72.61	清	不齐	挂
		JL-25D	0	3.03	66.56	78.67	81.69	84.72	清	不齐	弱挂
		空白	0	3.03	12.1	33.28	54.46	72.61	清	齐	挂
LPP2-504井热洗返出液+LPP2-X172井高压充填挂滤返排液（瓜尔胶携砂液）+LNXI70-X068井乳液压裂压排液+LP80-X10C井复合纤维固砂剂防砂返排液（1:1:1:1）	20	P2联破乳剂	0	3.03	15.13	42.36	66.56	81.69	清	不齐	严挂
		TF-04	0	3.03	6.05	18.15	42.36	60.51	清	齐	严挂
		TFS-75	3.03	24.2	78.67	84.72	84.72	87.74	清	齐	严挂
		01-K	0	42.36	84.72	84.72	87.74	87.74	清	齐	弱挂
		JL-25D	0	6.05	60.51	78.67	81.69	84.72	清	不齐	弱挂
		空白	0	0	12.1	42.36	72.61	84.72	清	不齐	严挂

续表

混合残液	加量/[%（体积分数）]	破乳剂	不同时间脱水率/%						水相清洁度	界面状况	挂壁程度
			5min	15min	30min	45min	60min	75min			
LPP2-504井热洗返出液+LPP2-X172井高压充填挂滤返排液（瓜尔胶携砂液）+LNX170-X068井	10	P2联破乳剂	0	0	0	0	3.03	12.1	清	不齐	严挂
		TF-04	0	0	12.1	48.41	78.67	81.69	清	齐	严挂
		TFS-75	0	3.03	48.41	84.72	90.77	90.77	清	齐	严挂
		01-K	0	0	12.1	72.61	84.72	90.77	清	齐	严挂
		JL-25D	0	0	12.1	60.51	72.61	84.72	清	不齐	严挂
		空白	0	0	0	0	0	0			
乳液压裂液返排液+LPP80-X10C井复合纤维固砂剂防砂返排液+酸化解堵原液（1:1:1:1:1）	20	P2联破乳剂	0	0	0	0	3.03	24.2	清	不齐	严挂
		TF-04	0	0	3.03	18.15	72.61	78.67	清	齐	严挂
		TFS-75	0	0	6.05	48.41	87.74	87.74	清	齐	严挂
		01-K	0	0	3.03	66.56	78.67	84.72	清	齐	严挂
		JL-25D	0	0	3.03	48.41	78.67	84.72	清	齐	严挂
		空白	0	0	0	0	0	0			

6.4　破乳剂复配研究及应用

基于上述研究发现，部分破乳剂能有效解决单一采油助剂及返排残液、混合采油助剂及返排残液对P2联原油破乳脱水性能的影响，但存在部分混合助剂及残液导致脱水效果达不到预期情况，如部分混合井筒维护剂、部分混合措施入井液在加量20%时存在挂壁，特别是混合返排残液影响消除难度大。为此，有必要开展对脱水效果较好的破乳剂，如TFS-75、01-K等与其他破乳剂复配研究，提高其抗多种采油助剂混合及返排残液混合干扰脱水的性能及适应性。

6.4.1　用于复配的破乳剂筛选

为了解决混合采油助剂及残液对原油破乳的挂壁、水色问题，按"6.1.3"的标准方法，分别开展了向原油乳状液中按体积比添加10%的混合井筒维护剂（现场使用浓度下等体积混合）[缓蚀剂+无固相压井液+脱硫剂+热洗添加剂+降黏剂（1:1:1:1:1）]，10%的混合返排液（使用浓度下等体积混合）[热洗返出液+高压充填挂滤返排液（瓜尔胶携砂液）+乳液压裂液返排液+复合纤维固砂剂防砂返排液+酸化解堵液（1:1:1:1:1）]对破乳脱水效果的影响实验（43℃，破乳剂加量为20mg/L）。结果见表6.22。

表 6.22　用于复配的破乳剂筛选

混合采油助剂及残液	加量/[%（体积分数）]	破乳剂	不同时间脱水量/mL						水相清洁度	挂壁程度	脱水率/%
			5min	15min	30min	45min	60min	75min			
混合井筒维护剂（无生物酶）	10	AR-2011	0	0.5	8.5	12.5	13	13	清	弱挂	78.67
		PF-4	0.5	0	2	5	9	13	清	不挂	78.67
		A-16	0	0.5	5	8	13	13	清	挂	78.67
混合返排残液	10	AR-2011	0	0	3	8	10	13	清	挂	78.67
		PF-4	0	0	0	0	0	1	清	弱挂	6.05
		A-16	0	0.5	3	4	5	8	清	挂	48.41

由表6.22数据可知，破乳剂PF-4解决挂壁问题相对AR2011、A-16有较好的效果，但其单独使用脱水率低。因此，把PF-4作为复配破乳剂备用。

6.4.2　破乳剂复配及适应性

6.4.2.1　复配破乳剂效果评价

为了解决混合采油助剂及残液对原油破乳的挂壁问题，选择用几乎无挂壁现象的破乳剂 PF-4 与前期实验得到的脱水率较高的破乳剂 TFS-75、01-K 复配。其他实验条件与"6.1.3"实验条件相同，结果见表 6.23。

表 6.23　不同破乳剂复配效果

混合采油助剂或残液	加量/%	复配破乳剂及加量	不同时间脱水量/mL						水相清洁度	挂壁程度	脱水率/%
			5min	15min	30min	45min	60min	75min			
混合井筒维护用剂	10	PF-4+TFS-75（20mg/L+20mg/L）	0.5	5	14	16	16	16	清	微挂	96.82
		PF-4+01-K（20mg/L+20mg/L）	0.5	1	9	15.5	15.5	16	清	微挂	96.82
混合增产措施用剂	10	PF-4+TFS-75（20mg/L+20mg/L）	0	1	14	15	15.5	15.5	清	弱挂	93.79
		PF-4+01-K（20mg/L+20mg/L）	0	0	1	11	14	14.5	清	弱挂	87.74
混合返排残液	10	PF-4+TFS-75（20mg/L+20mg/L）	0	0.5	12	14.5	15	15	清	弱挂	90.77
		PF-4+01-K（20mg/L+20mg/L）	0	0	0.5	1	13	14	清	弱挂	84.72

由表 6.23 可知，PF-4 与 TFS-75 按 1∶1 复配，加量 40mg/L，或者 PF-4 与 01-K 按 1∶1 复配，加量 40mg/L，可以完全满足 6 种混合井筒维护剂添加 10% 的原油脱水要求，可满足合同"破乳剂脱水率大于 90%，水相清洁度不低于 1 级"的要求；而对于添加 10% 混合措施入井液、10% 混合返排残液的原油脱水率、水色均能满足，但有弱挂壁现象，需进一步研究。

6.4.2.2　破乳剂复配比及加量对脱水效果的影响

为解决含 10% 混合增产液和混合返排残液乳状液挂壁问题，改变破乳剂的复配比与投加量，然后进行实验，结果见表 6.24。

表 6.24　不同复配比对破乳效果的影响

混合废液	加量/[%（体积分数）]	破乳剂	不同时间脱水量/mL						水相清洁度	挂壁程度	脱水率/%
			5min	15min	30min	45min	60min	75min			
混合增产措施用剂	10	PF-4+TFS-75（30mg/L+20mg/L）	0	4	15	16	16	16	清	微挂	96.82
		PF-4+TFS-75（40mg/L+20mg/L）	0	4	15	16	16	16	清	微挂	96.82
		PF-4+TFS-75（30mg/L+30mg/L）	0	3	16	16	16.5	16.5	清	微挂	99.85

混合废液	加量/[%（体积分数）]	破乳剂	不同时间脱水量/mL						水相清洁度	挂壁程度	脱水率/%
			5min	15min	30min	45min	60min	75min			
混合增产措施用剂	10	PF-4+TFS-75（20mg/L+30mg/L）	0	1	14	16	16	16	清	挂	96.82
		PF-4+TFS-75（20mg/L+40mg/L）	0	3	14	15	16	16	清	挂	96.82
混合返排液	10	PF-4+TFS-75（30mg/L+20mg/L）	0	1	8	15	15.5	16	清	微挂	96.82
		PF-4+TFS-75（40mg/L+20mg/L）	0	0	0.5	2	11	13	清	微挂	78.67
		PF-4+TFS-75（30mg/L+30mg/L）	0	1	13	16	16	16	清	微挂	96.82
		PF-4+TFS-75（20mg/L+30mg/L）	0	0.5	11	16	16	16	清	挂	96.82
		PF-4+TFS-75（20mg/L+40mg/L）	0	0	7	16.5	17	17	清	挂	100

由表 6.24 可知，PF-4 与 TFS-75 按 30∶20 复配，加量 50mg/L，或者 PF-4 与 TFS-75 按 30∶30 复配，加量 60mg/L，可以完全满足添加 10% 混合增产剂或添加 10% 混合残液的原油脱水率、水色要求，但仍有微挂。

6.4.2.3　破乳温度对挂壁影响研究

为彻底改善破乳挂壁问题，研究了破乳温度的影响，结果见表 6.25。

表 6.25　不同破乳温度对破乳效果的影响

复配破乳剂	温度/℃	添加量	不同时间脱水量/mL						水相清洁度	挂壁程度	脱水率/%
			5min	15min	30min	45min	60min	75min			
PF-4+TFS-75（30mg/L+30mg/L）	43	10% 混合增产用剂	0	11	11.5	16	16.5	16.5	清	挂	99.85
		10% 混合返排液	0	10.5	14.5	16	16	16	清	挂	96.82
	48	10% 混合增产用剂	0	15	16.5	16.5	16.5	16.5	清	挂	99.85
		10% 混合返排液	0	7	16	16.5	16.5	16.5	清	挂	99.85
	63	10% 混合增产用剂	2	16.5	17	17	17	17	清	挂	100
		10% 混合返排液	0.5	16.5	17	17	17	17	清	挂	100

由表 6.25 可知，PF-4 与 TFS-75 按 30∶30 复配，加量 60mg/L，随温度升高，脱水率有所增加，但挂壁问题没有改善。

6.4.2.4 混合返排液添加量对破乳效果的影响

为了研究混合返排液的添加量对原油乳状液中脱水挂壁的影响，其他条件不变，改变混合返排液的含量，实验结果见表 6.26。

表 6.26 返排液含量对破乳效果的影响

| 破乳剂 | 混合返排液添加量 / [%（体积分数）] | 不同时间脱水量 /mL | | | | | | 水相清洁度 | 挂壁程度 | 脱水率 /% |
		5min	15min	30min	45min	60min	75min			
PF-4+ TFS-75 （30mg/L+ 30mg/L） 43℃	1	0.5	4	15	16	16	16	清	微挂	96.82
	1.6	2	8	14	16	16	16	清	微挂	96.82
	2	2	6	12	14	15	15.5	清	挂	93.79
	4	0.5	5	13	16	16	16	清	挂	96.82
	5	0.5	3	13.5	16	16	16.5	清	挂	99.85
	20	0	1	16	16	16	16.5	清	挂	99.85

由表 6.26 可知，随原油乳状液中混合返排残液加量增加，挂壁程度增加，低于 2% 时，只是微挂。可见挂壁与返排残液进入原油中的量有很大关系。

6.4.2.5 酸化解堵液对破乳效果的影响

由上述实验可知破乳脱水挂壁与返排残液含量有很大的关系，而返排残液与增产剂中都含酸化解堵液，且有文献指出酸化解堵液对破乳效果有显著影响，为了进一步验证，在 43℃，复配破乳剂（PF-4+TFS-75）加量 30mg/L+30mg/L，改变混合增产液中的酸化解堵液的量，观察挂壁现象是否改变，实验结果见表 6.27。

表 6.27 酸化解堵液对破乳效果的影响

| 混合采油助剂 | 添加量 / [%（体积分数）] | 不同时间脱水量 /mL | | | | | | 水相清洁度 | 挂壁程度 | 脱水率 /% |
		5min	15min	30min	45min	60min	75min			
混合增产液	1	0	4	15	16	16	16	清	微挂	96.82
混合增产液 （不加酸化液）	1	9	10	14.5	15.5	16	16	清	不挂	96.82
混合增产液 （不加酸化液）	10	10	10.5	15	15.5	16	16	清	不挂	96.82

由表 6.27 数据可知，混合增产液"酸化解堵液、乳液压裂液、携砂液及瓜尔胶液"混合，添加量为 1%，也会出现挂壁现象，如果不加酸化解堵液混合，即使添加 10%，也不会挂壁。说明酸化解堵液对脱水影响显著。

6.4.2.6　混合采油助剂及残液 pH 值对破乳效果影响

以上实验可以充分解释，破乳时出现的挂壁现象与酸化解堵液有很大关系，虽然不加酸化解堵液可以有效解决挂壁问题，但是在工艺生产中，不可避免会有一定的残酸，所以必须找到处理残酸的方法。依据研究成果，针对混合增产液（酸化解堵液 +LNXI70−X063 井乳液压裂液 +LPP80−X10C 携砂液 + 瓜尔胶液）、混合返排残液 [LPP2−504 井热洗返出液、LPP2−X172 井高压充填挂滤返排液（瓜尔胶携砂液）、LNXI70−X068 井乳液压裂液返排液、LPP80−X10C 井复合纤维固砂剂防砂返排液、酸化解堵原液]，用 NaOH 将两种混合液 pH 值调至中性，再加入乳液中，其中混合井筒维护剂（缓蚀剂、降黏剂、脱硫剂、热洗添加剂、无固相压井液、生物酶）pH 值为 8.0 左右，不调。在 43℃ 进行破乳实验，结果见表 6.28。

表 6.28　pH=7 条件下破乳剂的破乳效果

破乳剂	混合助剂及残液添加量	不同时间脱水量 /mL						水相清洁度	挂壁程度	脱水率 /%
		5min	15min	30min	45min	60min	75min			
PF−4+TFS−75（30mg/L+30mg/L）	10% 混合增产液，pH=7	2	8	15	16	16	16.5	清	挂	99.85
	10% 混合返排液，pH=7	2	7	15	16	16.5	16.5	清	不挂	99.85
	10% 混合井筒维护剂	0.5	6	16.5	16.5	16.5	16.5	清	不挂	99.85

由表 6.28 可知，43℃时，复配破乳剂（PF−4+TFS−75，加量 30mg/L+30mg/L），对调 pH 值为中性的混合增产液、混合返排残液及不调 pH 值的井筒维护剂混合液，添加量为 10% 时，破乳脱水完全可满足合同"破乳剂脱水率大于 90%，水相清洁度不低于 1 级"的要求。

第7章 LP油田沉降罐过渡带原油乳状液破乳脱水研究与应用

LP油田经过多年的勘探开发，目前已进入高含水期。为进一步提高不同类型复杂断块油藏的采收率，采取了多种作业措施，使用了措施用剂，如酸化解堵液、乳液压裂液、携砂液等。这些采油助剂虽然效率高，在增储上产上发挥了重要作用，但部分返排残液不可避免地随采出液一起进入油水处理系统，并对原油乳状液脱水产生冲击，影响脱水。虽然经过多次工艺流程和设备的改造，但进入冬季后，还是频繁出现原油脱水异常现象，主要表现在一次沉降罐出油含水猛增，进电脱水器原油含水高，造成脱水困难，严重制约了原油脱水生产工作，而且还显著增加了燃气量、电能及破乳剂消耗，生产成本大幅增加，现场发现该油田沉降罐存在过渡带情况，冬季过渡带增长速度更快，影响脱水情况更加严重。

因此，很有必要开展沉降罐过渡带原油研究，以便弄清沉降罐过渡带老化油对脱水的影响及成因，找到有效处理过渡带原油的破乳剂及减少或避免过渡带老化原油的措施，这对于确保生产集输工艺系统正常脱水、平稳运行及控制生产成本都有重要意义。

7.1 集输系统沉降罐过渡带原油研究进展

7.1.1 沉降罐过渡带老化油的危害

油田集输系统沉降罐中油水过渡带产生于原油集输沉降脱水过程中，存在于油水界面上，是组分非常复杂、性质非常稳定的油水乳状物。油水过渡带一旦形成，即成为油、水相上下流动分离的屏障，使油不能迅速上浮至油相，水不能迅速下沉至水相，当中间过渡层体系达到一定厚度时，可能随分离后的油、水一起排出，进入油水处理的其他环节（如电脱水器），严重破坏油水分离过程。

油水过渡带在各大油田已经屡见不鲜，它极易导致后续的电脱水器脱水电流升高、频繁垮电场或跳闸、含油污水处理设备除油效果变差，直接影响原油脱水效果，经常出现脱后油含水、含盐及机械杂质超标、水含油超标、油水界面不清、冒罐等问题，严重影响正常生产，甚至会影响石油炼制过程。因此，目前各大油田都定期从沉降罐中间部位用专用管线抽出油水过渡带另行处理，以确保沉降罐、电脱水器等设备的正常运行，确保外输前原油含水不超过0.5%。

7.1.2　沉降罐过渡带老化油的组成

目前国内外研究一致认为沉降罐中间过渡带由油包水和水包油乳化颗粒、絮状物、泥砂等机械杂质组成。絮状物含有水、沥青质、胶质、蜡、无机盐及金属氧化物，而且胶质、沥青质含量比正常脱水后原油高很多。

7.1.3　沉降罐过渡带原油的形成原因

7.1.3.1　回收老化油的影响

污水处理系统沉降罐中的回收油，由于在系统中停留时间较长，轻组分过度挥发，严重老化，形成稳定性极强、不易破乳的油水乳状液。老化油中石油酸、胶质、沥青质等天然乳化剂含量高，它们存在于油水界面，起到稳定乳状液的作用，形成油水中间过渡层。

7.1.3.2　细菌的影响

水驱、聚合物驱采油过程中，若杀菌不当，细菌就会在生产系统中滋生，细菌呈絮状或团状，吸附在乳化颗粒、机械杂质等细小物质上，进入脱水和污水处理系统后，与其他絮状物一起浮于油水层之间，而且随着时间的延续而增多。如油藏中大量繁殖的硫酸盐还原菌（SRB）所产生的 H_2S 腐蚀油井和地面设备而生成 FeS 颗粒，胶态 FeS 颗粒沉积在油水界面上形成排列紧密的刚性界面膜，阻止水珠间的聚并，使油水过渡层稳定且不断增厚。

7.1.3.3　破乳剂的影响

（1）破乳剂选择不当，不仅不能起到破乳作用，反而会成为油水乳化剂，在原油中形成顽固的乳化颗粒，从而形成中间过渡层；（2）加药位置不当或破乳剂用量不当导致破乳剂过量，未发生破乳作用的破乳剂沉降聚集在油水界面层，随着运行时间增加，破乳剂与原油重组分如胶质、沥青质、石蜡等物质结合，界面张力增大，截留后续原油中沉降的无机物，形成稳定性强的油水中间过渡层。

7.1.3.4　悬浮物机械杂质及 FeS 胶体的影响

原油中的污泥等机械杂质带有负电性，吸附在油水界面膜上，可使乳化颗粒带电，导致常用的破乳剂对其作用不大，吸附于乳化颗粒膜上的污泥等机械杂质，使乳化膜不易破裂，阻碍了水滴的聚结沉降。吸附污泥的乳化颗粒聚集在油水界面间，形成过渡带。此外，油井生产过程中 SRB 的生长繁殖及原油中含硫有机物分解产生的 H_2S 的腐蚀产物 FeS 或 Fe（OH）$_3$ 主要以胶体形式存在，并带有电荷，当发生聚集时形成 FeS 和 Fe_2O_3 的微粒，二者会存在于乳状液油水界面起到稳定乳化液的作用，也可形成稳定的油包水型中间层，并不断加厚。

7.1.3.5 其他油田化学剂的影响

（1）在油田开发生产中，经常实施各种作业，如酸化、压裂、防砂固砂、洗井等，会产生各种返排残液，这些残液进入集输系统，影响正常破乳脱水，未完全破乳的油水乳状液在溢流沉降罐内油水相之间逐渐积累而形成中间过渡层。

（2）为了保证正常生产会使用各种化学药剂，除破乳剂外，还有驱油剂、防蜡剂、防垢剂、缓蚀剂、消泡剂、乳化降黏剂、絮凝剂等，药剂之间的配伍性不好或与原油之间的配伍性不好时，极易形成油水中间过渡层。

（3）此外，聚合物驱采出液中聚合物浓度越高，形成的中间过渡层稳定性越强，厚度也越厚。

7.1.3.6 设备结构的影响

沉降罐进样口位置不当，破乳剂与来液混合强度、均匀度不够，破乳剂分子难以渗透到多相多重原油乳状液各界面膜上，未受破坏的 O/W 及 W/O/W 型乳状液，在水分、固体杂质及原油重质组分的夹带下下沉到油水相之间，在沉降罐中形成不断增厚的中间层。

以上各影响因素中以老化油、细菌和化学剂的影响较为显著。

7.1.4 沉降罐过渡带原油处理技术

油水中间过渡层成分十分复杂，采用常规的破乳剂和处理工艺都很难达到理想的效果。对于油水中间过渡层的处理，首先应分析形成的原因和组成成分，再根据具体情况对症下药。油水中间层的处理方法大体上分为 3 种。

7.1.4.1 油水中间过渡层的强化处理

（1）优选或研制处理中间过渡层的破乳剂。国内某油田[36]针对中间过渡层研究出的化学药剂配方中使用了烷基磺酸钠、硫酸及硫酸盐、破乳剂，再掺入适量的水，并且采用加热循环一定时间后再进行沉降的单独处理工艺，定期对中间过渡层进行处理。大庆油田研究开发的新型破乳剂投加到脱水系统后，可以抑制中间过渡层的生成，基本解决了电脱水器运行不稳的问题。同时在污水处理系统中投加硫化物捕捉剂，抑制细菌的影响，增强了油珠的聚并，使污水处理效果明显好转[38]。

（2）在处理容器（如卧式电脱水器、立式污水沉降罐）内部增设加热盘管，通过油水界面检测仪对操作进行监视，控制油水中间过渡层处于加热盘管加热的范围内，通过提高中间层的处理温度 5～10℃，对其进行强化热处理。

7.1.4.2 油水中间过渡层的清除回收

俄罗斯的一些油田，在原油脱水设备中应用了中间过渡层清除装置，将中间过渡层清除回收后单独处理，使设备的稳定性、处理效率和处理质量大大提高[38]。这种中间过渡层清除装置共有五种：适用于常压沉降罐的机械转动清除装置，适用于压力沉降罐的机械移动清除装置，适用于油水联合处理装置的波形室机械清除装置、隔板式吹扫清除装置，适用于压力沉降罐及金属室吹扫清除装置，适用于油水联合处理的装置。在油田实际生产中，可以采用固定式抽吸盘管、固定或活动式抽吸装置清除中间过渡层的方案。在处理容器中设开孔的抽吸盘管或收油槽，通过油水界面检测仪控制油水界面处于抽吸盘管或收油槽处，通过自压或采用柱塞泵或螺杆泵抽吸，柱塞泵或螺杆泵抽吸可以设为固定的工艺，也可以设在拖车上建立活动抽吸装置。

7.1.4.3　油水中间过渡层的单独处理

将回收的油水中间过渡层单独处理，可采用建设单独的处理装置，通过延长沉降时间、提高分离温度和加大破乳剂用量的方法进行处理。国内油田采用三种工艺方案处理油水中间过渡层：一是在原有水处理工艺中，再增设一个处理罐、一个换热器；二是采用水力旋流器处理后再进行热沉降；三是热化学处理后再用离心设备处理。这几种方案都取得了理想的效果。

大庆油田试验中将电动离心脱水装置用于老化油和中间过渡层的处理。该装置靠大于重力加速度几百倍的离心力，再加入有效的破乳剂，强制老化油和中间过渡层破乳，在老化油或中间过渡层含水 10%～90% 的情况下，处理后的油含水低于 0.3%，水含油低于 300mg/L，达到了良好效果[38]。

国外采用微波分离技术（MST）处理中间过渡层，该技术使用微波发生器降低乳状液的稳定性，使沉降加速，液滴界面破裂促进水滴聚结，促使乳状液分离成油流、水流和固体颗粒[38]。

综上所述，在原油脱水和含油污水处理过程中，油水中间过渡层直接影响原油脱水质量和含油污水处理效果，因此，一方面需要在生产中和工艺上采取有效措施加以预防，另一方面要对已经形成的油水中间过渡层，针对性地优选化学药剂和适当的处理工艺进行有效处理。

7.1.5　国内油田沉降罐过渡带原油处理情况

7.1.5.1　长庆马岭油田沉降罐过渡带原油处理

长庆马岭油田[39]容积 3000m³ 的溢流沉降罐内，在半年时间内产生了厚达 5m 以上的乳化中间层，对原油破乳脱水产生了严重影响。这种中间层乳状液的破乳脱水非常困难，曾采用单一和复配破乳剂、加大用剂量、提高破乳温度等手段，均未能获得令人满意的结果。

李成龙等[39]通过研究，采用多组分复配破乳剂并掺水使马岭油田原油溢流沉降罐中间层乳状液破乳脱水，可获得良好的油水分离效果。在长庆马岭油田中区集中处理站进行现场试验，处理流程如图 7.1 所示。用泵将溢流沉降罐内积累的中间层乳状液抽出，共 300m³，经三级隔油池送入专设的 600m³ 处理罐内，在换热器与处理罐之间循环，维持温度为42℃并加入含破乳剂Sp169+TA031（1:1）400mg/L、AS1875mg/L、硫酸0.5%的复配剂药剂共144m³。充分循环后，混合液在处理罐内得到充分的分离。

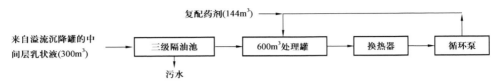

图7.1 溢流沉降罐中间过渡层原油现场破乳脱水工艺流程

7.1.5.2 新疆油田采油五厂沉降罐过渡带原油处理

新疆油田采油五厂百重七稠油处理站[40]自2016年3月21日沉降罐开始出现过渡带，并持续增厚，到2016年3月27日过渡带增厚到40～60cm，过渡带呈深褐色乳状泥砂絮体，大量黑色粉尘状微细小颗粒悬浮其中并严重影响脱水效果。针对沉降罐过渡带问题，慎娜娜等弄清了沉降罐过渡带增厚的主要原因是油性变化，研究发现，对含水率42.5%的沉降罐过渡带原油，在温度80℃，加药浓度维持在300mg/L以上，96h中上层含水率可以达到1%以内。并提出了应对措施：（1）改变破乳剂加药方式，在维持现场总加药浓度不变的条件下，实施分段加药；（2）过渡带油样实行单独处理。将沉降罐过渡带油样全部集中到单独的一个罐中进行长时间静置沉降处理，罐温保持在85℃以上。

7.1.5.3 胜利油田孤东采油厂、胜利采油厂沉降罐过渡带原油处理

（1）孤东采油厂东一联合站沉降罐过渡带原油处理。

东一联合站原油沉降罐过渡带形成和增多、增厚的主要原因是聚合物驱期间，净化油罐的底水（也称回掺油）回掺到一次沉降罐内。沉降罐中的中间层的形成也会导致电脱水器绝缘部件表面短路和放电、电场频繁跳闸、脱后净化油含水超标等，对生产造成严重影响。

孤东采油厂的董培林、王勇等[41-42]对此开展了实验研究，结果表明，增大药剂量、提高温度、延长沉降时间均不能使油水完全分离。针对过渡带原油的性质，研制了复配破乳剂，在60℃、单级沉降6h时，原油含水率（28.3%）小于30%，满足了污水进入电脱水器含水率不大于30%的要求，保障了电脱水器的正常运行，并且污水含油量由原来的5000mg/L降低至1550mg/L，减少后续污水处理的工作量。

（2）胜利采油厂坨五站沉降罐过渡带原油处理。

胜利采油厂坨五站日处理来液量约1.9×10⁴m³，自稠油进站处理后，坨五站外输油含水变化大，二级沉降罐出现中间乳化层过快增长的问题。在低温季节，中间乳化层每月增厚1～1.5m（250～375m³），不得不定期将高含水中间层乳状液随净化油打入坨二站（秋冬季节使用电脱水器）一级罐重复处理，否则外输油含水严重偏高，造成能源浪费。

胜利采油厂的张守献等[43]据现场调查和破乳剂适应性测试结果，确认坨五站二级沉降罐内乳化中间层增长过快的主要原因如下：① 原油稠，胶质、沥青质含量高，油性变

化大；② 加药位置不合理；③ 二级沉降罐内部结构不合理；④ 破乳剂 WD-1 对坨五站混合油适应性差。相应的解决方法如下：

① 更改加药位置。将破乳剂加入点由三号分离器前移到稠油队来油管线上，破乳剂与原油乳状液混合后再进入油水分离器。

② 改造二级沉降罐。将进油口位置降低到中间层以下（进油口高 0.7～1m，出油口高 4m，出水口高 0.4m），使中间层不断受到来液的搅动和上浮油的冲击，以减缓中间层的增长速度。

③ 提高加药量或更换药剂。将现用破乳剂 WD-1 加量提高 20% 可提高脱水速度，最终脱水率提高近 10%；改用性能更好的破乳剂 1916，在相同加药量下对含水较低的坨五站混合油的脱水速度可提高 20%～60%，最终脱水率可提高近 15%。

坨五站采取了以上各项改进措施（包括改换破乳剂）后，二级沉降罐内中间乳化层的增长受到了遏制，不再外输中间层乳状液。

7.1.5.4　大港油田滨海站沉降罐过渡带原油处理

大港油田勘察设计研究院的周玉贺等[44]针对滨海站沉降罐中间过渡层的组成，研究出能将油中含水降至 10% 以内的复合药剂。现场试验发现：未做热化学处理时，4000r/min 离心才能使油中含水降到 0.5%、机械杂质含量降到 0.185%，而热化学处理后 3000r/min 离心就能使油中含水降到 0.25%、机械杂质含量降到 0.048%，而且 2000r/min 离心的效果明显好于未做热化学处理时的 3000r/min 离心的效果。因此，处理好油水中间过渡层，除研制好的药剂外，必须辅以一定的工艺及设备，同时也说明，通过热化学方法结合必要的工艺设备解决过渡带脱水问题是可行的。

7.1.5.5　吉林油田扶余采油厂联合站沉降罐过渡带原油处理

随着吉林油田扶余采油厂热采、调剖等采油工艺技术的应用，采出液性质发生变化，导致联合站脱水系统的沉降罐内形成油水中间过渡层并不断加厚。这部分中间过渡层原油的破乳脱水极为困难。

杨忠平、王宪中等[45]研究了扶余采油厂联合站过渡带原油的组成及形成原因，发现不溶固体杂质、胶体 FeS 颗粒的大量存在是过渡带原油生成的主要原因。研究发现常规破乳剂处理老化油的脱水效果不明显，处理后油中含水率均大于 20%。研究得到了可有效处理过渡层原油的硝酸—硝酸钾氧化破乳工艺技术。采用硝酸—硝酸钾氧化破乳方法处理过渡带原油，在最佳加量 3%、最佳反应温度 65℃、沉降 48h 的处理条件下，净化油含水率可降至 3% 以下，达到含水率 5% 的出厂要求。

7.1.5.6　大庆油田沉降罐过渡带原油处理

大庆油田采油六厂喇 360 污水站设计能力 $4 \times 10^4 m^3/d$，实际处理量 $3.3 \times 10^4 m^3/d$。污水沉降罐油累计厚度已达 5m，占据了污水沉降空间，造成罐内油水界面模糊，沉降出水发黑，悬浮固体含量严重超标，直接影响回注水水质。在收油过程中联合站电脱水器频繁垮电场，严重影响外输原油的脱水。

刘福斌[46]研究了油水过渡层的组分及形成原因，在聚喇360污水站实施了抑制油水过渡层形成的措施：在沉降罐进水中投加杀菌剂压缩沉降罐油水过渡带；在沉降罐上游的三相分离器和游离水脱除器进液中投加油水分离剂，降低沉降罐进水含油量；在污水处理站回收沉降罐上部污油期间增加脱水站游离水脱除器进液中的油水分离剂剂量，并在电脱水器进液中临时投加可抑制电脱水器内油水过渡带的二段破乳剂。通过对污水沉降罐内油水过渡带的治理，沉降罐内油水过渡带厚度由 3m 变为 1m；过渡带中硫化物含量由 59.6% 降至 3.54%，硫酸盐还原菌由 10000 个 /mL 降到 100 个 /mL，沉降罐出水含油量低于 100mg/L。

苑丹丹、黄云辉等[47]应用二氧化氯氧化破乳法对大庆油田某采油厂的沉降罐油水过渡带进行破乳研究。实验结果表明，二氧化氯破坏了油水过渡带内部由天然乳化剂、固体颗粒乳化剂和聚合物共同构成的刚性乳化结构，使油水过渡带中的水和固体杂质含量大幅降低，达到了油水过渡带破乳脱水及净化原油的目的。3.5‰的 ClO_2 溶液，与油水过渡带样品以体积比 1∶3 混合，加入体积分数为 0.5% 的 H_2SO_4，机械搅拌 5min，配制成均匀的乳状液体系，置于 55℃水浴中，反应 4h，脱水率达到 82.5%。水相腐蚀速率最大为 0.151mm/a，属于均匀腐蚀三级标准中可接受的范围。

综上所述，国内各油田沉降罐过渡带原油的处理情况主要如下。

（1）各油田沉降罐过渡带原油形成原因各异，组成成分各不相同，但都难以破乳脱水；治理的目的都是要防止或减少过渡带的产生，破坏已形成的过渡带原油稳定的油水界面膜，使油、水、渣等高效分离，保持生产系统稳定运行。

（2）虽然各油田治理过渡带原油方式各异，但基本都是开发针对性的新型药剂，并结合一定的工艺及设备，才能获得预期的效果。其中新型药剂既有破乳剂，也有含有破乳剂、盐、酸、分散剂、渗透剂、氧化剂等的复合药剂、杀菌剂等；必须辅助的工艺及设备可以通过工艺改造、优化，或者新建专门工艺系统实现，包括热循环、离心及专门的沉降装置等。

（3）过渡带处理方法的选择原则是既要达到理想的处理效果，又不影响原设备的正常运行。因此，过渡带原油一般是将过渡带排出并导入独立的工艺流程进行破乳处理，这样不仅可以保证原设备的正常运行，保证外输油品质量和回注水水质，而且可以降低生产成本。

（4）在开发或使用新型药剂时，要考虑生产使用的安全性问题，还要考虑加药方式与加药位置的问题，更要考虑药剂对油藏及生态环境的影响，虽然有些酸（如 H_2SO_4）、强氧化剂（如 ClO_2）处理过渡带原油有很好的效果，但是存在腐蚀、环保等问题。因此，开发无二次污染、通用性实用性强、破乳过程各参数易于控制的破乳剂或复合破乳剂仍是主要方向。

7.2　不同沉降罐过渡带原油组分分析及预处理

过渡带原油的化学处理关键在于根据过渡带原油成因、组成研发新型药剂，因此，首先对取回的过渡带原油开展组分分析，了解其水相、油相和固相的含量，并探究预处理技术，为后续开发高效破乳脱水的新药剂及处理工艺奠定基础。

7.2.1　现场取样

实验油样分两次取回，第一次为 2020 年 7 月 17 日，为了尽可能取到代表性油水样，于 2020 年 7 月 17 日凌晨 4∶00 P2 联三相分离器前端停加破乳剂。取得 SJ 站过渡带油水混合液，P2 联沉降罐溢流（过渡带原油）1 桶；第二次取样为 2021 年 4 月 25 日取 P2 联过渡带原油两桶；SJ 站水样 1 桶，P2 联七八区分离器出口水各 1 桶；P2 联、SJ 站在用破乳剂。

7.2.2　过渡带原油水相分析

7.2.2.1　P2 联过渡带原油水相离子成分分析

按照 SY/T 5523—2016《油气田水分析方法》，采用 ICS2100 离子色谱仪对取回的 P2 联七区、八区分离器出口（水）混合水样、SJ 站水样进行了分析，结果见表 7.1。

表 7.1　现场水样离子成分

指标	Na^+K^+/（mg/L）	Ca^{2+}/（mg/L）	Mg^{2+}/（mg/L）	SO_4^{2-}/（mg/L）	Cl^-/（mg/L）	CO_3^{2-}/（mg/L）	HCO_3^-/（mg/L）	NH_4^+/（mg/L）	可溶性SiO_2/（mg/L）	矿化度/（mg/L）	pH 值	水型
P2 联	15533.8	1708.6	364.0	6.0	27355.8	0	356.4	160.92	33.23	45046.83	7.2	$CaCl_2$
SJ 站	12182.6	1625.8	221	7.7	22167.0	3.4	643.2	158.86	47.15	36897.85	6.9	$CaCl_2$

从表 7.1 中数据可知，P2 联、SJ 站采出水矿化度高，含钙、镁及硅等，水样显中性，均为氯化钙型。

7.2.2.2　过渡带原油水相中硫化物分析

硫化物尤其是 FeS 类的胶体状硫化物是油水过渡带稳定的主要原因之一，因此，检测采出水中硫化物具有重要的意义。本实验用 UV－2450 分光光度计测定水相中的硫离子含量，用比色法测定水相中亚铁离子含量，结果见表 7.2。

由表 7.2 检测结果可知，P2 联、SJ 站原油水样中都含有 S^{2-} 及总铁，但是其含量相对较低，其原因可能是部分 S^{2-} 与 Fe^{2+} 生成了 FeS 胶体颗粒包裹于过渡带油相中，导致水样中含量低。

表 7.2　采出水中硫化物及总铁检测结果

水样来源	硫离子 /（μg/L）	总铁 /（mg/L）
P2 联过渡带原油分离水	133	2.5
SJ 站过渡带原油分离水	476	7.5

7.2.2.3　过渡带原油水相过滤物主要组分分析

将 P2 联、SJ 站水样直接过滤，滤渣用石油醚洗涤后，进行烘干并研磨成粉末，得到无机质组分，具体如图 7.3 所示。然后采用 PANalytical X 射线衍射仪将粉末进行 XRD 分析，实验条件为：滤波 Ni，Cu-Kα，高压强度 40kV，管流 40mA，以 2θ 角 4° /min 扫描 2.5°～40°，万特探测器，结合 XRD 分析结果得到过渡带水相残渣中无机质主要组分见表 7.3。

表 7.3　LP 油田过渡带水相中残渣无机质成分

样品名称	无机质主要成分	备注
P2 联过渡带原油水相残渣	$CaCO_3$、FeS、SiO_2、Al_2O_3、Na_2SO_4	没有比照出来的其他组分，可能是丰度低，也可能是不存在
SJ 站过渡带原油水相残渣	$CaCO_3$、CaO、SiO_2、Al_2O_3	没有比照出来的其他组分，可能是丰度低，也可能是不存在

由表 7.3 可知，P2 联、SJ 站过渡带原油水相残渣中都含有 $CaCO_3$、SiO_2、Al_2O_3 等，这些组分主要来自地层，这些颗粒物也可能被包裹于过渡带油相中或者过渡带油水界面上，导致界面稳定，脱水困难。P2 联水相残渣中的 FeS 可能是结垢或 SRB 腐蚀产物，其水相残渣中含有 FeS，可以推测其油相可能含有 FeS，因此正好说明了表 7.2 水相中 S^{2-}、总铁较低的原因，水相中如果有 FeS，以 FeS 为主的微粒既然能沉积在水相残渣中，也能包裹在油滴中，在油滴表层形成一层稳定的界面膜，使得小颗粒状态下的油滴脱水困难，形成稳定的油水界面膜。

SJ 站过渡带原油水相残渣中没有检出 FeS，有可能是其在水相残渣中的丰度低，未被检出并不能说明水相中没有，也不能肯定油相中没有。

7.2.3　过渡带原油油相分析

原油组成中的胶质、沥青质及以 FeS 为主的细小微粒及其他机械杂质颗粒等会通过分子间作用力吸附在油水界面膜上，形成高强度的空间网状结构，促进乳状液的形成和稳定性的增强，是形成过渡带乳状液的主要组分。这些物质在原油中含量越高，乳状液的稳定性就越好。为了弄清油水过渡带的组成，便于"对症下药"，对沉降罐中油水过渡带的油相随机取样进行分析，测定含水率及族组成。

7.2.3.1 过渡带原油油相含水分析

根据 GB/T 8929—2006《原油水含量的测定》，对产出液含水率进行测定。具体测定方法如下：首先分离游离水，再采用蒸馏法测定原油中的含水率。测定结果见表 7.4。

表 7.4 不同原油含水率测定结果

油样	取样质量 /g	净出水体积 /mL	含水率 /%
SJ 站过渡带原油乳状液	50.86	0	0
P2 联过渡带原油乳状液	50.46	12.5	23.78
P2 联过渡带原油乳状液（新取）	50.01	4.75	9.5

从表 7.4 中可以看出，SJ 站过渡带原油乳状液、P2 联过渡带原油乳状液、P2 联过渡带原油乳状液（新取）含水率分别为 0、23.78%、9.5%；而油田生产现场测定 SJ 站过渡带原油乳状液综合含水率为 5%～30%，P2 联过渡带原油乳状液综合含水率低时 20%～30%，高时 60%～70%。实验室测定结果均低于现场实际含水率，主要是由于实验室检测的是乳化水，另外也与样品放置时间较长，检测时部分乳化水已沉降变成游离水有关。

7.2.3.2 过渡带原油油相族组分及原油物性参数分析

参照 SY/T 5119—2016《岩石中可溶有机物及原油族组分分析》完成了四种原油族组成的测定，分别得到了这些油品的饱和烃、芳香烃、胶质及沥青质含量，结果见表 7.5。

表 7.5 不同原油族组分及物性指标

井号	样品类型	样品重 /mg	族组成 /%				闭合度 /%	黏度 /（mPa·s）	含蜡 /%
			饱和烃	芳香烃	胶质	沥青质			
P2 联过渡带原油乳状液	原油	34.8	54.89	26.44	8.91	1.15	91.38	1320	13.2
SJ 站过渡带原油乳状液	原油	33.9	62.54	24.19	10.91	1.18	98.82	46.5	22.1

从表 7.5 可以看出，P2 联过渡带原油乳状液的含蜡、黏度均高于 SJ 站过渡带原油；两个站的过渡带原油族组成中饱和烃含量最高，其次是芳香烃、胶质、沥青质。原油中胶质和沥青质属于天然乳化剂，可以对油水过渡带的形成起到辅助作用，它们的含量越高，原油密度越大，黏度越高。这是由于胶质和沥青质分子中含有可形成氢键的羟基、羧基、羰基和胺基等基团使其形成无规则的聚集体，增大了原油乳状液的稳定性。

7.2.3.3 过渡带原油油相无机质含量分析

为了弄清 P2 联、SJ 站过渡带原油中固体颗粒情况，将 P2 联、SJ 站过渡带原油分别用石油醚稀释，然后将稀释后的油样过滤、洗涤、烘干，得到不同油样中无机质含量，见表 7.6。

表 7.6 LP 油田过渡带原油无机质含量

原油	称取质量 /g	残渣质量 /g	无机质含量 /%
P2 联过渡带原油乳状液	50.32	3.1185	8.13
2021 年取 P2 联过渡带原油乳状液	50.01	2.080	4.16
SJ 站过渡带原油乳状液	50.49	0.3156	0.63

由表 7.6 可知，LP 油田取回的原油中都含有无机质，其中 P2 联过渡带老化油无机质含量高。这些无机质颗粒会被吸附至油水界面上，从而增加油水界面的强度，导致乳状液破乳变得更为困难，通过长时间积累，就形成了过渡带原油并不断增厚。

7.2.3.4 过渡带原油油相无机组分分析

为了弄清 P2 联、SJ 站过渡带原油中固体颗粒的具体组分，将 P2 联、SJ 站过渡带原油分别用石油醚稀释，然后将稀释后的油样过滤、洗涤、烘干，得到油中无机质，然后将残渣研磨成粉末，进行 EDS 和 XRD 扫描分析，采用 PANalytical X 射线衍射仪进行 XRD 分析，实验条件为：滤波 Ni，Cu-Kα，高压强度 40kV，管流 40mA，以 2θ 角 4°/min 扫描 2.5°～40°，万特探测器，结合 EDS 和 XRD 分析结果，得到油水中无机质主要组分见表 7.7。

表 7.7 LP 油田原油中无机质成分

样品名称	无机质主要成分	备注
P2 联过渡带原油乳状液	$CaCO_3$、FeS、SiO_2、CaO	还含有少量的 Ba、Al、Fe、Cl、Rh 等元素的无机物
新取 P2 联过渡带原油乳状液	FeS、SiO_2	还含有少量的 Pb、Cu、Ba、Ni、Mg、Al、Fe、Na、K、Cl 等元素的无机物
SJ 站过渡带原油乳状液	$CaCO_3$、CaO、SiO_2、$Ca_2[Si_2O_5(OH)_2] \cdot H_2O$	还含有少量的 Pb、Cu、Ba、Ni、Mg、Al、Fe、Na、K、Cl 等元素的无机物

从表 7.7 可知，LP 油田取回的原油所含无机质组分各不相同，但大多数为 $CaCO_3$、SiO_2、CaO 等，这些组分主要来自地层。其中 P2 联油相无机质中含有 FeS，SJ 站油相中未测出，但也不能排除其含有 FeS，可能是含量低。FeS 可能是结垢、化学或 SRB 腐蚀产物。

在微观状态下，以 FeS 为主的微粒会包裹油滴，在油滴表层形成一层稳定的界面膜，使得小颗粒状态下的油滴脱水困难，最终使得小颗粒油滴呈稳定的水包油状。在宏观状态下，沉降罐中原油在重力的作用下会出现分离不完全的油水分离现象。在原油上层主要成分为油，下层主要为水。此时细小的 FeS 颗粒沉积，富集在原油的油水过渡带中，形成油水界面膜，使得上部油层分离出的水难以汇入下部水层，促进过渡带形成。

7.2.4　P2 联过渡带原油预处理技术研究

"7.2.3" 分析测试结果表明，P2 联过渡带原油中存在 FeS、胶质、沥青质、化学药剂、无机盐、细砂和黏土矿物等杂质。这些杂质堆积在油水界面上，形成紧密排列的刚性界面膜，导致过渡带原油破乳非常困难。如无机质、黏土等与沥青质发生协同效应，增加乳状液的稳定性；蜡和矿物粒子能使 W/O 型乳状液更稳定。因此，本实验采用硝酸、柠檬酸、醋酸等试剂，对 P2 联过渡带原油开展预处理实验研究。

7.2.4.1　过渡带原油中无机质组分的去除实验

（1）硝酸预处理无机质后破乳脱水实验。

取 500mL P2 联过渡带原油乳状液（新取），加热至 45℃后，加入占原油体积 2% 的硝酸（18.4mol/L），搅拌均匀，静置至无气泡产生，加入 500mL 去离子水，75℃恒温静置沉降 1h 后，油水分离，然后用 500mL 去离子水将油清洗两次，恒温沉降后，取上层原油（此时原油含水记为 0%）配制为含水 40% 的原油乳状液，搅拌 15min，加入破乳剂，振荡 200 下后，75℃恒温脱水，结果见表 7.8。

表 7.8　2% 硝酸预处理后破乳脱水率

破乳剂加量	不同时间脱水率 /%							
	5min	30min	1h	2h	3h	4h	5h	6h
空白	—	—	—	—	—	—	—	—
空白 +500mg/L TFS−75	—	—	—	—	—	—	—	—
40% 空白	62.50	81.25	87.50	87.50	90.63	90.63	90.625	90.63
40% 空白 +100mg/L TFS−75	60.98	73.17	76.22	79.27	79.27	79.27	82.32	82.32
40% 空白 +500mg/L TFS−75	66.67	66.67	75.00	77.78	80.56	80.56	80.56	83.33
40% 空白 +1000mg/L TFS−75	80.00	82.50	82.50	85.00	85.00	85.00	85.00	85.00

注：空白指预处理后，未加入矿化水，直接破乳；40% 空白指加入 16mL 矿化水，配制成 40% 含水的原油乳状液，再破乳。

由表 7.8 可以看出，硝酸预处理后，加入 TFS−75 破乳剂 1000mg/L 时，即可使脱水率达到 85%，且出水清，无挂壁现象，油水界面整齐，脱出水相底部无沉渣。尽管硝酸预处理无机质后，破乳剂 TFS−75 对过渡带原油有很好的效果，但是存在生产使用的安全、腐蚀及环保等问题。

（2）柠檬酸预处理无机质后破乳脱水实验。

取 200mL P2 联过渡带原油乳状液（新油），加热至 45℃后，加入占原油体积 3% 的柠檬酸（1mol/L），搅拌均匀，静置至无气泡产生，加入 200mL 去离子水，75℃恒温静置沉降 1h 后，油水分离，然后将油用等体积去离子水清洗两次，恒温沉降后，取上层原油配制为含水 40% 的原油乳状液，搅拌 15min，加入破乳剂，振荡 200 下后，75℃恒温脱水，结果见表 7.9。

表 7.9　3% 柠檬酸预处理无机质后脱水率

破乳剂加量	不同时间脱水率 /%							
	5min	30min	1h	2h	3h	4h	5h	6h
空白	—	—	—	—	—	—	—	—
40% 空白	12.5	12.5	12.5	12.5	12.5	12.5	12.5	12.5
40% 空白 +100mg/L TFS-75	12.2	18.29	18.29	18.29	24.39	30.49	30.49	36.58
40% 空白 +500mg/L TFS-75	0	50	66.67	77.78	83.33	83.33	88.89	88.89
40% 空白 +1000mg/L TFS-75	5	10	15	15	15	15	15	15

注：空白指预处理后，未加入矿化水，直接破乳；40% 空白指加入 16mL 矿化水，配制成 40% 含水的原油乳状液，再破乳。

由表 7.9 可以看出，柠檬酸预处理无机质后，加入 TFS-75 破乳剂 500mg/L 时，即可使脱水率达到 88.89%，且出水呈黄绿色，无挂壁现象，油水界面整齐，这可能是因为柠檬酸（$H_3C_6H_5O_7$，三元酸，酸性强于 H_2S）对 FeS 等固体颗粒溶解的 Fe^{2+} 形成的。加入 TFS-75 破乳剂 1000mg/L 时，脱水率反而急剧下降，其可能原因是部分多余破乳剂的乳化作用引起的。

（3）乙酸预处理无机质后破乳脱水实验。

取 200mL P2 联过渡带原油乳状液（新取），加热至 45℃后，加入占原油体积 3% 的乙酸（6mol/L），搅拌均匀，静置至无气泡产生，加入 200mL 去离子水，75℃恒温静置沉降 1h 后，油水分离，然后将油用等体积去离子水清洗两次，恒温沉降后，取上层原油配制为含水 40% 的原油乳状液，搅拌 15min，加入破乳剂，振荡 200 下后，75℃恒温脱水，结果见表 7.10。

表 7.10　2% 乙酸预处理无机质后破乳脱水率

破乳剂加量	不同时间脱水率 /%							
	5min	30min	1h	2h	3h	4h	5h	6h
空白	—	—	—	—	—	—	—	—
40% 空白	—	—	—	—	—	—	—	—
40% 空白 +100mg/L TFS-75	—	—	—	—	—	—	—	—
40% 空白 +500mg/L TFS-75	—	—	—	—	—	—	—	—
40% 空白 +1000mg/L TFS-75	—	—	—	—	—	—	—	—

注：空白指预处理后，未加入矿化水，直接破乳；40% 空白指加入 16mL 矿化水，配制成 40% 含水的原油乳状液，再破乳。

由表 7.10 可以看出，乙酸预处理无机质后，加入不同量 TFS-75 破乳剂后，破乳效果依然没有较好的改善，因此，用乙酸预处理的方法是不可行的。

综上所述，过渡带原油中无机质用硝酸、柠檬酸预处理后，再添加 100～1000mg/L、500mg/L 破乳剂 TFS-75，脱水率均远大于 80%，但是存在生产使用的安全、腐蚀及环保等问题，因此不是最佳方案。

7.2.4.2　过渡带原油中 FeS 的去除实验

"7.2.3"分析测试结果表明，P2 联过渡带原油中存在 FeS、胶质、沥青质、化学药剂、无机盐、细砂和黏土矿物等杂质。这些杂质堆积在油水界面上，形成紧密排列的刚性界面膜，导致过渡带原油破乳非常困难。其中 FeS 危害最大。

（1）中国石油安全环保技术研究院的杨忠平研究发现，含 FeS 类的胶体微粒越多，界面膜就越厚；（2）大庆油田的吴迪研究发现，过渡带油样中 FeS 甚至会导致破乳剂失效；（3）如果过渡带油水界面膜中 FeS 含量较高，膜的电导率很高，当这层膜达到一定的厚度时，若随油排出进入电脱水器，易出现垮电、联合站电脱水异常等现象，使得原油含水超标。

因此，要有效处理过渡带原油，必须去除或减少过渡带中的 FeS。目前常用解决此问题的化学法主要有两种，一种是筛选可以破坏 FeS 颗粒在油水界面上形成的刚性界面膜的破乳剂，但药剂研发难度大，适用范围窄；另一种是采用硫化物去除剂溶解 FeS 后破乳脱水，常用的硫化物去除剂包括硝酸—硝酸钾盐、盐酸、过氧化氢、高锰酸钾等强酸和强氧化性物质及甲醛、戊二醛、柠檬酸等弱酸性、弱氧化性物质。但强酸和强氧化性物质实际应用中存在毒性、腐蚀性等，操作危险性高，如处理 FeS 沉积物的最常用方法是用强酸溶解，但强酸对 FeS 的溶解会腐蚀管道，而且还会产生剧毒的 H_2S 气体。因此，依据前期研究成果，筛选出甲醛、戊二醛、柠檬酸、THPS（四羟甲基硫酸磷）四种 FeS 溶解剂对 FeS 进行溶解实验。

（1）FeS 脱除剂筛选实验。

① 静态溶解。

测试方法为：在 50mL 比色管中加入 1000mg/L 的 THPS、甲醛、戊二醛、柠檬酸，定容至 50mL，之后再加入一定量的 FeS（分析纯）固体颗粒，在 25℃ 静态水浴溶解，期间间隔一定时间记录溶液状态及其他性质，最后再对底部固体物质进行过滤、洗涤、干燥、称重，溶解效果如图 7.2 所示。

由图 7.2 可知，THPS 的溶解效果相对较好，尤其是 $THPS+NH_4Cl$ 溶解现象最为明显，但有颜色变化。由于静态溶解量都很小，因此进行振荡水浴溶解实验。

② 振荡实验。

仍选取甲醛、戊二醛、柠檬酸、THPS 四种 FeS 溶解剂对 FeS 进行溶解实验。将 50mL 不同溶液分别加入一系列 100mL 具塞锥形瓶中，随后分别加入 0.3g FeS，水浴加热至 60℃，以 150r/min 的转速振荡 6h，然后过滤、洗涤、干燥、称量，计算溶解效率，结果见表 7.11。

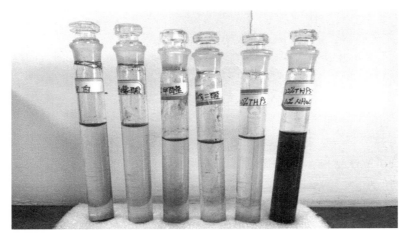

图 7.2　四种不同 FeS 溶解剂溶解效果对比（25℃、静态）
从左至右依次为：空白、柠檬酸、甲醛、戊二醛、THPS、THPS+NH₄Cl

表 7.11　脱硫剂的筛选

脱硫剂加量	溶解前 FeS/g	溶解后 FeS/g	溶解率 /%
空白	0.3	0.2634	12.20
20% 柠檬酸	0.3	0.2171	27.63
20% 甲醛	0.3	0.2956	1.47
20% 戊二醛	0.3	0.2911	2.97
20%THPS	0.3	0.1506	49.80
20%THPS+4%NH₄Cl	0.3	0.1119	62.70

由表 7.11 实验结果可知，THPS+NH₄Cl 对 FeS 的溶解效果最好，其次是 THPS，20%的 THPS 溶液对 FeS 溶解率达 49.8%，同时加入 NH₄Cl 后可以增加溶解率。但是 NH₄⁺ 存在时，THPS 与 FeS 在 NH₄⁺ 的协同作用下易形成铁锈色的金属络合物，化学式为：$[Fe(H_2O)_2\{RP[CH_2N(CH_2PR_2)CH_2]_2PR\}SO_4]\cdot 4H_2O$，其中，R 为—CH₂OH。形成的这种金属络合物比单纯的 THPS 具有更快的反应速率和更高的水溶性。但是使溶液呈铁锈色。因此，以下实验选择 THPS 作 FeS 去除剂。

（2）FeS 脱除剂优化实验。

上述实验中，THPS、THPS+NH₄Cl 试剂对 FeS 去除率较好，但是由于 NH₄⁺ 的引入，导致水相颜色呈深红色，可能会对后续污水处理有一定的影响，因此选用 THPS 作为 FeS 的去除剂，并对 THPS 的投加量进行优化实验。将 50mL 不同浓度的 THPS 分别加入一系列 100mL 具塞锥形瓶中，随后分别加入 0.3g FeS，水浴加热至 60℃，以 150r/min 的转速振荡 6h，然后过滤、洗涤、干燥、称量，计算溶解效果，结果见表 7.12。

表 7.12　THPS 不同加量对 FeS 溶解效果

THPS 加量 /%	溶解前 FeS 质量 /g	滤纸质量 /g	烘干后质量 /g	溶解率 /%
1	0.3	0.3117	0.5274	28.10
3	0.3	0.3190	0.4702	49.60
5	0.3	0.3152	0.4671	49.37
7	0.3	0.3189	0.4528	55.37
10	0.3	0.3125	0.4593	51.07
20	0.3	0.3169	0.4572	53.23

由表 7.12 可知，随 THPS 加量增加，溶解 FeS 的效率提高，在不添加 NH_4Cl 时，THPS 溶解 FeS 后呈无色溶液，THPS 之所以能溶解 FeS，是由于 THPS 能与 FeS 中的亚铁离子形成水溶性络合物，该络合物的化学组成为：$[Fe\{P(CH_2OH)_3\}_2\{P(CH_2OH)_2 H_2\}]SO_4$，反应过程中不产生 H_2S 气体。而且，THPS 是一种强的还原剂，能与碱和多种氧化剂发生反应。在没有空气或氧化剂的强酸性条件下，THPS 是稳定的。THPS 的氧化产物 THPO 会逐渐被生物降解成正磷酸盐，这使 THPS 也具有了很好的环保性。因此，在以下破乳实验中将选择 THPS 作为过渡带原油中的 FeS 去除剂，配合破乳剂进行过渡带原油脱水。

7.3　P2 联过渡带原油破乳剂评选研究

P2 联沉降罐过渡带溢流出来的油单独进入一个罐再进行加热或加药处理（P2 联老化油加热炉循环处理实际温度是 70～75℃），因此，P2 联目前过渡带原油已有专门处理工艺流程，其解决过渡带原油脱水的关键是研发破乳剂。

7.3.1　P2 联过渡带原油破乳剂初选

按 SY/T 5280—2018《原油破乳剂通用技术条件》来进行破乳剂评价。依据 SY/T 5329—2022《碎屑岩油藏注水水质指标及分析方法》测定脱出水的含油量。P2 联老化油的最大吸收波长出现在 304nm 附近，其标准曲线方程为：$A=0.00643C+0.03686$，$R^2=0.997$。

针对 P2 联过渡带原油的性质，选择合成的破乳剂 TFS-75、P2 联在用破乳剂，以及从多种商品破乳剂选取的 9 种破乳剂，根据 SY/T 5281—2018《原油破乳剂通用技术条件》进行筛选，结果见表 7.13。

由表 7.13 可知，隆华系列的破乳剂对 P2 联过渡带原油的破乳效果很差，可能原因是隆华系列破乳剂的表面活性差，不能顶替乳状液油水界面的成膜物质，润湿性渗透性不好，不能渗透到油水界面使其上的沥青质、石蜡及黏土等固体颗粒所润湿，破坏这些固体乳化稳定剂分子间的内聚力，降低或破坏界面膜强度，因此，油水不能分离，水出不来。

表 7.13　P2 联过渡带原油破乳剂初选

破乳剂	加量 /（mg/L）	不同时间脱水率 /%						水相清洁度	界面状况	挂壁程度	脱水率 /%
		1h	2h	3h	4h	5h	6h				
隆华 1001	1000	0	0	0	0	0	0	—	—	—	0
隆华 1002	1000	0	3.1	3.1	3.1	3.1	3.1	清	—	—	3.1
隆华 1003	1000	0	3.1	3.1	3.1	3.1	3.1	清	—	—	3.1
隆华 1004	1000	0	3.1	3.1	3.1	3.1	3.1	清	—	—	3.1
隆华 1005	1000	0	3.1	3.1	3.1	3.1	3.1	清	—	—	3.1
隆华 A-405	1000	0	3.1	3.1	3.1	3.1	3.1	清	—	—	3.1
SP-169	1000	0.5	12.5	18.75	18.75	18.75	18.75	清	齐	—	18.75
P2 联	1000	0	0	2.5	45	47.5	55	清	齐	—	55
TFS-75	1000	10	25	40	40	57.5	65	乳白	齐	—	65

　　但是其中的 SP-169、P2 联、TFS-75 三种破乳剂对过渡带原油有一定的脱水效果。因为 SP-169、P2 联、TFS-75 都是多嵌段结构聚合物破乳剂，一方面，此类破乳剂能优先吸附至油水界面上，置换或顶替掉原先的天然活性成膜物质，形成新的易破裂界面膜；或者是它们能与界面膜中的乳化剂反应生产络合物，使乳化剂的作用消失，在 W/O 型乳状液转型的瞬间，使水在重力作用下脱出。另一方面，这类破乳剂分子量大，可充分发挥絮凝、聚结作用，减少污水含油。因此，以下实验将对破乳剂的投加量进一步优选。

7.3.2　P2 联过渡带原油破乳剂筛选

　　根据表 7.13 破乳剂初选结果，对 SP-169、P2 联、TFS-75 种破乳剂进一步筛选，在不改变其他条件的情况下，改变破乳剂的投加量，观察三种破乳剂的破乳效果。结果如图 7.3 至图 7.5 所示。

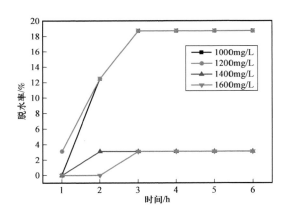

从左至右 SP169 加量依次为：空白、1000mg/L、1200mg/L、1400mg/L、1600mg/L

图 7.3　SP-169 破乳剂破乳效果图

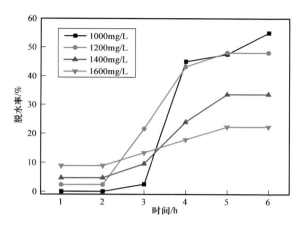

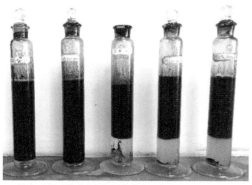

从左至右P2联破乳剂加量依次为：空白、1000mg/L、
1200mg/L、1400mg/L、1600mg/L

图 7.4　P2 联现场在用破乳剂破乳效果

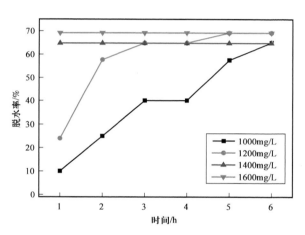

从左至右TFS-75加量依次为：空白、1000mg/L、
1200mg/L、1400mg/L、1600mg/L

图 7.5　TFS-75 破乳剂破乳效果

由图 7.3 至图 7.5 可知，三种破乳剂投加量增加至 1600mg/L，脱水率依然没有很高的提升，其中，P2 联破乳剂和 TFS-75 破乳剂表现出较好的破乳效果，P2 联破乳剂脱水率最高为 48.1%，TFS-75 最高脱水率为 69.2%，且 P2 联脱出水较为清澈，因此，考虑将两种破乳剂复配使用。

7.3.3　P2 联过渡带原油破乳剂复配

将上述筛选得到的破乳效果相对较好的破乳剂 TFS-75、P2 破乳剂按 1∶1（质量比）复配，脱水效果见表 7.14。

由表 7.14 实验结果可知，TFS-75 与 P2 联破乳剂按 1∶1 复配时，与 TFS-75 单独使用相比，并不能提升脱水效果，反而降低了脱水效果，说明二者可能存在拮抗效应。其原因可能是 TFS-75、P2 联破乳剂作用机理不同，二者混配反而不利于各自发挥其破乳作用。

表 7.14　TFS-75 与 P2 联破乳剂复配

破乳剂	加量 /（mg/L）	不同时间脱水率 /%						水相清洁度	界面状况	挂壁程度	脱水率 /%
		5min	0.5h	1h	2h	3h	4h				
TFS-75+P2（1:1）	100	0	0	0	0	0	0	—	—	—	0
	200	2.98	2.98	2.98	2.98	2.98	2.98	—	—	—	2.98
	300	2.91	2.91	2.91	2.91	2.91	2.91	—	—	—	2.91
	400	2.84	2.84	2.84	2.84	2.84	2.84	—	—	—	2.84
	1200	0	0	0	0	0	0	—	—	—	0
	1400	2.23	2.23	2.23	2.23	2.23	22.3	乳白	齐	—	22.3
	1600	66.9	66.9	66.9	66.9	66.9	66.9	乳白	齐	—	66.9

7.3.4　破乳剂与脱硫剂联合破乳脱水实验研究

7.3.4.1　破乳剂与脱硫剂联合破乳脱水效果研究

"7.2.3"研究结果表明，采出液中 FeS 胶粒是形成过渡带原油及过渡带原脱水困难的重要因素之一，含 FeS 类的胶体微粒越多，界面膜就越厚；油样中 FeS 甚至会导致破乳剂失效。因此，要有效处理过渡带原油，必须去除或减少过渡带中的 FeS。

"7.2.4"实验研究结果表明，THPS 具有很好的溶解 FeS 的效果，因此，本实验利用 THPS 及破乳剂 TFS-75 的联合作用处理 P2 联过渡带原油，室内实验方法如下：在 50mL 的具塞量筒中加入 40mL 的含水 40% 的原油乳状液，加入一定量的硫化物去除剂 THPS 振荡 10 次，随后加入 1000mg/L TFS-75 破乳剂再次振荡 100～200 次；将具塞量筒放入 73℃水浴中，每隔一定时间记录脱水量、水色，实验结果如图 7.6 所示。

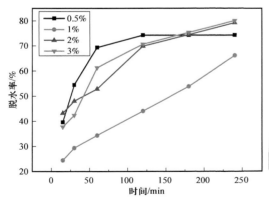

从左至右THPS加量依次为：0.5%、1%、2%、3%

图 7.6　脱硫剂 +TFS-75 复配破乳效果图

由图 7.6 实验结果可知，脱硫剂 THPS 与破乳剂 TFS-75 复配后可以提升对 P2 联老化油脱水效果，且最终脱水率随 THPS 的加量增加而增加，4h 脱水率最高可以达到 80.2%，脱出水透亮，但是显铁锈色，其原因是采出水中含有 NH_4^+，当 NH_4^+ 存在时，THPS 与 FeS 在 NH_4^+ 的协同作用下形成溶解性的铁锈色金属络合物 $[Fe(H_2O)_2\{RP(CH_2N(CH_2PR_2)CH_2)_2PR\}SO_4]\cdot4H_2O$。同时因为 FeS 的溶解去除，之前以 FeS 为主的固体颗粒吸附的油水界面膜被破坏，吸附在油水界面膜的固体颗粒开始脱落，所以在破乳阶段会有部分沉淀（沉渣）生成。目前国内六大油田在利用破乳剂处理过渡带原油时，都要辅以沉降罐或离心分离设备，以实现油、水、渣的分离。为了解沉渣的特性，对沉渣进行了分析。

为了验证有色物质的来源，分别取去离子水加 THPS+TFS-75、自来水加 THPS+TFS-75、P2 联采出水加 THPS+TFS-75，在 73℃开展溶解 FeS 实验，结果如图 7.7 所示。

图 7.7　不同水对脱硫剂 THPS+TFS-75 溶解 FeS 颜色的影响

从左至右依次为：去离子水 +FeS+THPS+TFS-75、自来水 +FeS+THPS+TFS-75、采出水 +FeS+THPS+TFS-75

由图 7.7 可知，P2 联过渡带原油脱水的颜色确实是脱硫剂 THPS 与采出水中的 NH_4^+ 及 FeS 生成的络合物的颜色，颜色并不是破乳剂 TFS-75 引起的。因为由表 7.1 可知，P2 联采出水中 NH_4^+ 含量为 160.92mg/L。

7.3.4.2　破乳过程中产生的沉渣主要特性分析

（1）沉渣含水测定。

向过渡带原油（体积含水率 40%）中加入 TFS-75（1000mg/L）+3%THPS，在 73℃水浴下破乳脱水 240min，收集其水相底部沉渣、过滤、洗涤、称重，然后干燥，再称重，平行实验 4 次，记录并计算沉渣含水率，结果见表 7.15。

表 7.15 沉渣含水测定

样品	湿重 /g	干重 /g	含水率 /%
1	6.6764	3.9662	40.59
2	6.4273	3.6625	43.01
3	7.3277	2.9735	59.4
4	6.2644	3.6296	42.06
平均值			46.27

由表 7.15 数据可知，脱硫剂 THPS 与破乳剂 TFS-75 复配处理过渡带原油，原油脱稳分离成油、水、渣三部分，其中沉渣含水率平均为 46.27%。表 7.18 在计算脱水量时，并没有把沉渣中的水计算进去，具体如图 7.7 所示，因此，如果把分离的沉渣中的水算入脱出水总量中，那么实际脱水率肯定大于 80.2%。

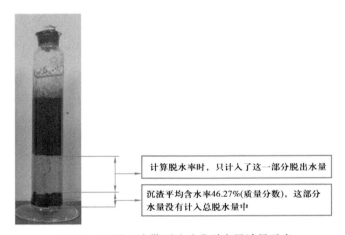

图 7.8 P2 联过渡带原油破乳脱水量计量示意

（2）沉渣无机质含量测定。

TFS-75（1000mg/L）分别与 0.5%、1%、2%、3%THPS 配合，在 73℃处理过渡带原油（含水率 40%），分别收集 240min 破乳脱水后水相底部沉渣、过滤、洗涤、烘干，得到无机质含量，结果见表 7.16。

表 7.16 沉渣有机质含量测定

样品	湿重 /g	干重 /g	洗涤后 /g	无机质含量 /%	有机质含量 /%
1	11.16	5.9966	3.4516	30.93	22.80
2	6.2235	3.4089	1.7384	27.93	26.84
3	6.4125	3.5044	2.1089	32.89	21.71
平均值				30.58	23.78

（3）沉渣主要无机组分 XRD 分析。

向过渡带原油（体积含水率 40%）中分别加入 0.5%、1%、2%、3%THPS 和 1000mg/L TFS-75，在 73℃水浴下破乳脱水 240min，收集其水相底部沉渣、过滤、洗涤、烘干，得到无机质组分。然后将沉渣研磨成粉末，采用 PANalytical X 射线衍射仪进行 XRD 分析，实验条件为：滤波 Ni，Cu-Kα，高压强度 40kV，管流 40mA，以 2θ 角 4°/min 扫描 2.5°～40°。不同 THPS 加量时破乳得到水相底部残渣 XRD 分析结果与标准卡对比，其中以与 FeS 标准卡比对为优先，结果见表 7.17。

表 7.17　不同添加量脱硫剂与 TFS-75 处理过渡带原油残渣主要组分变化

样品名称	无机质主要成分变化	备注
P2 联沉降罐过渡带老化油	FeS、$CaCO_3$、SiO_2、CaO	
P2 联沉降罐过渡带老化油添加 0.5%THPS+TFS-75 破乳后沉渣	FeS、$CaCO_3$、SiO_2、CaO	
P2 联沉降罐过渡带老化油添加 1% THPS+TFS-75 破乳后沉渣	FeS、$CaCO_3$、SiO_2、CaO	沉渣中 FeS 没有被完全溶解，进入水相，但 FeS 特征峰已经有所减弱
P2 联沉降罐过渡带老化油添加 2% THPS+TFS-75 破乳后沉渣	$CaCO_3$、SiO_2、CaO	沉渣中 FeS 被完全溶解，进入水相，FeS 特征峰已消失
P2 联沉降罐过渡带老化油添加 3% THPS+TFS-75 破乳后沉渣	$CaSO_4$、SiO_2、CaO	沉渣中 FeS 被完全溶解，进入水相，FeS 特征峰已消失

由表 7.17 可知，通过对不同加量（0.5%～3%）的 THPS 协同 TFS-75（1000mg/L）处理 P2 联过渡带油样后的沉渣 XRD 图谱比对标准卡（以与 FeS 标准卡比对优先）分析，当 THPS 加量不小于 2% 时，沉渣中 XRD 图谱已经无法比对出 FeS，说明沉渣中 FeS 基本被溶解进入了水相，同时其他无机组分沉降下来，此时，破乳剂 TFS-75 就能有效对 P2 联老化油进行脱水。这也与前面脱水实验相符合。为保证过渡带原油中 FeS 尽可能被去除，保证脱水效果，因此，确定脱硫剂加量选择 3% 为宜。

7.3.5　不同因素对破乳剂与脱硫剂联合脱水效果影响研究

化学破乳脱水效果的好坏除与破乳剂选择得是否合适有关外，还受一些因素的影响，为评价过渡带原油破乳脱水配方（脱硫剂 THPS 加 TFS-75）处理过渡带原油的适应性，开展下列影响因素研究。

7.3.5.1　破乳剂用量对脱水效果的影响

本实验确定脱硫剂 THPS 加量为 3%，探究破乳剂 TFS-75 加量对脱水效果的影响。实验方法：在 50mL 的具塞量筒中加入 40mL 的含水 40% 的原油乳状液，加入 3% 的硫化物去除剂 THPS 振荡 10 次，随后加入 200～1000mg/L 的 TFS-75 破乳剂再次振荡

100～200 次；将具塞量筒放入 73℃水浴中，每隔一定时间记录脱水量，水色，实验结果如图 7.9 所示。

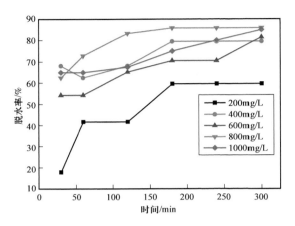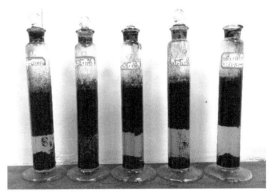

从左至右TFS-75加量依次为：200mg/L，400mg/L，600mg/L，800mg/L，1000mg/L

图 7.9　不同投加量破乳剂脱水效果图

由图 7.9 脱水效果可知，当 THPS 加量为 3% 时，破乳剂 TFS-75 的投加量对破乳效果的影响比较大，投加量为 200mg/L 时，脱水率仅 59.52%，投加量为 400mg/L 时，虽然脱水率有所增加，但出现严重的挂壁现象；投加量为 600mg/L 时，脱水率可达 81.52%；投加量为 800mg/L 时，脱水效果达 85.94%，如果计算水相底部沉渣含水，则实际脱水率应该大于 85.94%，能够满足脱水率大于 80% 的要求。

由图 7.9 可知，脱出水透亮但是显铁锈色，其原因是脱硫剂 THPS 与原油中的 FeS 及采出水中 NH_4^+（由于破乳剂 TFS-75 在水解后形成 NH_4^+）的协同作用下形成的溶解性铁锈色金属络合物溶于水引起的。依据 SY/T 5329—2022《碎屑岩油藏注水水质指标及分析方法》，用 UV-2450 分光光度计在 304nm 处进行测量，并按公式 $A=0.00643C+0.03686$（$R^2=0.997$）换算，脱出水中油含量为 14.3mg/L，达到了脱出水相清洁度 II 级，即脱出水含油小于 500mg/L（SY/T 5280—2018《原油破乳剂通用技术条件》）。因此，建议对 P2 联过渡带原油采用 3%THPS+800mg/L TFS-75 联合破乳脱水工艺。

7.3.5.2　温度对脱水效果的影响

在不改变其他条件情况下，对不同温度破乳情况进行实验。在 50mL 的具塞量筒中加入 40mL 的老化油样（含水量为 40% 的原油乳状液），加入 3% 的硫化物去除剂 THPS 振荡 10 次，随后加入 800mg/L 的 TFS-75 破乳剂再次振荡 100～200 次；分别在不同温度下（45～75℃）水浴中，每隔一定时间记录脱水情况，结果如图 7.10 所示。

由图 7.10 脱水效果可知，脱硫剂 THPS 投加量 3%、破乳剂 TFS-75 的投加量 800mg/L 时，温度对脱水率的影响不太明显，但是最终脱水率最高的为 55～60℃，这可能是当温度过高油水分离较快，脱硫剂 THPS 不能与 FeS 更完全地反应，而出现脱水率略低甚至挂壁现象。因此，建议对 SJ 站过渡带原油采用破乳剂脱水的温度控制在 55～60℃。

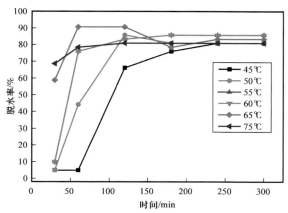
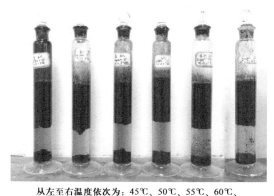

从左至右温度依次为：45℃、50℃、55℃、60℃、65℃、75℃

图 7.10　温度对 TFS-75+ 脱硫剂破乳效果的影响

7.3.5.3　老化油含水对脱水效果的影响

本实验仅研究含水率对破乳效果的影响。在 50mL 具塞量筒内加入待用的原油乳状液 40mL，放入比脱水温度低 5℃的恒温水浴中，预热至脱水温度取出。用移液管加入为原油乳状液体积 3% 的脱硫剂，人工振荡 20 次，随后用移液管加入破乳剂，人工振荡 200 次，排气，再置于 60℃恒温水浴中，升温至脱水温度，计时。在 1～5h 时观察油水界面，记录脱水量，实验结果如图 7.11 所示。

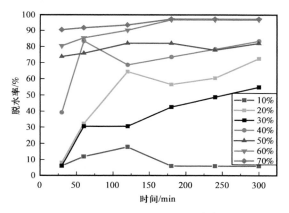
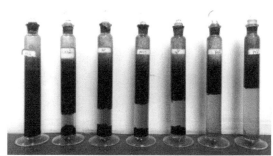

从左至右含水依次为：10%、20%、30%、40%、50%、60%、70%

图 7.11　含水量对 TFS-75+ 脱硫剂破乳效果的影响

由图 7.11 可知，原油乳状液的含水不同，对 TFS-75+ 脱硫剂破乳效果影响较为明显，原油乳状液中含水越少，脱水效果越差，而且脱水速度越慢；含水越高，脱水率越高，当含水 70% 时，脱水率达 97.22%，而且脱出水颜色较浅，没有沉渣形成。

7.3.5.4　pH 值对脱水效果的影响

在 50mL 具塞量筒内加入待用的原油乳状液 40mL，放入比脱水温度低 5℃的恒温水浴中，预热至脱水温度，取出。用移液管加入为原油乳状液体积 3% 的脱硫剂，人工振荡 20 次，随后用移液管加入破乳剂，人工振荡 200 次，排气，再置于（60℃）恒温水浴中，升温至脱水温度，计时，观察油水界面，记录脱水量，实验结果如图 7.12 所示。

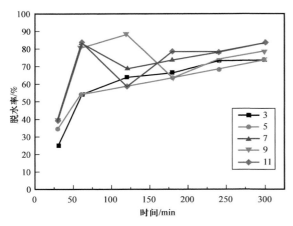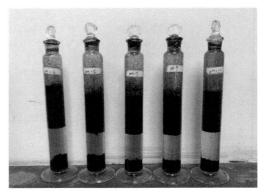

从左至右 pH 值依次为：3、5、7、9、11

图 7.12　水相 pH 值对 TFS-75+ 脱硫剂破乳效果的影响

由图 7.12 可知，水相 pH 值对 TFS-75+ 脱硫剂的破乳效果有一定影响，其中 pH=7 时破乳效果可达到 80% 以上，对比破乳速率可知，水相 pH 值为 7 时，脱水速率更快，也说明 TFS-75+ 脱硫剂有很好的抗干扰能力；在碱性条件下脱出水颜色较浅，这可能是在碱性条件下，抑制了脱硫剂 THPS、FeS 与 NH_4^+ 的反应，因此产生的红色络合物较少。

7.3.5.5　复配比例对 P2 脱水效果的影响

为了尽可能方便现场加药，因此，本实验研究了直接将脱硫剂 THPS 与破乳剂 TFS-75 混合后加药的破乳效果，复配方法：先将 TFS-75 用甲醇配制成 20g/L 的溶液，将 THPS 用去离子水配制成 80% 的水溶液，然后按不同比例复配后开展破乳实验，温度 60℃，不同复配药剂的破乳效果见表 7.18。

表 7.18　THPS 与 TFS-75 复配实验

脱硫剂：破乳剂	破乳剂加量 /（mg/L）	不同时间脱水量 /mL						水相清洁度	界面状况	挂壁程度	脱水率 /%
		1h	2h	3h	4h	5h	6h				
1：1	500	11.11	16.67	16.67	16.67	16.67	16.67	橙	齐	不挂	16.3
	600	10.87	27.17	27.17	27.17	27.17	27.17	橙	齐	不挂	20.8
	800	26.04	26.04	31.25	36.46	46.88	46.88	橙	齐	不挂	45
	1000	30.00	25.00	40.00	50.00	60.00	65.00	橙	齐	不挂	62.5
3：4	800	62.50	57.29	57.29	62.50	62.50	67.71	橙	齐	不挂	67.7
	1000	45.00	45.00	50.00	55.00	60.00	65.00	橙	齐	不挂	65

脱硫剂：破乳剂	破乳剂加量/（mg/L）	不同时间脱水量/mL						水相清洁度	界面状况	挂壁程度	脱水率/%
		1h	2h	3h	4h	5h	6h				
3：4	1200	38.46	48.08	48.08	57.69	57.69	62.50	橙	齐	不挂	62.5
	1400	46.30	46.30	55.56	60.19	64.81	74.07	橙	齐	不挂	74.1
1：2	1000	0.00	10.00	65.00	70.00	75.00	75.00	橙	齐	不挂	75.0
	1300	0.00	28.85	62.50	67.31	72.12	72.12	橙	齐	不挂	72.1
	1600	0.00	27.78	60.19	62.50	69.44	69.44	橙	齐	不挂	69.4
	1800	0.00	40.18	66.96	66.96	66.96	66.96	橙	齐	不挂	67.0

由表 7.18 实验结果可知，在实验复配比例、加量范围内情况下，脱硫剂 THPS 与破乳剂 TFS-75 复配 6h 最高破乳脱水率只有 75%，脱水效果远低于分开添加（先加 THPS、再加 TFS-75）的 5h 脱水率 83%，这是因为 P2 联油相中 FeS 含量高，需要预先与 THPS 反应去除一部分或全部生成络合物，否则影响 TFS-75 的作用效果；也可能是 THPS 作为一种水溶性试剂在水中溶解性强，而 TFS-75 为油溶性破乳剂，当二者直接混合成一种处理剂时，可能会形成乳液状态，乳液状态下脱硫剂与 FeS 的接触可能会受到阻碍，同时破乳的亲油亲水基团无法有效排列在油水界面达到破乳效果。因此，建议先加入脱硫剂 THPS 对老化油进行处理，再加入破乳剂进行破乳脱水。

7.3.6　破乳剂与脱硫剂联合脱出水含油量测定

由表 7.18 数据可知，尽管脱硫剂 THPS 与破乳剂 TFS-75 复配 6h 最高破乳脱水率只有 75%，脱水效果远低于分开添加（先加 THPS，再加 TFS-75）的 5h 脱水率 83%，但脱出水依然是铁锈色，为了弄清脱出水含油量，依据 SY/T 5329—2022《碎屑岩油藏注水水质指标及分析方法》，测定代表性的加药（1000mg/L）破乳脱出水的含油量。实验方法：取一定量的脱出水，用盐酸酸化至 pH 值小于 2 后，再用四分之一体积的萃取液萃取，萃取样品如图 7.13 所示，用 UV-2450 分光光度计在 304nm 处进行测量，并按公式 $A=0.00643C+0.03686$（$R^2=0.997$）换算样品含油，结果见表 7.19。

图 7.13　THPS 与 TFS-75 联合处理过渡带原油脱出水代表样及萃取样

表 7.19　THPS 与 TFS-75 复配实验

样品序号	处理剂添加量	水中含油量 /（mg/L）
1	THPS+TFS-75（1000mg/L+3%）	12.13
2	THPS+TFS-75（1:1 混合后加入）1000mg/L	38.80
3	THPS+TFS-75（3:4 混合后加入）1000mg/L	44.29
4	THPS+TFS-75（1:2 混合后加入）1000mg/L	46.92

由图 7.13 及表 7.19 所示，脱出水虽然颜色较深，透光性好，其萃取液为无色，脱出水含油量基本在 200mg/L 以下，达到了脱出水相清洁度 Ⅱ 级标准级，即脱出水含油量小于 500mg/L（SY/T 5280—2018《原油破乳剂通用技术条件》）。也进一步说明脱出水的颜色与含油无关，主要是 THPS 与 FeS 及采出水中的 NH_4^+ 反应产生的络合物所致。

7.4　SJ 站过渡带原油破乳剂评选研究

7.4.1　SJ 站过渡带原油破乳剂筛选

由于"脱硫剂 THPS 与破乳剂 TFS-75 分开加药的联合破乳脱水工艺"是基于 P2 联过渡带原油破乳实验研究得到的，基于破乳剂的针对性强，选择性强的特征，结合 SJ 站老化油含固量相对较少（0.63%）、未检出 FeS（表 7.9）的特点，因此先不使用脱硫剂，开展了专门针对 SJ 站沉降罐过渡带原油破乳剂的筛选实验。实验方法：在 50mL 的具塞量筒中加入 40mL 含水量为 40% 的老化油样，之后加入一定量不同破乳剂振荡 100～200 次；将具塞量筒放入 73℃ 水浴中，每隔一定时间记录脱水情况，结果如图 7.14 所示。

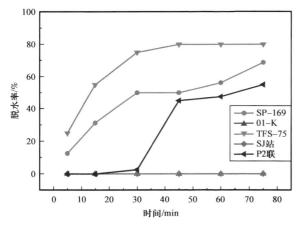

从左至右破乳剂依次为：SP169、01-K、TFS-75、SJ站、P2联

图 7.14　SJ 站老化油破乳剂初选效果图

由图 7.14 可知，在五种破乳剂中，破乳剂 SP-169 和 TFS-75 两种破乳剂对 SJ 站过渡带老化油有较好的脱水破乳效果，分别可以达到 93.75%、87.5%，但是存在脱出水较浑的问题。

7.4.2 SJ 站过渡带原油破乳影响因素研究

7.4.2.1 破乳剂用量对脱水效果的影响

针对上述得到的破乳效果较好的破乳剂 SP-169 和 TFS-75，开展破乳剂加量对破乳效果的影响实验研究，以得到符合 SJ 站过渡带老化油脱水要求的破乳剂。实验方法：在 50mL 的具塞量筒中加入 40mL 的含水量为 40% 的老化油样，之后加入一定量不同破乳剂振荡 100~200 次；将具塞量筒放入 73℃ 水浴中，每隔一定时间记录脱水量，水色，结果如图 7.15、图 7.16 所示。

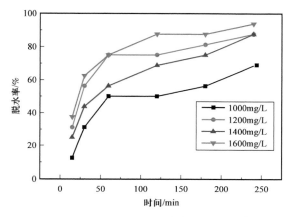
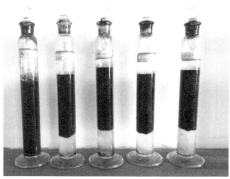

从左至右加量依次为：0mg/L、1000mg/L、1200mg/L、1400mg/L、1600mg/L

图 7.15 不同加量 SP-169 破乳效果

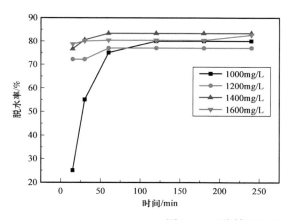

从左至右加量依次为：0mg/L、1000mg/L、1200mg/L、1400mg/L、1600mg/L

图 7.16 不同加量 TFS-75 破乳效果图

由图 7.15、图 7.16 可知，破乳剂 SP169 在投加量为 1200mg/L 时，脱水率可达 87.5%，且脱出水清澈、界面齐、无挂壁、水相底部无沉渣；TFS-75 在投加量为 1400mg/L 时，脱水率也可达 80% 以上，而且脱水速度快、界面齐、无挂壁、水相底部无沉渣；但是脱出水较浑。综合对比得出 SP-169 破乳剂对 SJ 站的破乳脱水效果更具优势。因此，建议对 SJ 站过渡带原油采用破乳剂 SP169 脱水的加量为 1200mg/L。

7.4.2.2　温度对脱水效果的影响

通过上述实验确定了脱破乳剂 SP169 的投加量为 1200mg/L 后，为探究破乳温度对破乳效果的影响，在不改变其他条件情况下，对不同温度破乳情况进行实验，实验结果如图 7.17 所示。

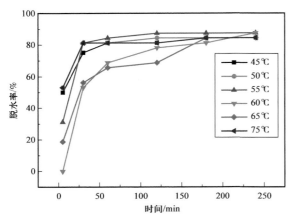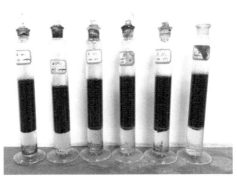

从左至右温度依次为：45℃、50℃、55℃、60℃、65℃、75℃

图 7.17　不同温度下 SP-169 对 SJ 站破乳效果

由图 7.17 实验结果可知，破乳效果随温度变化不大，在 45℃下就可达 84.4%，在温度为 55～60℃时破乳效果最好，脱水率可达 87.5%。因此，建议对 SJ 站过渡带原油采用破乳剂 SP-169 脱水的温度控制在 55～60℃。

7.4.2.3　老化油含水对脱水效果的影响

本实验研究了含水率对破乳效果的影响。先取油样于容器中，然后再向其中加入一定量的采出水，配成含水量不同的原油乳状液，搅拌约 15min，置于比脱水温度低 5～10℃的恒温水浴缸内待用。在 50mL 具塞量筒内加入待用的原油乳状液 40mL，放入比脱水温度低 5℃的恒温水浴中，预热至脱水温度，取出。用移液管加入破乳剂，人工振荡 200次，排气，再置于 60℃恒温水浴中，升温至脱水温度，计时，观察油水界面，记录脱水量，实验结果如图 7.18 所示。

由图 7.18 实验结果可知，原油乳状液的含水不同，对 SP-169 的破乳效果影响较为明显，原油乳状液中含水越少脱水效果越差，而且脱水速度越慢，含水越高，脱水率越高，当含水为 70% 时，脱水率可达 95%。

7.4.2.4　pH 值对脱水效果的影响

调节采出水的 pH 值并与原油进行乳化制成乳状液，然后 60℃时投加 1200mg/L SP-169，其他条件不变，考察水相 pH 值对 SP-169 对 SJ 站老化油破乳效果的影响，结果如

图 7.19 所示。

由图 7.19 可知，水相 pH 对 SP-169 的破乳效果影响不大，在五种 pH 值下，破乳效果均可达到 80% 以上，对比破乳速率可知，水相 pH 值为 7 时，脱水速率更快，也说明 SP-169 有很好的抗干扰能力。

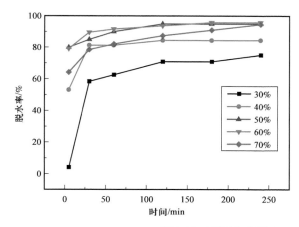

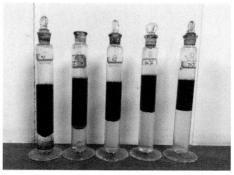

从左至右含水依次为：30%、40%、50%、60%、70%

图 7.18　不同含水时 SP169 对 SJ 站破乳效果

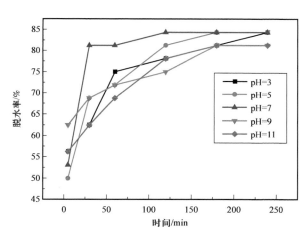

从左至右 pH 值依次为：3、5、7、9、11

图 7.19　不同水相 pH 值时 SP-169 对 SJ 站破乳效果

7.4.2.5　添加脱硫剂对破乳脱水效果的影响

尽管 SJ 站过渡带原油中无机质 XRD 未检出 FeS 组分（表 7.9），但并不排除 FeS 的存在。因此，本实验利用 THPS 及破乳剂联合作用处理 SJ 站过渡带原油，考察能否降低破乳剂的加量。实验方法如下：在 50mL 的具塞量筒中加入 40mL 的含水量为 40% 的原油乳状液，之后加入一定量的硫化物去除剂 THPS 振荡 10～20 次，随后加入不同量破乳剂再振荡 100～200 次；将具塞量筒放入 73℃水浴中，每隔一定时间记录脱水情况，结果如图 7.20、图 7.21 所示。

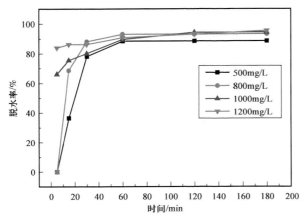

从左至右加量依次为：500mg/L、800mg/L、
1000mg/L、1200mg/L

图 7.20　3% 脱硫剂 + 不同量 TFS-75 脱水效果

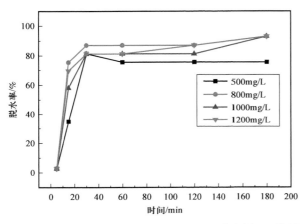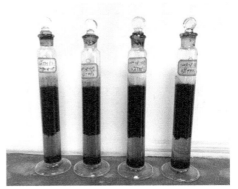

从左至右加量依次为：500mg/L、800mg/L、
1000mg/L、1200mg/L

图 7.21　3% 脱硫剂 + 不同量 SP-169 脱水效果

由图 7.20、图 7.21 实验结果可知，将破乳剂 SP-169、TFS-75 和脱硫剂 THPS 联合使用可大幅度提升破乳剂的脱水率，而且可以有效降低破乳剂的使用量。其中 TFS-75 与 3%THPS 联合使用，破乳剂投加量在 500mg/L 时脱水率就可达到 88.54%，但是会有轻微挂壁现象；SP-169 与 3% 脱硫剂 THPS 共同使用情况下，投加量在 800mg/L 时，脱水率可达 93.02%，脱水速率也很快。因为 SJ 站过渡带原油无机质含量低（0.63%），分离的沉渣少。因此，可以选择脱硫剂 THPS 与破乳剂 SP169 或 TFS-75 联合破乳，既可大大降低老化油破乳难度，又可以提高油品质量。

7.5　破乳剂配方放大实验效果验证

上述实验结果表明，脱硫剂 THPS 与破乳剂 TFS-75 联合用于 P2 联、SJ 站过渡带原油脱水都有很好的效果，能满足生产现场脱水要求，为了确保配方能安全用于生产，放大不同原油样量来验证THPS与TFS-75配方的应用效果，取P2联过渡带原油为代表，乳化机转速为7000r/min，搅拌8min，50℃配制含水40%的原油乳状液，分别取200mL、500mL、800mL、1000mL原油乳状液进行破乳，观察脱水效果是否达标。破乳温度为65℃，先分别添加3%THPS，振荡一定次数后，再添加破乳剂TFS-75，投加量为800mg/L，脱水效果如图7.22所示，脱水率见表7.20。

图7.22 放大实验破乳脱水效果

表7.20 放大试验脱水率

破乳药剂加量	过渡带原油体积/mL	破乳时长/h	脱水率/%
800mg/L TFS-75+3% THPS	200	6	88.23
	500	6	87.06
	800	6	84.07
	1000	6	89.21

7.5.1 脱水率

由图7.22及表7.20可见，3% THPS+800mg/L TFS-75配方联合放大破乳实验仍然具有较好的脱水效果，脱水率都能达到80%以上，最好的脱水率可达89.21%，说明该配方具有很好的破乳脱水性能，能满足LP油田生产需求。

7.5.2 脱出水萃取后样品

分别取上述一定量的脱出水，用盐酸酸化后，再用同等体积的萃取液萃取两至三次，萃取样品如图7.23所示，用UV-2450分光光度计在304nm处进行测量，并按公式$A=0.00643C+0.03686$（$R^2=0.997$）换算样品含油。结果见表7.21。

由图7.23及表7.21可知，脱出水颜色较深，透光性好，其萃取液无色，脱出水含油量基本在40mg/L以下，达到了脱出水相清洁度Ⅱ级标准级，即脱出水含油量小于500mg/L。也进一步说明脱出水的颜色与含油无关，主要是THPS与FeS及采出水中的NH_4^+反应产生的络合物所致。

图 7.23 脱出水萃取前后对比图

表 7.21 脱出水含油测定结果

样品	过渡带原油体积 /mL	吸光度	含油量 /（mg/L）
1	200	0.0835	7.2815
2	500	0.0655	8.9375
3	800	0.0385	0.5
4	1000	0.15	35.34

7.5.3 沉渣含水

收集上述四种放大实验破乳脱水的水相底部沉渣，过滤、洗涤、称重，然后干燥，再称重，记录并计算沉渣含水率，结果见表 7.22。

表 7.22 放大实验沉渣含水率

样品	放大体积 /mL	含水量 /g	含水率 /%
1	200	3.6567	50
2	500	15.7501	61
3	800	8.1817	30.2
4	1000	3.6803	19.07

由表 7.22 可知，放大实验中破乳产生的沉渣含水量最高可达 61%，但是随着放大倍数的增加，沉渣中的含水率逐渐下降。

7.5.4 沉渣中无机质含量

收集上述四种放大实验破乳脱水的水相底部沉渣，过滤、洗涤、称重，然后干燥至恒重，记录并计算沉渣中无机质含量，结果见表 7.23。

表7.23　放大实验沉渣无机质含量

样品	放大体积/mL	含固量/g	含固率/%
1	200	1.764	28.21
2	500	5.331	20.65
3	800	10.861	41.2
4	1000	10.297	53.36

由表7.23可知，放大实验中破乳产生的沉渣含固量最低为20.65%，但是随着放大倍数的增加，沉渣中的含固量逐渐上升，这一方面与沉渣中的含水率下降有关，另一方面是因为放大倍数较大，油中的固体更多，更容易形成沉渣。

7.6　P2联沉降罐过渡带老化原油成因及预防措施

7.6.1　沉降罐过渡带原油的形成机理分析

7.6.1.1　沉降罐过渡带原油主要组分

实验分析测试结果表明：P2联、SJ站过渡带原油组成主要包括油包水和水包油乳化颗粒、沉渣、泥砂等机械杂质。沉渣含水、沥青质、胶质、蜡、无机盐及金属氧化物、金属元素等。

（1）P2联、SJ站过渡带原油水相中含有硫离子及总铁；因此，两个站的过渡带原油水相中均含有形态不同的FeS胶粒，如立方硫化亚铁（FeS）、陨硫铁（FeS）、磁黄铁矿[$Fe_{(1-x)}S$]和黄铁矿（FeS_2）等成分。

（2）过渡带原油水相过滤物XRD分析表明，P2联过渡带水相残渣含有$CaCO_3$、FeS、SiO_2、Al_2O_3、Na_2SO_4等无机盐；SJ站过渡带水相残渣含有$CaCO_3$、CaO、SiO_2、Al_2O_3等无机盐，但并不能排除其不含形成过渡带主要物质FeS。而FeS胶粒在油水界面上滞留导致界面膜稳定性增加，甚至导致破乳剂配方逐渐失效，因此，水相中的FeS是油水过渡带形成的主要因素之一。

（3）过渡带油相分析结果表明，两个站的油相都是胶质含量高于沥青质；胶质和沥青质属于天然乳化剂，可增大油水界面膜稳定性，使脱水困难，长时间积累可能会逐渐形成油水过渡带。

（4）P2联、SJ站过渡带油相中都含有无机质，其中P2联、SJ站过渡带油相无机质含量分别为8.13%、0.63%，这些无机质颗粒会被吸附在油水界面上，从而增加油水界面的强度，导致乳状液的破乳变得更加困难，通过长时间积累，就形成了过渡带原油并不断增厚。

（5）经XRD、EDS分析可知，P2联过渡带油相中无机质主要成分为$CaCO_3$、FeS、

SiO_2、$CaSO_4$，同时含有少量的 Ba、Al、Fe、Cl、Rh 等无机元素；SJ 站过渡带油相中无机质主要成分为 $CaCO_3$、CaO、$CaSO_4$、SiO_2、$Ca_2[Si_2O_5(OH)_2] \cdot H_2O$，同时也还含有少量的 Pb、Cu、Ba、Ni、Mg、Al、Fe、Na、K、Cl 等无机元素。但并不排除 SJ 站含有 FeS。这部分 FeS 胶粒包裹聚集在界面膜上，使界面膜弹性、黏性、强度、导电性均增加，导致脱水困难形成油水过渡层。

P2 联老化油含有较高的胶质（8.91%）和部分沥青质（1.15%），也含有较高的无机质（8.13%），特别是含有 FeS 胶粒，并分布于水相、油相及残渣中。这些无机、有机组分的共同作用增大了乳状液稳定性；同时使油水界面膜强度增加、膜增厚，导致油水过渡带原油乳状液非常稳定，破乳困难。

7.6.1.2　过渡带原油主要组分来源分析

（1）FeS 的来源。

FeS 主要来自油气田生产过程中硫酸盐还原菌 SRB（一类能在缺氧或无氧的条件下把硫酸盐、亚硫酸盐、硫代硫酸盐还原成 H_2S 细菌的总称）大量繁殖所产生的 H_2S 腐蚀所生成。在油气田的油井、水井及生产系统的管道、储罐中，在缺氧或无氧的条件下生长繁殖，腐蚀金属，生成游离 Fe^{2+}、H_2S，也生成 FeS。此外，在油田酸化作业过程中，酸与地层岩石中的硫化物、含 Fe 矿物反应，也会产生 H_2S、Fe^{2+} 并随采出液一起进入地面系统。因此，FeS 生成途径是多样的，主要如下：

$$S^{2-} + Fe^{2+} \longrightarrow FeS$$

$$Fe + H_2S \longrightarrow FeS + H_2$$

$$Fe_2O_3 + 3H_2S \longrightarrow 2FeS + 3H_2O + S$$

$$2Fe(OH)_3 + 3H_2S \longrightarrow 2FeS + 6H_2O + S$$

$$Fe_3O_4 + 4H_2S \longrightarrow 3FeS + 4H_2O + S$$

（2）$CaCO_3$、SiO_2 等其他无机质的来源。

$CaCO_3$、$CaSO_4$、SiO_2 等其他无机质主要来自油井地层岩石矿物、黏土；Pb、Cu、Ba、Ni、Mg、Al、Fe、Na、K、Cl 等无机元素也来自油井地层。它们或随采出液一起被采出，或随各种作业返排残液一起进入生产集输系统。这些化合物、无机元素及 SiO_2、黏土等及细小颗粒物质包裹于油水界面膜上或包裹于油滴中，使界面膜厚度增加，稳定性增加，脱水困难。

7.6.1.3　沉降罐过渡带原油主要形成原因

（1）油田化学剂的影响。

P2 联在稳产增产过程中使用了大量的化学剂，如井筒维护剂（脱硫剂、水质缓蚀剂、无固相压井液）、措施入井液（酸化解堵液、聚合物驱采出液、乳液压裂液、携砂液），也有部分增产作业返排残液进入生产系统，这些化学剂及返排残液（热洗返出液、高压充填挂滤返排液、乳液压裂返排液、复合纤维固砂剂防砂返排液）都对 P2 联破乳剂脱水产生不利影响，使之不能正常脱水。而且 P2 联现在用破乳剂不能对抗这些采油助剂的干扰，不能正常破乳脱水，未完全破乳的油水乳状液在溢流沉降罐内油、水相之间逐渐积累而形成中间过渡层，且影响越大，过渡带原油厚度增加越快。

（2）破乳剂的影响。

由于 P2 联现在用破乳剂不能对抗采油化学剂、作业返排残液的干扰，不能正常脱水，在未弄清原因的情况下，如果不是更换破乳剂，仅采取提高在用破乳剂加量的措施，则不仅不能起到破乳作用，反而会成为油水乳化剂，在原油中形成顽固的乳化颗粒，随着时间的增加，逐渐增多，从而形成中间过渡层，并随运行时间增加，破乳剂与原油中重组分，如胶质、沥青质等物质结合，界面张力增大，截留后续原油中沉降的无机物，导致油水中间过渡层稳定性增强、厚度增加。

（3）FeS 胶体及机杂的影响。

分析测试结果表明，P2 联过渡带原油水相中含有硫离子及总铁，且经 XRD、EDS 分析，其水相过滤残渣、油相无机质中都含有 FeS；P2 联过渡带油相中含有 8.13% 无机质，其主要成分除了 FeS，还含有 $CaCO_3$、SiO_2、$CaSO_4$ 等无机盐，同时含有少量的 Ba、Al、Fe、Cl、Rh 等无机元素；FeS 胶粒包裹聚集在油水界面膜上，使界面膜弹性、黏性、强度、导电性均增加，导致脱水困难形成油水过渡带。此外，无机质颗粒也会被吸附在油水界面上，从而增加油水界面的强度、厚度，导致乳状液的破乳变得更加困难，通过长时间积累，就形成了过渡带原油并不断增厚。

（4）细菌的影响。

P2 联过渡带原油水相中含有硫离子及总铁，其水相过滤残渣、油相无机质中都含有 FeS，而在油气田，FeS 主要由油气田生产过程中硫酸盐还原菌 SRB 所产生的 H_2S 腐蚀所生成。若杀菌不当，细菌就会在生产系统中滋生，细菌呈絮状或团状，吸附在乳化颗粒、机械杂质等细小物质，进入脱水处理系统后，与其他絮状物一起浮于油水层之间，而且随着时间的延续而增多。胶态 FeS 颗粒沉积在油水界面上形成排列紧密的刚性界面膜，阻止水珠间的聚并，起到稳定乳化液的作用，也可形成稳定的油包水型中间层，并不断加厚。

综上所述，P2 联老化油本身含有胶质（8.91%）、沥青质（1.15%），也含有较高的无机质（机械杂质、FeS），加之受油田化学剂、破乳剂等的影响，它们的共同作用增大了乳状液稳定性，同时使油水界面膜强度增加、膜增厚，导致油水过渡带原油的形成。但也不排除 P2 联老化油回收、沉降罐结构不合理的影响。

7.6.2 预防 P2 联沉降罐形成中间过渡层措施

（1）及时检测分析，查清原因。在发现油水处理系统中存在中间过渡层后，应及时分析其成分、及早查清形成的原因，以便采取有效措施加以处理，同时预防中间过渡层的继续产生和增多。

（2）有效抑制细菌的影响。在注水时加入杀菌剂，有效地抑制 SRB 和 TGB 的生长，或在脱水站加入杀菌剂，从根本上消除细菌腐蚀产生 FeS，有效地抑制 FeS 对原油的影响。

（3）注意化学药剂的使用。在油田生产中使用各种化学药剂时，要注意药剂之间和药剂与原油之间的配伍性，选择配伍性好的化学药剂，避免中间过渡层的形成。

（4）加强采油助剂及作业返排残液管控与处理。由于采油助剂及作业返排残液的影响，原油采出液的脱水和污水处理难度增大，要通过采用新工艺、新技术，针对性破乳剂加强处理，避免在系统中产生中间过渡层。

（5）及时收油，避免老化。在油水处理工艺的生产操作过程中，要及时回收系统各环节中存在的污油，如污油罐、沉降罐、除油罐和反冲洗回收水池等所含的污油，避免污油在系统中停留时间过长而产生老化。回收的落地油或老化油，为避免对系统产生影响，可进行单独处理。

7.7 沉降罐过渡带原油预处理及破乳脱水措施

7.7.1 沉降罐过渡带原油预处理措施

（1）加入过渡带原油 2%（体积分数）的硝酸预处理后，加入 TFS-75 破乳剂 1000mg/L 时，即可使脱水率达到 85%，且出水清，无挂壁现象，油水界面整齐，脱出水相底部无沉渣。尽管硝酸预处理无机质后，破乳剂 TFS-75 对过渡带原油有很好的效果，但是存在生产使用的安全、腐蚀及环保等问题。加入过渡带原油 2%（体积分数）的柠檬酸预处理无机质后，加入 TFS-75 破乳剂 500mg/L 时，即可使脱水率达到 88.89%，且出水呈黄绿色，无挂壁现象。但是存在生产使用的安全、腐蚀及环保等问题，因此，不是最佳方案。

（2）建议对 P2 联过渡带油相中 FeS 去除采用 THPS 作溶解剂，在 60℃、150r/min 下振荡 6h，溶解率达到 53.23%。

7.7.2 沉降罐过渡带原油破乳脱水措施

7.7.2.1 P2 联沉降罐过渡带原油破乳措施

（1）破乳条件。

73℃时，过渡带原油（含水 40%）加入 3% 的硫化物去除剂 THPS 振荡 10 次，再加入 800mg/L 的 TFS-75 破乳剂再次振荡 100~200 次，3h 脱水率达 85.94%；在温度为 55~60℃时破乳，3h 脱水率可达 85.8%。如果计算水相底部沉渣含水，则实际脱水率都应该大于 85%，能够满足脱水率大于 80% 的要求，考虑节能，建议对 P2 联过渡带原油采用硫化物去除剂 THPS+ 破乳剂 TFS-75 脱水的温度控制在 55~60℃。

（2）破乳工艺。

P2 联目前过渡带原油已有专门处理工艺流程，即 P2 联沉降罐过渡带溢流出来的油单独进一个罐再进行加热或加药处理（P2 联老化油加热炉循环处理实际温度为 70～75℃）。因此，建议 P2 联过渡带原油脱水工艺流程如图 7.24 所示。

图 7.24　P2 联目前过渡带原油处理工艺流程

7.7.2.2　SJ 站沉降罐过渡带原油破乳措施

（1）破乳条件。

① 73℃时，分别取 SJ 站过渡带原油（含水 40%）加入 3% 的硫化物去除剂 THPS 振荡 10 次，分别再加入 500mg/L 的破乳剂 SP-169、加入 500mg/L 的破乳剂 TFS-75 再次振荡 100～200 次，3h 脱水率达 85.94%；在温度为 55～60℃时破乳，3h 脱水率可达 85.8%。破乳剂 SP-169、TFS-75 和脱硫剂 THPS 联合使用可大幅度提升破乳剂的脱水率，而且可以有效降低破乳剂的使用量。其中 TFS-75 与 3%THPS 联合使用，破乳剂投加量在 500mg/L 时脱水率就可达到 88.54%、93.02%。

② 只加破乳剂 SP1-69 脱水：55～60℃，破乳剂 SP-169 加量为 1200mg/L，在 45℃、4h 脱水率就可达 84.4%，在温度为 55～60℃时破乳效果最好，4h 脱水率可达 87.5%。

（2）破乳工艺。

建议 SJ 站过渡带原油脱水工艺流程如图 7.25 所示。

图 7.25　SJ 站过渡带原油处理工艺流程

第 8 章　北方 EL 油田原油乳状液低温破乳研究与应用

原油乳状液温度升高时，分子运动加剧、原油黏度降低、油水密度差增大，使化学破乳后的液滴更易沉降分离，能使乳状液稳定性降低，有利于原油脱水；但加热需要消耗燃料，还使原油蒸气压增高，增加集输过程中的原油蒸发损耗，因此在原油脱水过程中，应尽可能对乳状液少加热或不加热。常用的热化学破乳温度一般为 60～80℃，而低温化学破乳脱水温度一般高于原油凝点 10℃，通常为 40～55℃，显然能大幅度降低含水原油加热时的能耗。低温性能好的破乳剂在低温下同样具有脱水率较高、油水界面整齐、脱出水清澈、使用量较少等特点。

河南油田第二采油厂的白长琦等[48]针对河南油田稠油开发产出液处理过程中由于稠油黏度大、胶质含量高等而导致的脱水困难问题，发现提高脱水温度可以满足破乳脱水的要求，但会造成大量的热能损失，并给生产系统带来巨大的运行负荷，影响系统安全运行。为此，他们通过合成 / 优化 / 复配得到两种脱水效果好的新型低温破乳剂，应用于井楼稠油联合站，不仅提高了脱水率，而且脱水温度从原来的 65～75℃降为 55～65℃，大幅度降低了原油脱水温度，既有明显的节能效果，又提高了系统稳定性，起到了节能降耗、降低生产成本的作用。

由此可见，依据油田现场实际情况，开展低温破乳的研究及应用是可行的，既可节约能源，又能保证设备的处理效率和系统稳定性，并能取得显著的经济效益与社会效益，特别是面临新的节能形势及"双碳"目标要求，开展低温破乳研究与应用具有广阔的应用前景。

8.1　EL 油田基本概况

EL 油田是某油田公司的主要油田之一，共建成联合站 7 座、接转站 11 座、计配站 97 座，EL 油田集输流程如图 8.1 所示，但由于现场采出液温度低，约为 40℃，目前的破乳剂无法满足低温脱水工艺的要求，需加热炉将总机关来的原油加热，方能进"三合一"分离器脱水，因此，能耗较大，只有取消加热炉，采用低温破乳剂，原油从汇管→总机

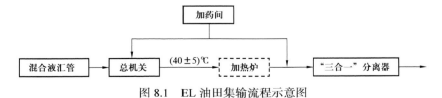

图 8.1　EL 油田集输流程示意图

关，加药后直接进"三合一"分离器分离油气水，才能达到节能降耗、简化优化工艺装置的目的。这就必须结合各区块的原油物性特点，研究新型的低温破乳剂。

8.2　研究任务目标

8.2.1　研究任务

研究出适合 EL 油田的低温破乳剂品种，并确定加药浓度、加药温度、加药地点等，便于现场实施。研究任务主要包括：（1）适合 EL 油田原油的低温破乳剂合成与复配，其中包括有机硅低温破乳剂的室内合成及复配优化；（2）低温破乳剂的室内筛选研究，包括用从现场取回的采出液对合成筛选的低温破乳剂进行初步评价；（3）将初步筛选的药剂送到现场进行评价；（4）根据现场初步评价结果，室内改进低温破乳剂的性质，研究提高脱水效果的途径，包括用从现场取回的各区块的采出液，对改进的低温破乳剂进行室内脱水效果研究，确定其加药浓度、复配条件等；（5）将室内优选的破乳剂品种复配好，送到现场在 39～40℃下进行现场应用全面评价。

8.2.2　EL 油田低温破乳剂要求达到的技术指标

取消地面处理站的加热炉后，采出液温度约 40℃，需采用低温破乳剂破乳，以节约能源，降低生产成本，要求达到的技术指标如下：（1）脱水温度小于 40℃（根据现场原油物性和使用条件确定）；（2）破乳剂用量为 30～50mg/L；（3）外输原油含水率不大于 0.5%；（4）污水含油不大于 500mg/L；（5）60min 绝对脱水率不小于 93%；油水界面清晰稳定。

8.3　现有商品破乳剂的低温破乳筛选实验

首先开展了从现有商品破乳剂中筛选低温破乳剂的实验工作。

8.3.1　各区块原油和采出水的物性成分分析

现场取样各区块原油，其物性参数见表 8.1，采出水基本指标见表 8.2。

表 8.1　EL 原油物性参数分析结果（2004 年 5 月 21—23 日）

取样地点	相对密度（20℃）	黏度（50℃）/（mPa·s）	初馏点/℃	凝点/℃	沥青质/%	含蜡量/%	胶质/%	含硫量/%
M 一联混合液	0.8877	59	102	28	3.77	32.33	28.12	0.22
B 一联混合液	0.8824	58.36	100	23	4.73	27.34	27.46	0.24
H 一联混合液	0.8691	26.37	96	29	0.85	34.36	23.24	0.15
A–55 混合液	0.8841	66.27	114	32	1.64	33.14	29.0	0.14

取样地点	相对密度（20℃）	黏度（50℃）/（mPa·s）	初馏点/℃	凝点/℃	沥青质/%	含蜡量/%	胶质/%	含硫量/%
J—联混合液	0.8618	20.4	108	27	1.04	34.52	18.23	0.14
AB混合液	0.874	26.8	93	23	2.84	32.62	27.16	0.15

表8.2　采出水水质分析参数（2004年5月21—23日）

取样地点	Na⁺+K⁺/（mg/L）	Ca²⁺/（mg/L）	Mg²⁺/（mg/L）	Cl⁻/（mg/L）	SO₄²⁻/（mg/L）	HCO₃⁻/（mg/L）	CO₃²⁻/（mg/L）	总矿化度/（mg/L）	水型
M—联混合液	625.79	14.8	2.19	469	16.3	889.1		2017	$NaHCO_3$
B—联混合液	1442.6	8	5.35	454.8	34.6	2460	291.6	4697	$NaHCO_3$
H—联混合液	716.83	9.2	1.46	483.5	1.9	1008	46.8	2267	$NaHCO_3$
A—55	783.5	3.2	6.56	163.4	13.4	1824		2794	$NaHCO_3$
J—联混合液	1197.3	5.2	3.89	389.6	13.4	2194	163.2	3966	$NaHCO_3$
AB混合液	637.28	14	5.35	418.7	21.1	824.4	93	2014	NaHCO3

表头上方参数列：Na⁺+K⁺、Ca²⁺、Mg²⁺、Cl⁻、SO₄²⁻、HCO₃⁻、CO₃²⁻。

从表 8.1 中可以看出，EL 油田原油虽然凝点不高，在 23～32℃，但胶质、蜡含量较高，二者之和为 55%，常规破乳剂难以在低温下破乳，给破乳剂的研究提出了更高的要求。从表 8.2 可以看出，EL 油田采出水型均为 $NaHCO_3$，总矿化度不高。

8.3.2　所选商品破乳剂室内低温筛选评价

共收集破乳剂样品 16 个，用现场取回的 6 个区块的油样进行初筛实验，得到有一定效果的药剂共 10 个，其中油溶性和水溶性品种各 5 个。B—38、AR—36、TA—21 属于酚醛胺树脂与环氧丙烷、环氧乙烷嵌段共聚类聚醚型破乳剂；PE—2040、AP—134、970617、AE1910、AP221、M8021 属于多乙烯多胺与环氧丙烷、环氧乙烷嵌段共聚类聚醚型破乳剂；SP—169 属于脂肪醇聚氧乙烯聚氧丙烯醚破乳剂，具体见表 8.3。室内通过对现场取回 6 个区块的采出液破乳脱水研究，在实验过程中对部分破乳剂进行了复配，参照 SY/T 5281—2018《原油破乳剂通用技术条件》和 SY/T 5797—1993《水包油乳状液破乳剂使用性能评定方法》进行破乳剂性能研究，结果见表 8.4 至表 8.9。

表8.3　破乳剂品种一览表

序号	破乳剂名称		序号	破乳剂名称	
	油溶性品种	水溶性品种		油溶性品种	水溶性品种
1	TA—21	AE1910	4	SP—169	M8021
2	970617	AP—134	5	B—38	PE—2040
3	AR—36	AP221			

表 8.4　B 一联原油破乳剂筛选室内实验数据表

序号	破乳剂名称	浓度/%	加药量/mL	不同时间沉降脱水量/mL					脱水率/%		界面状态	挂壁状况	污水颜色	游离水量/mL
				15min	30min	45min	60min	75min	30min	60min				
1	AE1910	1	0.5	2	4	5	5	6	13.3	16.6	√	√	√	29
2	AP-134	1	0.5	0	1	2	2	3	3.3	6.6	√	√	√	29
3	AP221	1	0.5	2	4	5	7	8	12.3	21.5	√	∞	√	31
4	970617	1	0.5	1	2	2	4	4	6.4	12.8	√	√	√	30
5	SP-169	1	0.5	4	5	7	9	10	15.6	28.1	√	√	√	31
6	B-38	1	0.5	3	5	8	10	11	15.6	31.2	√	∞	√	31
7	AP221+B-38	1	0.2+0.3	5	7	9	12	12	22.4	38.4	√	∞	√	30
8	AE1910+SP-169	1	0.2+0.3	7	9	10	11	11	27.8	34.1	√	√	√	31
9	空白			0	0	0	0	1	0	0	√	√	√	30

注："√"表示好，"∞"表示稍差。原油含水 1.7%，试样量 100mL，脱水温度 39～40℃。

表 8.5　A-55 站原油破乳剂筛选室内实验数据表

序号	破乳剂名称	浓度/%	加药量/mL	不同时间沉降脱水量/mL					脱水率/%		界面状态	挂壁状况	污水颜色	游离水量/mL
				15min	30min	45min	60min	75min	30min	60min				
1	M8021	1	0.5	0	1	2	2	2	3.3	6.5	√	√	√	29
2	AE1910	1	0.5	1	2	3	4	4	6.3	12.6	√	√	√	30
3	TA-21	1	0.5	1	1	2	2	3	3.3	6.6	√	√	√	29
4	SP-169	1	0.5	1	3	3	3	4	9.6	9.6	√	∞	√	30
5	AE1910+SP-169	1	0.3+0.2	3	3	5	6	6	9.8	19.6	√	√	√	29
6	AP221+SP-169	1	0.3+0.2	1	3	5	5	6	9.9	15.9	√	√	√	30
7	M8021+B-38	1	0.3+0.2	2	4	6	6	6	12.3	18.5	√	√	√	31
8	空白			0	0	1	1	1	0	3.3	√	√	√	30

注："√"表示好，"∞"表示稍差。原油含水 2.0%，试样量 100mL，脱水温度 39～40℃。

表 8.6 AB 站混合原油破乳剂筛选室内实验数据表

序号	破乳剂名称	浓度/%	加药量/mL	不同时间沉降脱水量/mL					脱水率/%		界面状态	挂壁状况	污水颜色	游离水量/mL
				15min	30min	45min	60min	75min	30min	60min				
1	M8021	1	0.5	0	0	1	1	2	0	3.2	√	√	√	30
2	PE2040	1	0.5	2	3	5	5	6	9.5	15.8	√	×	√	30
3	AE1910	1	0.5	3	5	6	8	9	15.5	24.8	√	√	√	31
4	AP221	1	0.5	2	3	5	7	8	9.7	22.8	∞	√	√	29
5	970617	1	0.5	2	3	4	5	5	9.9	16.5	√	√	√	30
6	AE1910+SP-169	1	0.2+0.3	5	7	8	10	11	21.6	30.9	√	√	√	31
7	AP221+SP-169	1	0.3+0.2	3	7	10	12	12	21.6	36.9	√	∞	√	31
8	空白			0	0	0	1	1	0	3.2	√	√	√	30

注："√"表示好,"∞"表示稍差,"×"表示不好。原油含水 2.0%,试样量 100mL,脱水温度 39~40℃。

表 8.7 M 一联原油破乳剂筛选室内实验数据表

序号	破乳剂名称	浓度/%	加药量/mL	不同时间沉降脱水量/mL					脱水率/%		界面状态	挂壁状况	污水颜色	游离水量/mL
				15min	30min	45min	60min	75min	30min	60min				
1	PE2040	1	0.5	0	1	4	7	8	6.3	22.1	√	√	√	30
2	AR-36	1	0.5	0	2	2	3	3	6.3	9.5	√	√	√	30
3	AP221	1	0.5	4	5	8	12	12	16.3	39.0	√	√	√	29
4	970617	1	0.5	2	3	4	4	6	9.9	13.2	√	√	√	30
5	SP-169	1	0.5	3	5	8	10	12	16.5	33.1	√	√	√	30
6	B-38	1	0.5	2	5	6	7	8	13.2	23.1	√	∞	√	29
7	PE2040+SP-169	1	0.3+0.2	5	7	8	10	11	22.2	31.7	√	√	√	30
8	AE1910+SP-169	1	0.3+0.2	3	8	10	12	12	24.6	36.9	√	√	√	31
9	AP221+B-38	1	0.3+0.2	5	7	7	8	9	22.2	25.4	∞	√	√	30
10	空白			0	0	1	1	2	0	3.1	√	√	√	31

注："√"表示好,"∞"表示稍差。原油含水 2.0%,试样量 100mL,脱水温度 39~40℃。

表 8.8　H 一联原油破乳剂筛选室内实验数据表

序号	破乳剂名称	浓度/%	加药量/mL	不同时间沉降脱水量/mL					脱水率/%		界面状态	挂壁状况	污水颜色	游离水量/mL
				15min	30min	45min	60min	75min	30min	60min				
1	M8021	1	0.5	2	4	7	8	9	12.5	25.0	√	√	√	30
2	AE1910	1	0.5	3	4	7	9	10	12.1	27.3	√	√	√	31
3	AR-36	1	0.5	0	2	3	3	3	5.9	8.8	√	√	√	32
4	AP134	1	0.5	1	2	2	3	3	6.3	9.4	√	√	√	30
5	970617	1	0.5	5	7	9	12	14	21.6	37.0	√	∞	√	31
6	SP-169	1	0.5	5	8	12	15	16	25.4	47.7	√	√	√	30
7	B-38	1	0.5	4	6	10	12	14	18.5	37.0	√	√	√	31
8	PE2040+SP-169	1	0.3+0.2	5	9	14	17	17	25.2	53.5	√	√	√	30
9	AE1910+SP-169	1	0.3+0.2	8	10	13	17	18	31.5	53.5	√	√	√	30
10	AP221+SP-169	1	0.3+0.2	7	12	17	20	22	36.6	61.1	√	√	√	31
11	空白			0	1	2	2	3	3.2	6.4	√	√	√	30

注："√"表示好，"∞"表示稍差。原油含水 2.4%，试样量 100mL，脱水温度 39～40℃。

表 8.9　J 一联原油破乳剂筛选室内实验数据表

序号	破乳剂名称	浓度/%	加药量/mL	不同时间脱水量/mL					脱水率/%		界面状态	挂壁状况	污水颜色	游离水量/mL
				15min	30min	45min	60min	75min	30min	60min				
1	PE2040	1	0.5	0	2	3	5	8	5.3	13.3	√	×	√	36
2	AE1910	1	0.5	0	0	1	1	1	0	3.5	√	√	√	27
3	AP134	1	0.5	0	0	1	1	1	0	3.6	√	∞	√	26
4	AP221	1	0.5	3	6	8	10	11	17.2	28.4	√	∞	√	34
5	SP-169	1	0.5	3	5	5	6	7	16.5	19.8	√	∞	√	29
6	AP221+SP-169	1	0.3+0.2	6	9	12	13	14	27.7	40.0	√	√	√	31
7	B-38+SP-169	1	0.3+0.2	3	7	8	10	10	22.2	31.7	√	√	√	30
8	AP221+B-38	1	0.3+0.2	8	10	12	13	13	29.9	38.8	√	√	√	32
9	空白			0	0	1	1	1	0	1.9	√	∞	√	50

注："√"表示好，"∞"表示稍差，"×"表示不好。原油含水 2.0%，试样量 100mL，脱水温度 39～40℃。

由表 8.4 至表 8.9 可知,所选用的商品破乳剂在低温下对不同区块油样的破乳效果均不佳,脱水效果最好的是破乳剂 AP221+SP-169 复配,加量 50mg/L,脱水率为 61.6%,但是脱水效果相对较好的破乳剂品种中,H 一联 10 个,M 一联 9 个,J 一联 8 个,B 一联 8 个,AB 站 7 个,A-55 站 7 个。室内原油采出液从现场取回,时间较长,代表性不强,因此,将从中选取代表性破乳剂样品送到油田现场再次进行性能评价研究。

8.3.3 代表性破乳剂现场低温实验评价

为进一步验证室内结果,将筛选有一定效果的破乳剂共 10 个品种 21 个配方送到现场,由 EL 分公司中心化验室从现场取回 H 一联、M 一联、J 一联、B 一联、A-55 和 AB 站等 6 个区块的油水混合样进行评价,验证室内结果,确定符合技术要求的破乳剂品种,评价方法按 SY/T 5797—1993《水包油乳状液破乳剂使用性能评定方法》进行,脱水温度 39~40℃,破乳剂加量 50mg/L。实验中原油乳状液取样量为 100mL,破乳剂均预先配制成质量分数为 1% 的溶液,实验结果见表 8.10 至表 8.15。

表 8.10 J 一联低温破乳剂实验数据

序号	破乳剂名称	加量/mL	不同时间出水量/mL					60min 绝对脱水率/%	界面状况	污水颜色
			5min	10min	15min	30min	60min			
0	空白		2	5	9	13	23	47.0	齐	黄
0			1	5	8	12	22	45.0	齐	黄
1-A	PE2040	0.5	0.5	5	13	25	29	59.3	齐	清
1-B			1	5	12	25	29	59.3	齐	清
2-A	AE1910	0.5	2	18	28	29	30	61.3	不齐	清
2-B			3	18	27	30	30	61.3	不齐	清
3-A	AP134	0.5	4	22	28	29	30	61.3	不齐	清
3-B			5	20	25	28	29	59.3	不齐	清
4-A	AP221	0.5	0	1	4	13	27.5	56.2	齐	清
4-B			1	2	5	14	28	57.3	齐	清
5-A	SP169	0.5	0	1	3	5	21	42.9	齐	淡黄
5-B			1	2	5	6	22	45.0	齐	淡黄
6-A	AP221+SP169	0.3+0.2	0	1	2	6	24	49.1	齐	清
6-B			1	2	3	7	25	51.1	齐	清
7-A	B-38+SP169	0.3+0.2	0.5	4	13	28	30	61.3	不齐	清
7-B			1	5	14	28	31	63.4	不齐	清

序号	破乳剂名称	加量 /mL	不同时间出水量 /mL					60min 绝对脱水率 /%	界面状况	污水颜色
			5min	10min	15min	30min	60min			
8-A	AP221+B-38	0.3+0.2	3	21	28	29	31	63.4	齐	清
8-B			3	22	29	31	32	65.4	齐	清

注：（1）油样含水 52.6%；（2）实验温度 40℃；（3）X-A 和 X-B 为平行实验，A、B 配方相同。

表 8.11　H 一联低温破乳剂实验数据

序号	破乳剂名称	加量 /mL	不同时间出水量 /mL					60min 绝对脱水率 /%	界面状况	污水颜色
			5min	10min	15min	30min	60min			
0	空白		0	1	2	3	22	68.8	不齐	清
0			1	2	3	4	23	71.9	不齐	清
1-A	M8021	0.5	0	1	2	3	26	81.3	齐	清
1-B			1	2	3	4	26	81.3	齐	清
2-A	AE1910	0.5	1	3	5	20	23	71.9	齐	清
2-B			2	3	6	21	24	75.0	齐	清
3-A	AR36	0.5	1	3	6	14	29	90.6	齐	清
3-B			2	4	6	15	29	90.6	齐	清
4-A	AP134	0.5	1	2	6	12	28	87.5	齐	淡黄
4-B			1	3	7	13	27	84.4	齐	淡黄
5-A	970617	0.5	0	1	1	2	8	25.0	齐	淡黄
5-B			0	1	2	3	9	28.1	齐	淡黄
6-A	SP169	0.5	1	2	3	12	23	71.9	齐	清
6-B			2	3	5	14	21	65.6	齐	清
7-A	B-38	0.5	0	2	5	14	28	87.5	齐	清
7-B			1	3	6	15	28	87.5	齐	清
8-A	PE2040+SP169	0.3+0.2	0	1	2	5	10	31.3	不齐	清
8-B			1	3	5	6	12	37.5	不齐	清
9-A	AE1910+SP169	0.3+0.2	1	2	6	12	18	56.3	不齐	清
9-B			1	3	8	13	20	62.5	不齐	清
10-A	AP221+SP169	0.3+0.2	0	1	1	6	10	31.3	齐	清
10-B			0	1	2	6	11	34.4	齐	清

注：（1）油样含水 34.3%；（2）实验温度 40℃；（3）X-A 和 X-B 为平行实验，A、B 配方相同。

表 8.12 AB 站低温破乳剂实验数据

序号	破乳剂名称	加量/mL	不同时间出水量/mL					60min 绝对脱水率/%	界面状况	污水颜色
			5min	10min	15min	30min	60min			
0	空白		1	2	2	10	22	68.1	齐	淡黄
0			0	1	2	9	21	65.0	齐	淡黄
1-A	M8021	0.5	1.5	2	3	20	29	89.8	齐	淡黄
1-B			2	3	4	21	30	92.9	齐	淡黄
2-A	PE2040	0.5	0	1	2	16	25	77.4	齐	淡黄
2-B			1	2	3	16	25	77.4	齐	淡黄
3-A	AE1910	0.5	0	2	4	23	29	89.8	齐	淡黄
3-B			0	2	4	24	30	92.9	齐	淡黄
4-A	AP221	0.5	0	1	3	18	26	80.5	不齐	淡黄
4-B			0	2	4	19	26	80.5	不齐	淡黄
5-A	970617	0.5	1	5	9	26	30	92.9	齐	淡黄
5-B			0	2	8	25	30	92.9	齐	淡黄
6-A	AE1910+SP169	0.2+0.3	0.5	2	5	19	26	80.5	齐	淡黄
6-B			1	3	4	18	27	83.6	齐	淡黄
7-A	AP221+SP169	0.3+0.2	1	2	3	16	24	74.3	齐	淡黄
7-B			2	3	4	15	24	74.3	齐	淡黄

注：（1）油样含水 34.7%；（2）实验温度 40℃；（3）X-A 和 X-B 为平行实验，A、B 配方相同。

表 8.13 A-55 站低温破乳剂实验数据

序号	破乳剂名称	加量/mL	不同时间出水量/mL					60min 绝对脱水率/%	界面状况	污水颜色
			5min	10min	15min	30min	60min			
0	空白		0	0	1	8	12	69.4	不齐	清
0			0	1	2	9	13	75.1	不齐	清
1-A	M8021	0.5	0	1	2	3	11	63.6	不齐	清
1-B			1	2	3	4	14	80.9	不齐	清
2-A	AE1910	0.5	1	3	5	14	16	92.5	不齐	清
2-B			2	4	6	15	16	92.5	不齐	清

续表

序号	破乳剂名称	加量 /mL	不同时间出水量 /mL					60min 绝对脱水率 /%	界面状况	污水颜色
			5min	10min	15min	30min	60min			
3－A	TA21	0.5	0	1	2	5	11	63.6	不齐	清
3－B			1	2	3	6	12	69.4	不齐	清
4－A	SP169	0.5	0	1	2	11	16	92.5	不齐	清
4－B			1	2	4	12	16	92.5	不齐	清
5－A	AE1910+SP169	0.3+0.2	0	1	2	5	13	75.1	齐	清
5－B			1	2	3	6	14	80.9	齐	清
6－A	AP221+SP169	0.3+0.2	0	1	2	3	12	69.4	不齐	清
6－B			1	2	3	5	14	80.9	不齐	清
7－A	M8021+B－38	0.3+0.2	0	1.5	2	3	13	75.1	不齐	清
7－B			0	2	3	4	13	75.1	不齐	清

注：（1）油样含水 19.0%；（2）实验温度 40℃；（3）X–A 和 X–B 为平行实验，A、B 配方相同。

表 8.14　B 一联低温破乳剂实验数据

序号	破乳剂名称	加量 /mL	不同时间出水量 /mL					60min 绝对脱水率 /%	界面状况	污水颜色
			5min	10min	15min	30min	60min			
0	空白		0	0	1	4	5	35.7	不齐	淡黄
0			0	1	2	5	6	42.9	不齐	淡黄
1－A	AE1910	0.5	0	1	2	3	7	50.0	齐	淡黄
1－B			0	1	3	4	7	50.0	齐	淡黄
2－A	AP134	0.5	0	1	3	5	6	42.9	齐	淡黄
2－B			1	2	4	5	6	42.9	齐	淡黄
3－A	AP221	0.5	0	0	1	2	3	21.4	齐	淡黄
3－B			1	2	3	4	5	35.7	齐	淡黄
4－A	970617	0.5	0	0	2	3	6	42.9	齐	淡黄
4－B			0	1	2	3	6	42.9	齐	淡黄
5－A	SP169	0.5	0	0	1	2	2	14.3	齐	淡黄
5－B			0	0	1	2	3	21.4	齐	淡黄

序号	破乳剂名称	加量/mL	不同时间出水量/mL					60min 绝对脱水率/%	界面状况	污水颜色
			5min	10min	15min	30min	60min			
6-A	B-38	0.5	0	0	1	2	3	21.4	齐	淡黄
6-B			0	1	2	3	4	28.6	齐	淡黄
7-A	AP221+B-38	0.2+0.3	0	0	1	2	2	14.3	齐	淡黄
7-B			0	0	1	2	3	21.4	齐	淡黄
8-A	AE1910+SP169	0.2+0.3	0	0	1	3	4	28.6	齐	淡黄
8-B			0	1	2	3	3	21.4	齐	淡黄

注：（1）油样含水 15.5%；（2）实验温度 40℃；（3）X-A 和 X-B 为平行实验，A、B 配方相同。

表 8.15　M 一联低温破乳剂实验数据

序号	破乳剂名称	加量/mL	不同时间出水量/mL					60min 绝对脱水率/%	界面状况	污水颜色
			5min	10min	15min	30min	60min			
0	空白		0	1	5	6	6	18.8	不齐	淡黄
0			1	2	6	6	7	21.9	不齐	淡黄
1-A	PE2040	0.5	21	25	27	28	29	90.6	齐	淡黄
1-B			20	24	28	28	29	90.6	齐	淡黄
2-A	AR36	0.5	1	2	3	8	13	40.6	齐	淡黄
2-B			1	3	4	9	14	43.8	齐	淡黄
3-A	AP221	0.5	1	2	3	6	8	25.0	齐	淡黄
3-B			2	3	4	7	12	37.5	齐	淡黄
4-A	970617	0.5	19	24	26	27	28	87.5	齐	淡黄
4-B			18	23	25	26	29	90.6	齐	淡黄
5-A	SP169	0.5	20	26	28	29	29	90.6	齐	淡黄
5-B			19	25	27	28	29	90.6	齐	淡黄
6-A	B-38	0.5	1	2	3	5	12	37.5	齐	淡黄
6-B			2	3	4	6	15	46.9	齐	淡黄
7-A	PE2040+SP169	0.3+0.2	20	22	27	28	29	90.6	齐	淡黄
7-B			19	22	27	28	29	90.6	齐	淡黄
8-A	AE1910+SP169	0.3+0.2	25	27	28	29	29	90.6	齐	淡黄
8-B			24	26	27	29	29	90.6	齐	淡黄

序号	破乳剂名称	加量 / mL	不同时间出水量 /mL					60min 绝对脱水率 /%	界面状况	污水颜色
			5min	10min	15min	30min	60min			
9–A	AP221+B–38	0.3+0.2	1	5	28	29	29	90.6	齐	淡黄
9–B			2	6	28	29	30	93.8	齐	淡黄

注：（1）油样含水 35.6%；（2）实验温度 40℃；（3）X–A 和 X–B 为平行实验，A、B 配方相同。

从表 8.10 至表 8.15 可以看出，上述破乳剂的低温破乳效果均达不到要求，只是在 M 一联和 H 一联有 5 组药剂在 60min 的脱水率达到 90%，但其脱出水为淡黄色，不清晰，表明污水含油量高，无法达到低温脱水主要技术指标的要求。因此，对于该油田的低温破乳剂需要专门开展针对性的实验研究工作。

8.4　低温破乳剂的配方实验研究

根据低温破乳原理，结合 EL 油田目前的加药工艺和原油性质，从现场取回汇管处混合油，共六个区块的原油，分别进行低温破乳技术的室内研究。研制了以非离子型水溶性破乳剂为基础的破乳剂，该结构中含有聚氧乙烯聚氧丙烯嵌段聚合物，可在乳化物界面上发生排替和胶溶作用，以有机硅的改性和复配为研究重点，以期满足低温破乳的要求。有机硅破乳剂目前是国内外研究热点。以有机硅的特殊物性与目前破乳剂进行嵌段复合，以降低油水乳化物相转变温度而达到低温破乳的目的。

8.4.1　破乳剂起始剂的研究制备

8.4.1.1　多元醇类起始剂

（1）反应原理。

$$CH_3—CH—CH_2 \quad (CH_3—CH—CH_2) \xrightarrow[加热]{KOH} \begin{matrix} CH_3 \\ CH(C_3H_6O)_mOH \\ CH_2(C_3H_6O)_mOH \end{matrix}$$

$$CH_2—CH_2 \xrightarrow[加热]{KOH} \begin{matrix} CH_3 \\ CH(C_3H_6O)_m(C_2H_4O)_nOH \\ CH_2(C_3H_6O)_m(C_2H_4O)_nOH \end{matrix} + p(C_3H—CH—CH_2)$$

$$\xrightarrow[加热]{KOH} BP系列破乳剂$$

（2）反应过程。

以 1,2–丙二醇为起始剂与环氧丙烷、环氧乙烷嵌段共聚，并以环氧丙烷或环氧乙烷封端的聚醚型化合物。

8.4.1.2　酚胺类起始剂

（1）化学反应原理。

其中 A 为四乙烯五胺，M 为 $[PO]_x[EO]_y[PO]_z H$，x，y，z 为聚合度。PO 为环氧丙烷，EO 为环氧乙烷。

（2）反应过程。

以酚醛胺树脂为起始剂，与环氧丙烷、环氧乙烷嵌段共聚，并以环氧乙烷封端的聚醚型化合物。

8.4.1.3　胺类起始剂

（1）化学反应原理。

（2）反应过程。

以多乙烯多胺为起始剂，以环氧丙烷、环氧乙烷嵌段共聚，并以环氧丙烷或环氧乙烷封端的聚醚型化合物。

8.4.1.4　脂肪醇类起始剂

（1）化学反应原理。

（2）反应过程。

以十八碳醇为起始剂，与环氧丙烷、环氧乙烷嵌段共聚，并以环氧丙烷或环氧乙烷封端的聚醚型化合物。

8.4.2　破乳剂的加骨、改性与交联剂的合成

8.4.2.1　改性聚醚型聚硅氧烷的制备

在破乳剂单体分子中加入新的骨架而生成一种新的破乳剂单体，来提升原破乳剂单体的破乳性能和适应性。而改性聚醚型聚硅氧烷正是这样一类产品，利用硅原子优良的抗温性能，引入聚醚支链，对其结构进行修饰，其产品不仅低温破乳脱水性能好，而且还有防蜡、降黏作用。

以脂肪醇为起始剂，在碱作催化剂的条件下与环氧丙烷、环氧乙烷嵌段聚合，得到破乳剂单体，经优化筛选出的品种与乙氧基聚硅烷进行反应，得到产品。

（1）反应原理。

$$(CH_3)_3SiO\left(\!\underset{\underset{H}{|}}{\overset{\overset{CH_3}{|}}{Si}}\!-\!O\!\right)_{\!X}\!\left(\!\underset{\underset{CH_3}{|}}{\overset{\overset{CH_3}{|}}{Si}}\!-\!O\!\right)_{\!Y}\!Si(CH_3)_3 + CH_2\!=\!CH\!-\!CH_2\!\left(C_2H_4O\right)_a\!\left(C_3H_6O\right)_b\!OH$$

$$\xrightarrow{\text{催化剂}} (CH_3)_3SiO\left(\!\overset{\overset{CH_3}{|}}{Si}\!-\!O\!\right)_{\!X}\!\left(\!\underset{\underset{\substack{CH_2CH_2CH_2(C_2H_4O)_a(C_3H_6O)_b OH}}{}}{\overset{\overset{CH_3}{|}}{Si}}\!-\!O\!\right)_{\!Y}\!Si(CH_3)_3$$

（2）反应过程。

将甲基含氢硅油与不饱和聚醚按比例加入带有加热、测温、冷凝及搅拌装置的三口烧瓶中，缓慢升温到 80～110℃，加入含铂催化剂，反应约 4h，体系成为均一透明相，即得产品 CHY 系列产品。

8.4.2.2　改性聚醚 CHY-44 的制备

以多乙烯多胺为起始剂合成的聚氧丙烯聚氧乙烯嵌段共聚物，用活性特殊碱性液体酚醛树脂改性，制得的非离子—阳离子两性表面活性剂，具有低温破乳脱水，原油防蜡、降黏、阻垢的多种功能。

（1）活性碱性液体酚醛树脂的制备。

反应原理如下：

取一定量的苯酚溶于甲醛（36%）溶液中，搅拌，加热到60～80℃，用氨水调节pH=7.5～8.0，反应30min，静置10min，用分液漏斗分出下层棕红色液体，即为活性碱性酚醛树脂，冷贮备用。

（2）聚醚单体的改性。

取冷贮活性碱性酚醛树脂50g，与500g的M8021型聚醚单体混合，搅拌1h，加甲醇搅拌均匀，有效含量为65%，得淡黄色易流动液体CHY-44。

8.4.2.3　交联聚醚CHY-55的制备

交联是利用交联剂，将许多高分子交联起来形成分子量更大的超高分子。本研究采用甲苯-2,4-二异氰酸酯（TDI）与酚醛胺树脂进行轻微交联，得到对原油乳液具有较好的破乳效果的破乳剂CHY-55。

8.4.3　破乳剂的选择、复配与筛选优化

8.4.3.1　破乳剂的实验室初步筛选实验

所选用的破乳剂评价标准按SY/T 5797—1993《水包油乳状液破乳剂使用性能评定方法》进行。针对各区块取回到实验室原油乳状液，经过初步实验，结果见表8.16至表8.21（界面状态、挂壁状况、污水颜色用"√"表示好，用"∞"表示稍差，用"×"表示不好），初步获得各区块相对较好的破乳剂。

表 8.16　M一联原油破乳剂初步实验数据表

序号	破乳剂名称	浓度/%	加药量/mL	不同时间沉降脱水量/mL				脱水率/%		界面状态	挂壁状况	污水颜色	游离水量/mL
				10min	30min	60min	90min	30min	60min				
1	CHY-99	1	0.5	1.0	7.0	14.0	15.0	39.3	78.7	√	∞	√	16.67
2	CHY-66	1	0.5	1.0	7.0	12.5	13.5	39.3	70.2	√	×	√	16.67

续表

序号	破乳剂名称	浓度/%	加药量/mL	不同时间沉降脱水量/mL				脱水率/%		界面状态	挂壁状况	污水颜色	游离水量/mL
				10min	30min	60min	90min	30min	60min				
3	CHW-88	1	0.5	1.0	7.0	14.0	14.5	39.3	78.7	√	×	√	16.67
4	CHY-88	1	0.5	1.0	9.5	13.0	14.0	53.4	73	√	×	√	16.67
5	CHW-22	1	0.5	3.0	17.0	18.0	18.0	95.5	100	√	√	√	16.67
6	CHY-00	1	0.5	0.5	5.0	9.0	10.5	28.1	50.6	√	×	√	16.67
7	CHW-11	1	0.5	3.0	17.0	18.0	18.0	95.5	100	√	√	√	16.67
8	CHW-44	1	0.5	3.5	12.0	17.0	18.0	67.4	95.5	√	√	√	16.67
9	CHY-77	1	0.5	1.0	11.0	18.0	18.5	61.8	100	√	√	√	16.67
10	CHW-55	1	0.5	11.0	17.5	18.5	18.5	98.3	100	√	√	√	16.67
11	CHW-99	1	0.5	3.0	7.5	14.5	15.0	42.1	81.5	√	∞	√	16.67
12	CHY-01	1	0.5	1.0	6.5	15.0	15.5	36.5	84.3	√	×	√	16.67
13	CHW-00	1	0.5	1.0	5.0	10.0	12.0	28.1	56.2	√	×	√	16.67
14	CHW-66	1	0.5	2.0	11.0	17.0	17.0	61.8	95.5	√	√	√	16.67
15	空白			0	0	2.0	3.0	0	11.2	√	×	√	16.67

注：原油含水 2%，试样量 50mL（1000mL 油 +500mL 水配制），实验温度 48℃。

由表 8.16 可知，M 一联实验室初筛选出相对较好的破乳剂：CHW-22、CHW-11、CHY-77、CHW-55、CHW-44、CHW-66。

表 8.17 J 一联原油破乳剂初步实验数据表

序号	破乳剂名称	破乳剂浓度/%	加药量/mL	不同时间沉降脱水量/mL				脱水率/%		界面状态	挂壁状况	污水颜色	游离水量/mL
				10min	30min	60min	90min	30min	60min				
1	CHW-22	1	0.5	2.0	3.0	6.0		26.8	53.6	√	×	√	10
2	CHW-44	1	0.5	0	1.0	2.0		8.9	17.8	√	×	√	10
3	CHY-02	1	0.5	0	1.0	1.0		8.9	8.9	√	×	√	10
4	CHW-99	1	0.5	1.0	3.0	5.0		26.8	44.6	√	×	√	10
5	CHW-11	1	0.5	3.0	5.0	7.0		44.6	62.5	√	∞	√	10
6	CHY-77	1	0.5	1.0	3.0	6.0		26.8	53.6	√	∞	√	10
7	CHW-66	1	0.5	1.0	2.0	5.0		17.8	44.6	√	×	√	10
8	CHY-00	1	0.5	0	1.0	1.0		8.9	8.9	√	×	√	10
9	CHY-03	1	0.5	0	0	0		0	0				10

序号	破乳剂名称	破乳剂浓度 / %	加药量 / mL	不同时间沉降脱水量 /mL				脱水率 /%		界面状态	挂壁状况	污水颜色	游离水量 / mL
				10min	30min	60min	90min	30min	60min				
10	CHY-04	1	0.5	0	1.0	1.0		8.9	8.9	√	×	√	10
11	CHY-66	1	0.5	1.0	2.0	4.0		17.8	35.7	√	×	√	10
12	CHY-01	1	0.5	0	痕	1.0			8.9	√	×	√	10
13	CHW-00	1	0.5	0	1.0	3.0		8.9	26.8	√	×	√	10
14	CHY-99	1	0.5	0	1.0	3.5		8.9	31.3	√	×	√	10
15	空白			0	0	0		0	0				10

注：原油含水 2%，试样量 50mL（800mL 油 +200mL 水配制），实验温度 48℃。

由表 8.17 可知，J 一联实验室初筛选出相对较好的破乳剂：CHW-22、CHW-11、CHY-77。

表 8.18 H 一联原油破乳剂初步实验数据表

序号	破乳剂名称	浓度 / %	加药量 / mL	不同时间沉降脱水量 /mL				脱水率 /%		界面状态	挂壁状况	污水颜色	游离水量 / mL
				10min	30min	60min	90min	30min	60min				
1	CHW-22	1	0.5	2.0	13.0	13.5	15.0	61.6	64	√	∞	√	20
2	CHW-44	1	0.5	0	7.0	11.5	13.5	33.2	54.5	√	×	√	20
3	CHY-02	1	0.5	0	5.0	10.0	15.0	23.7	47.4	√	×	√	20
4	CHW-99	1	0.5	0	2.0	6.0	11.0	9.5	28.4	√	×	√	20
5	CHW-11	1	0.5	8.0	16.0	17.5	19.0	75.8	82.9	√	√	√	20
6	CHY-77	1	0.5	2.0	11.0	15.0	18.5	52.1	71.1	√	∞	√	20
7	CHW-11	1	0.5	0	1.0	3.0	13.0	4.7	14.2	√	√	√	20
8	CHY-00	1	0.5	2.0	13.5	18.0	19.5	64	85.3	√	√	√	20
9	CHY-03	1	0.5	0	0	1.0	8.0	0	4.7	√	√	√	20
10	CHY-04	1	0.5	0	0	0	4.5		0	√	√	√	20
11	CHY-66	1	0.5	0	1.0	2.5	7.5	4.7	11.8	√	×	√	20
12	CHY-01	1	0.5	0	1.0	1.5	4.5	4.7	7.1	√	×	√	20
13	CHW-00	1	0.5	0	1.0	2.0	6.0	4.7	9.5	√	×	√	20
14	CHY-05	1	0.5	0	6.5	11.0	13.0	30.8	52.1	√	∞	√	20
15	空白			0	0	0	2.0	0	0	√	×	√	20

注：原油含水 2.4%，试样量 50mL（600mL 油 +400mL 水配制），实验温度 48℃。

由表 8.18 可知，H 一联实验室初筛选出相对较好的破乳剂：CHW-11、CHY-00。

表 8.19 B 一联原油破乳剂初步实验数据表

序号	破乳剂名称	浓度/%	加药量/mL	不同时间沉降脱水量/mL				脱水率/%		界面状态	挂壁状况	污水颜色	游离水量/mL
				10min	30min	60min	90min	30min	60min				
1	CHY-99	1	0.5	9.0	11.0	11.0	11.5	71.9	71.9	√	∞	√	14.29
2	CHY-66	1	0.5	6.0	9.0	13.0	13.0	58.8	85	√	√	√	14.29
3	CHW-88	1	0.5	5.0	11.0	11.0	11.0	71.9	71.9	√	×	√	14.29
4	CHY-88	1	0.5	9.0	12.0	12.5	12.5	78.4	81.7	√	∞	√	14.29
5	CHW-22	1	0.5	3.0	5.0	9.0	10.0	32.7	58.8	√	×	√	14.29
6	CHY-00	1	0.5	6.5	10.5	11.0	11.0	68.6	71.9	√	×	√	14.29
7	CHW-11	1	0.5	5.0	9.0	14.0	14.5	58.8	91.5	√	√	√	14.29
8	CHW-44	1	0.5	8.0	12.0	13.0	13.0	78.4	85	√	√	√	14.29
9	CHY-77	1	0.5	2.0	10.0	14.5	14.5	65.4	94.8	√	√	√	14.29
10	CHW-55	1	0.5	12.0	13.0	14.5	14.5	85	94.8	√	√	√	14.29
11	CHW-99	1	0.5	5.0	10.0	10.0	11.0	65.4	65.4	√	×	√	14.29
12	CHY-01	1	0.5	3.0	5.0	11.0	11.0	32.7	71.9	√	∞	√	14.29
13	CHW-00	1	0.5	2.0	5.0	10.0	10.0	32.7	65.4	√	×	√	14.29
14	CHW-66	1	0.5	3.0	10.0	11.0	11.0	65.4	71.9	√	∞	√	14.29
15	空白			0	痕	1.0	2.0	0	6.5	√	×	√	14.29

注：原油含水 1.7%，试样量 50mL（500mL 油 +200mL 水配制），实验温度 48℃。

由表 8.19 可知，B 一联实验室初筛选出相对较好的破乳剂：CHY-66、CHW-11、CHY-77、CHW-55。

表 8.20 A-55 站原油破乳剂初步实验数据表

序号	破乳剂名称	浓度/%	加药量/mL	不同时间沉降脱水量/mL				脱水率/%		界面状态	挂壁状况	污水颜色	游离水量/mL
				10min	30min	60min	90min	30min	60min				
1	CHY-99	1	0.5	13.0	16.5	17.0	17.5	92.7	95.5	√	√	√	16.67
2	CHY-66	1	0.5	14.0	16.0	16.0	16.0	89.9	89.9	√	∞	√	16.67
3	CHW-88	1	0.5	14.5	15.5	16.0	16.5	87.1	89.9	√	×	√	16.67
4	CHY-88	1	0.5	14.5	15.5	16.0	16.0	87.1	89.9	√	∞	√	16.67
5	CHW-22	1	0.5	15.0	16.0	16.0	16.5	89.9	89.9	√	√	√	16.67

续表

序号	破乳剂名称	浓度/%	加药量/mL	不同时间沉降脱水量/mL				脱水率/%		界面状态	挂壁状况	污水颜色	游离水量/mL
				10min	30min	60min	90min	30min	60min				
6	CHY-00	1	0.5	14.5	16.0	16.5	16.5	89.9	92.7	√	√	√	16.67
7	CHW-11	1	0.5	13.0	15.5	16.0	16.5	87.1	89.9	√	√	√	16.67
8	CHW-44	1	0.5	13.0	16.5	17.0	17.5	92.7	95.5	√	√	√	16.67
9	CHY-77	1	0.5	14.0	15.5	16.5	17.0	87.1	92.7	√	√	√	16.67
10	CHW-55	1	0.5	13.0	15.0	15.0	16.0	84.3	84.3	√	√	√	16.67
11	CHW-99	1	0.5	13.5	15.5	16.0	16.0	87.1	89.9	√	×	√	16.67
12	CHY-01	1	0.5	14.0	15.5	16.0	16.5	87.1	89.9	√	∞	√	16.67
13	CHW-00	1	0.5	13.0	15.0	15.0	16.0	84.3	84.3	√	×	√	16.67
14	CHW-66	1	0.5	14.0	15.5	15.5	16.0	87.1	87.1	√	∞	√	16.67
15	空白			2.0	5.0	7.0	7.0	28.1	39.3	√	×	√	16.67

注：原油含水2.0%，试样量50mL（1000mL油+500mL水配制），实验温度48℃。

由表8.20可知，A-55站实验室初筛选出相对较好的破乳剂：CHY-99、CHY-00、CHW-11、CHW-44、CHY-77。

表8.21 AB站混合原油破乳剂初步实验数据表

序号	破乳剂名称	浓度/%	加药量/mL	不同时间沉降脱水量/mL				脱水率/%		界面状态	挂壁状况	污水颜色	游离水量/mL
				10min	30min	60min	90min	30min	60min				
1	CHY-99	1	0.5	2.0	9.0	11.0	12.0	55.9	68.3	√	∞	√	15
2	CHY-01	1	0.5	0.5	2.0	2.5	4.0	12.4	15.5	√	×	√	15
3	CHW-88	1	0.5	1.0	5.0	7.0	8.0	31.1	43.5	√	×	√	15
4	CHY-88	1	0.5	1.0	5.0	7.0	8.0	31.1	43.5	√	×	√	15
5	CHW-22	1	0.5	4.0	9.0	10.0	11.0	55.9	62.1	√	∞	√	15
6	CHY-00	1	0.5	0	1.0	2.0	3.5	6.2	12.4	√	×	√	15
7	CHW-11	1	0.5	5.0	11.0	12.0	12.5	68.3	74.5	√	√	√	15
8	CHW-44	1	0.5	2.0	10.0	13.0	13.5	62.1	80.7	√	√	√	15
9	CHY-77	1	0.5	2.0	11.5	14.5	14.5	71.4	90.1	√	√	√	15
10	CHW-55	1	0.5	10.0	13.0	14.0	14.0	80.7	87	√	√	√	15
11	CHW-99	1	0.5	1.0	5.0	7.0	8.0	31.1	43.5	√	×	√	15

序号	破乳剂名称	浓度 /%	加药量 /mL	不同时间沉降脱水量 /mL				脱水率 /%		界面状态	挂壁状况	污水颜色	游离水量 /mL
				10min	30min	60min	90min	30min	60min				
12	CHY–01	1	0.5	2.0	6.0	7.0	7.0	37.3	43.5	√	×	√	15
13	CHW–00	1	0.5	0	1.0	3.0	3.5	6.2	18.6	√	×	√	15
14	CHW–66	1	0.5	4.0	10.0	10.0	10.0	62.1	62.1	√	∞	√	15
15	空白			0	0	0	0	0	0				15

注：原油含水 2.0%，试样量 50mL（700mL 油 +300mL 水配制），实验温度 48℃。

由表 8.16 至表 8.21 初步获得各站相对较好的破乳剂分别如下：

M 一联初筛选出破乳剂：CHW–22、CHW–11、CHY–77、CHW–55、CHW–44、CHW–66。

J 一联初筛选出破乳剂：CHW–22、CHW–11、CHY–77。

H 一联初筛选出破乳剂：CHW–11、CHY–00。

B 一联初筛选出破乳剂：CHY–66、CHW–11、CHY–77、CHW–55。

A–55 站初筛选出破乳剂：CHY–99、CHY–00、CHW–11、CHW–44、CHY–77。

AB 站混合油初筛选出破乳剂：CHY–77、CHW–44、CHW–55。

其中，原油含水为绝对含水量；游离水为油样品下部取水，再与原油混合，水的密度视为 1000kg/m³；计算脱水率时，原油密度取 880kg/m³。

8.4.3.2　破乳剂的现场实验室评价

由于上述实验所用的原油乳状液中是从现场取回的，运输及实验室存放占了一定时间，代表性不强。因此，将上述初步筛选得到的部分破乳剂及部分商品破乳剂，送样到 EL 现场实验室，现场取原油乳状液进行评价，结果见表 8.22 至表 8.28。

从表 8.22 至表 8.28 可见，温度略降（48℃），药剂用量减半后，破乳效果明显下降，较好的破乳剂为：

A–55 站混合油现场实验室筛选出相对较好的破乳剂：CHW–11、CHY–11、CHW–22、CHY–66、CHW–01，但 60min 脱水率最高的只有 42.6%，不能满足要求。

M 一联现场实验室筛选破乳剂：CHW–11、CHY–11、CHY–66、CHY–99、CHY–88、CHW–88、CHW–77，但 60min 脱水率最高的只有 67.6%，不能满足要求。

B 一联混合油现场实验室筛选出相对较好的破乳剂：CHW–01，但 60min 脱水率只有 44.3%，不能满足要求。

J 一联现场实验室筛选破乳剂：CHY–88，但 60min 脱水率只有 88.6%，不能满足要求。

H 一联现场实验室筛选破乳剂：CHW–11、CHY–11、CHY–66、CHY–99、CHY–77，但 60min 脱水率最高的只有 84.9%，不能满足要求。

AB 站混合液现场实验室筛选破乳剂：CHY–11、CHY–99、CHW–44，但 60min 脱水率最高的只有 87.2%，不能满足要求。

A 一联现场实验室筛选出相对较好的破乳剂：CHW–55，但 60min 脱水率只有 43.4%，不能满足要求。

表 8.22　A–55 站原油破乳剂现场评价实验数据表

编号	破乳剂名称	不同时间的出水量 /mL					不同时间的绝对出水率 /%					界面状况	污水颜色	备注
		5min	10min	15min	30min	60min	5min	10min	15min	30min	60min			
1	CHW–11	2.0	2.5	2.5	3.0	3.0	28.4	35.5	35.5	42.6	42.6	齐	清	
2	CHY–11	2	2.5	2.5	3.0	3.0	28.4	35.5	35.5	42.6	42.6	齐	清	
3	CHW–55	2	2.5	2.5	3.0	3.0	28.4	35.5	35.5	42.6	42.6	齐	清	
4	CHW–22	2	2.5	2.5	3.0	3.0	28.4	35.5	35.5	42.6	42.6	齐	清	
5	CHY–66	2	2.5	2.5	3.0	3.0	28.4	35.5	35.5	42.6	42.6	齐	清	
6	CHY–88	1.5	2.0	2.0	2.0	2.0	21.3	28.4	28.4	28.4	28.4	齐	清	
7	CHY–99	0	0	0	0	0	0	0	0	0	0			
8	CHW–88	0	0	0	0	0	0	0	0	0	0			
9	CHW–77	0	0	0	0	0	0	0	0	0	0			
10	CHY–77	0	0	0	0	0	0	0	0	0	0			
11	CHW–44	0	0	0	0	0	0	0	0	0	0			
12	CHW–01	2.0	2.5	2.5	3.0	3.0	28.4	35.5	35.5	42.6	42.6	齐	清	
13	空白	0	0	0	0	0	0	0	0	0	0			

注：原油含水 8.0%，破乳剂浓度 50mg/L，实验温度 48℃。

由表 8.22 可知，A–55 站混合油现场实验室筛选出相对较好的破乳剂：CHW–11、CHY–11、CHW–22、CHY–66、CHW–01，但 60min 脱水率均只有 42.6%，不能满足要求。

表 8.23　B 一联混合原油破乳剂现场评价实验数据表

编号	破乳剂名称	不同时间的出水量 /mL					不同时间的绝对出水率 /%					界面状况	污水颜色	备注
		5min	10min	15min	30min	60min	5min	10min	15min	30min	60min			
1	CHW–11	0	0	0	0	2.0	0	0	0	0	19.7	齐	清	
2	CHY–11	0	0	0	0	2.0	0	0	0	0	19.7	齐	清	
3	CHW–55	0	0	0	0	1.0	0	0	0	0	9.8	齐	清	
4	CHW–22	0	0	0	0	2.0	0	0	0	0	19.7	齐	清	
5	CHY–66	0	0	0	0	1.5	0	0	0	0	14.8	齐	清	
6	CHY–88	0.5	0.5	1.5	1.5	2.0	4.9	4.9	14.8	14.8	19.7	齐	清	

续表

编号	破乳剂名称	不同时间的出水量 /mL					不同时间的绝对出水率 /%					界面状况	污水颜色	备注
		5min	10min	15min	30min	60min	5min	10min	15min	30min	60min			
7	CHY−99	0	0	0	0	1.0	0	0	0	0	9.8	齐	清	
8	CHW−88	0	0	0	0	0.5	0	0	0	0	4.9	齐	清	
9	CHW−77	0	0	0	0	0.5	0	0	0	0	4.9	齐	清	
10	CHY−77	0.5	1.0	1.0	1.5	2.5	4.9	9.8	9.8	14.8	24.6	齐	清	
11	CHW−44	0	0	0	0	2.0	0	0	0	0	19.7	齐	清	
12	CHW−01	1.5	2.0	2.5	3.0	4.5	14.8	19.7	24.6	29.6	44.3	齐	清	
13	空白	0	0	0	0	0	0	0	0	0	0			

注：原油含水 11.5%，破乳剂浓度 50mg/L，实验温度 48℃。

由表 8.23 可知，B 一联混合油现场实验室筛选出相对较好的破乳剂：CHW−01，但 60min 脱水率均只有 44.3%，不能满足要求。

表 8.24　H 一联混合原油破乳剂现场评价实验数据表

编号	破乳剂名称	不同时间的出水量 /mL					不同时间的绝对出水率 /%					界面状况	污水颜色	备注
		5min	10min	15min	30min	60min	5min	10min	15min	30min	60min			
1	CHW−11	39.0	40.0	40.0	42.0	42.0	73.6	75.4	75.4	79.2	79.2	齐	清	瓶底有黑色物质
2	CHY−11	8.0	11.0	30.0	42.0	44.0	15.1	20.7	56.6	79.2	83.0	齐	清	瓶底略有黑色物质
3	CHW−55	5.0	10.0	26.0	39.0	41.0	9.4	18.9	49.0	73.6	77.3	齐	清	
4	CHW−22	7.0	10.0	26.0	38.0	39.0	13.2	18.9	49.0	71.7	73.6	齐	清	
5	CHY−66	8.5	37.0	42.0	43.5	44.0	16.0	69.8	79.2	82.0	83.0	齐	清	
6	CHY−88	5.0	21.0	36.0	41.0	42.0	9.4	39.6	67.9	77.3	79.2	齐	清	
7	CHY−99	34.0	36.0	38.0	43.0	45.0	64.1	67.9	71.7	81.1	84.9	齐	清	
8	CHW−88	3.0	10.0	30.0	39.0	41.0	5.6	18.9	56.6	73.6	77.3	齐	清	
9	CHW−77	5.0	19.0	37.0	41.0	42.0	9.4	35.8	69.8	77.3	79.2	齐	清	
10	CHY−77	27.0	27.0	29.0	32.0	35.0	50.9	50.9	54.7	60.4	66.0	齐	清	瓶底有黑色物质
11	CHW−44	5.0	15.0	31.0	40.0	41.0	9.4	28.3	58.5	75.4	77.3	齐	清	
12	CHW−01	5.0	11.0	30.0	39.0	41.0	9.4	20.7	56.6	73.6	77.3	齐	清	
13	空白	8.0	13.0	19.0	27.0	27.0	15.1	24.5	35.8	50.9	50.9	齐	清	

注：原油含水 61.0%，破乳剂浓度 50mg/L，实验温度 48℃。

由表 8.24 数据可知，H 一联现场实验室筛选出相对较好的破乳剂：CHY−11、CHW−11、CHW−77、CHY−66、CHY−99。

表 8.25　AB 站混合原油破乳剂现场评价实验数据表

编号	破乳剂名称	不同时间的出水量 /mL					不同时间的绝对出水率 /%					界面状况	污水颜色	备注
		5min	10min	15min	30min	60min	5min	10min	15min	30min	60min			
1	CHW−11	0	2.0	8.0	21.0	24.0	0	5.7	22.9	60.1	68.6	不齐	清	
2	CHY−11	0	0	2.0	18.5	25.0	0	0	5.7	52.9	71.5	不齐	清	
3	CHW−55	0	1.0	2.0	8.0	15.0	0	2.9	5.7	22.9	42.9	齐	清	
4	CHW−22	0	1.5	3.0	10.0	15.5	0	4.3	8.6	28.6	44.3	不齐	淡黄	
5	CHY−66	2.0	3.0	6.0	15.0	19.5	5.7	8.6	17.2	42.9	55.8	不齐	淡黄	片状挂壁
6	CHY−88	0	0.5	2.0	11.0	19.0	0	1.4	5.7	31.5	54.4	不齐	淡黄	
7	CHY−99	0	1.0	7.0	20.0	25.0	0	2.9	20.0	57.2	71.5	不齐	淡黄	
8	CHW−88	0	0	0	1.0	3.0	0	0	0	2.9	8.6	齐	淡黄	
9	CHW−77	0	0	0	4.0	7.0	0	0	0	11.4	20.0	齐	乳白	
10	CHY−77	0	0.5	6.0	21.0	24.5	0	1.4	17.2	60.1	70.1	齐	淡黄	片状挂壁
11	CHW−44	0	2.0	11.0	27.5	30.5	0	5.7	31.5	78.7	87.2	齐	淡黄	
12	空白	0	0	0	0	0	0	0	0	0	0			

注：原油含水 40.0%，破乳剂浓度 50mg/，实验温度 48℃。

由表 8.25 数据可知，AB 站现场实验室筛选出相对较好的破乳剂：CHY−11、CHY−99、CHW−44。

表 8.26　M 一联混合原油破乳剂现场评价实验数据表

编号	破乳剂名称	不同时间的出水量 /mL					不同时间的绝对出水率 /%					界面状况	污水颜色	备注
		5min	10min	15min	30min	60min	5min	10min	15min	30min	60min			
1	CHW−11	1	2	3	11.0	26.0	2.5	5.0	7.5	27.5	65.1	不齐	清	
2	CHY−11	2	3	4	11.0	26.0	5.0	7.5	10.0	27.5	65.1	不齐	清	
3	CHW−55	0.5	1	3	17.0	25.5	1.2	2.5	7.5	42.6	63.8	不齐	浑浊	严重挂壁
4	CHW−22	0	0.5	2	11.0	25.0	0	1.2	5.0	27.5	62.6	不齐	浑浊	严重挂壁
5	CHY−66	0	0.5	1.0	11.0	27.0	0	1.2	2.5	27.5	67.6	不齐	较浊	挂壁
6	CHY−88	3.0	4.0	4.5	12.0	26.5	7.5	10.0	11.3	30.0	66.3	不齐	较浊	挂壁

编号	破乳剂名称	不同时间的出水量 /mL					不同时间的绝对出水率 /%					界面状况	污水颜色	备注
		5min	10min	15min	30min	60min	5min	10min	15min	30min	60min			
7	CHY-99	0	0.5	1.0	17.0	27.0	0	1.2	2.5	42.6	67.6	不齐	较浊	挂壁
8	CHW-88	0	0.5	1.0	10.0	27.0	0	1.2	2.5	25.0	67.6	不齐	乳白	
9	CHW-77	0	0.5	1.0	18.0	26.0	0	1.2	2.5	45.1	65.1	不齐	清	
10	CHY-77	0	0	0	9.0	25.0	0	0	0	22.5	62.6	齐	清	
11	CHW-44	0	0.5	3.0	15.0	25.0	0	1.2	7.5	37.6	62.6	不齐	较浊	挂壁
12	空白	0	2.0	4.0	7.0	10.0	0	5.0	10.0	17.5	25.0	不齐	浑浊	严重挂壁

注：原油含水 45.0%，破乳剂浓度 50mg/L，实验温度 48℃。

由表 8.26 数据可知，M 一联现场实验室筛选出相对较好的破乳剂：CHW-11、CHY-11、CHY-66、CHY-99、CHY-88、CHW-88。

表 8.27　J 一联混合原油破乳剂现场评价实验数据表

编号	破乳剂名称	不同时间的出水量 /mL					不同时间的绝对出水率 /%					界面状况	污水颜色	备注
		5min	10min	15min	30min	60min	5min	10min	15min	30min	60min			
1	CHW-11	1.0	4.0	7.0	10.0	10.0	3.2	12.9	22.5	32.2	32.2	不齐	较浊	挂壁
2	CHY-11	0	1.5	5.0	8.0	8.0	0	4.8	16.1	25.8	25.8	不齐	清	
3	CHW-55	2.0	4.5	7.0	9.0	10.0	6.4	14.5	22.5	29.0	32.2	不齐	清	
4	CHW-22	0	2.0	4.0	7.0	9.0	0	6.4	12.9	22.5	29.0	不齐	清	
5	CHY-66	0	2.0	7.0	11.0	12.0	0	6.4	22.5	35.4	38.7	不齐	清	
6	CHY-88	5.0	15.0	24.0	26.0	27.5	16.1	48.4	77.4	83.8	88.6	不齐	清	
7	CHY-99	1.5	5.0	10.0	12.0	12.5	4.8	16.1	32.2	38.7	40.3	齐	清	
8	CHW-88	0.5	2.0	8.0	9.0	10.0	1.6	6.4	25.8	29.0	32.2	齐	清	
9	CHW-77	0	2.0	8.0	9.0	11.0	0	6.4	25.8	29.0	35.4	不齐	清	
10	CHY-77	1.5	5.0	7.0	9.0	11.0	4.8	16.1	22.5	29.0	35.4	齐	较浊	挂壁
11	CHW-44	1.0	5.0	10.0	12.0	12.5	3.2	16.1	32.2	38.7	40.3	齐	清	
12	CHW-01	0.5	6.0	10.0	11.0	12.5	1.6	19.3	32.2	35.4	40.3	齐	清	
13	空白	0.5	2.0	5.0	8.0	8.0	1.6	6.4	16.1	25.8	25.8	不齐	较浊	挂壁

注：原油含水 36.0%，乳剂浓度 50mg/L，实验温度 48℃。

由表 8.27 数据可知，J 一联现场实验室筛选出相对较好的破乳剂：CHY-88。

表 8.28 A 一联混合原油破乳剂现场评价实验数据表

编号	破乳剂名称	不同时间的出水量 /mL					不同时间的绝对出水率 /%					界面状况	污水颜色	备注
		5min	10min	15min	30min	60min	5min	10min	15min	30min	60min			
1	CHW-11	0	2.0	3.0	3.5	4.0	0	5.4	8.1	9.5	10.8	不齐	较浊	
2	CHY-11	2.0	2.0	2.0	2.0	4.0	5.4	5.4	5.4	5.4	10.8	不齐	较浊	
3	CHW-55	7.0	7.5	8.0	10.0	16.0	19.0	20.3	21.7	27.1	43.4	不齐	较浊	挂壁
4	CHW-22	1.0	2.0	3.0	7.0	10.0	2.7	5.4	8.1	19.0	27.1	不齐	较浊	挂壁
5	CHY-66	1.0	2.0	2.5	3.5	9.0	2.7	5.4	6.8	9.5	24.4	齐	乳白	
6	CHY-88	1.0	2.0	2.5	3.5	10.0	2.7	5.4	6.8	9.5	27.1	齐	清	
7	CHY-99	1.5	3.0	4.0	7.0	12.0	4.1	8.1	10.8	19.0	32.5	不齐	清	
8	CHW-88	0.5	1.0	2.0	6.0	12.0	1.4	2.7	5.4	16.3	32.5	不齐	清	
9	CHW-77	1.0	2.0	3.0	4.0	10.0	2.7	5.4	8.1	10.8	27.1	不齐	清	
10	CHY-77	1.0	3.0	4.0	7.0	11.0	2.7	8.1	10.8	19.0	29.8	不齐	清	
11	CHW-44	2.0	3.5	5.0	9.0	13.0	5.4	9.5	13.6	24.4	35.2	不齐	清	
12	空白	0	0	1.0	2.0	5.0	0	0	2.7	5.4	13.6	不齐	浑浊	严重挂壁

注：原油含水 41.0%，破乳剂浓度 50mg/L，实验温度 48℃。

由表 8.28 数据可知，A 一联现场实验室筛选出相对较好的破乳剂：CHW-55。

8.4.3.3 破乳剂的复配效果评价

从上述合成、加骨、交联、改性及初步筛选的效果较好破乳剂品种中选取单体及复配破乳剂，用 EL 油田不同区块的原油进行复配筛选，主要筛选的参数有低温破乳效果、低温破乳速度、低温脱水质量。所有复配破乳剂名称均以"J"开头，具体命名规则如"CHW-11+CHY-13"复配后命名为"JWY-13"；"CHW-22+CHY-33"复配后命名为"JWY-23"；"CHY-77+CHY-55"复配后命名为"JYY-75"；"CHY-225+CHY-33"复配后命名为"JYY-253"；"CHY-11+CHY-55"复配后命名为"JYY-115"等。实验过程中先将破乳剂分为油溶性和水溶性两大类，然后按1%稀释，用比色管量取等量的原油，在 39～40℃恒温水样中筛选，部分实验结果见表 8.29 至表 8.34。需要说明的是：（1）由于实验时油样取回时间较长，油样老化严重，原油含水为 6 月初所测，经近两个月的静置，加之气温较高，含水已很少。实验时，取 70mL 原油，加 30mL 原油桶底层析出水配制成原油乳状液，置于带刻度的比色管中，静置，预热至 39～40℃，记刻度游离水量。加破乳剂，振摇 130～150 次，置于 39～40℃恒温水浴中，待空白样升温到 39～40℃时，开始计时，读出水量。（2）界面状态、挂壁状况、污水颜色用"√"表示好，用"∞"表示稍差，用"×"表示不好。

（1）J 一联。

效果较好的破乳剂有：CHY-44、JYY-25、JYY-24、JYY-85、JYY-84、CHY-224。

但是 30min 及 60min 脱水效果相差太大。

（2）H 一联。

对 H 一联效果较好的破乳剂有：CHW-11（40mg/L）、JHY-44（35mg/L）、JYY-15（50mg/L）、JWY-13（50mg/L）、JWY-15（50mg/L）、JWY-23（50mg/L）、CHW-113（50mg/L）、CHW-115（50mg/L）、CHW-223（50mg/L）、CHW-225（50mg/L）。

（3）M 一联。

对 M 一联效果较好的破乳剂：CHW-11（35mg/L）、CHW-22（35mg/L）、JWY-13（50mg/L）；JWY-15（50mg/L）、JWY-14（50mg/L）、JWY-23（50mg/L）、JWY-25（50mg/L）；JWY-24（50mg/L）、CHW-225（50mg/L）、CHW-223（50mg/L）、CHW-115（50mg/L）、JYY-75（50mg/L）。

（4）B 一联。

对 B 一联效果较好的破乳剂：CHY-55（35mg/L）、JYY-15（50mg/L）、JYY-74（50mg/L）、JWY-53（50mg/L），但 60min 脱水率最高只有 51.5%。

（5）A-55 站。

对 A-55 站效果较好的破乳剂：CHW-11（35mg/L）、CHW-44（35mg/L）、JYY-11（40mg/L）、JWY-15（50mg/L）、JWY-13（50mg/L）、JWY-45（50mg/L）、JYY-25（50mg/L），但 60min 脱水率最高只有 70.4%。

（6）AB 站混合油。

对 AB 站混合液效果较好的破乳剂：CHW-11（35mg/L）、CHY-11（35mg/L）、JWY-15（50mg/L）、JYY-14（50mg/L）、JYY-15（50mg/L）、JYY-74（50mg/L）、JWY-13（50mg/L），但 60min 脱水率最高只有 63%。

综合上述实验结果来看，破乳剂对 H 一联、M 一联、J 一联 3 个区块低温破乳有一定的效果，对 B 一联、A-55 站、AB 站混合液等几个区块的采出液破乳实验效果不理想。实验中发现破乳剂加量必须适中，有些药剂加量增加脱水效果反而下降，如 M 一联的 CHW-22 号破乳剂，加量为 35mg/L 时，60min 脱水率为 91.7%；当加量增加为 40mg/L 时，60min 脱水率下降为 86.9%。

表 8.29　J 一联低温破乳剂室内实验数据表

序号	破乳剂名称	破乳剂浓度/%	加药量/（mg/L）	不同时间沉降脱水量/mL					脱水率/%		界面状态	挂壁状况	水色	游离水量/mL
				15min	30min	45min	60min	75min	30min	60min				
1	CHY-44	1	32.5	10	24	26	27	27	76.8	86.5	√	√	√	30
2	CHY-55	1	50	20	26	27	27	28	83.3	86.5	×	×	∞	30
3	CHW-11	1	32.5	10	19	23	25	26	60.0	78.8	√	√	√	30
4	JYY-45	1	50		12	13	15	18	38.4	48.0	∞	×	∞	30
5	CHY-22	1	50	2	4	5	8	10	12.8	25.6	∞	√	√	30

序号	破乳剂名称	破乳剂浓度/%	加药量/（mg/L）	不同时间沉降脱水量/mL					脱水率/%		界面状态	挂壁状况	水色	游离水量/mL
				15min	30min	45min	60min	75min	30min	60min				
6	JYY-25	1	40	18	27	28	28	28	86.5	89.7	√	∞	√	30
7	JYY-25	1	50	20	28	28	30	30	89.7	96.1	×	∞	√	30
8	JYY-253	1	40	5	16	20	20	22	51.2	64.0	×	×	√	30
9	JYY-253	1	50	6	13	15	17	17	41.6	54.4	∞	×	√	30
10	JYY-24	1	40	14	19	20	24	24	60.8	76.8	∞	∞	√	30
11	JYY-24	1	60	26	28	28	28	28	89.7	89.7	√	√	√	30
12	JYY-24	1	50	28	29	29	29	30	92.9	92.9	√	√	√	30
13	JYY-24	1	55	26	28	28	28	29	89.7	89.7	√	√	√	30
14	JYY-24	1	45	25	27	27	28	28	89.3	92.6	√	∞	√	29
15	CHY-224	1	50	28	28	28	28	28	86.9	86.9	×	×	√	31（挂）
16	JYY-85	1	50	28	28	28	28	28	89.7	89.7	√	∞	√	30
17	JYY-84	1	55	27	28	28	28	29	89.7	89.7	√	∞	√	30

注：原油含水 2%，试样量 70mL 油 + 游离水 30mL，实验温度 39～40℃。

表 8.30　H 一联低温破乳剂室内实验数据表

序号	破乳剂名称	破乳剂浓度/%	加药量/（mg/L）	不同时间沉降脱水量/mL					脱水率/%		界面状态	挂壁状况	水色	游离水量/mL
				15min	30min	45min	60min	75min	30min	60min				
1	CHW-11	1	40	17	28	29	30	30	87.6	93.8	√	∞	√	30
2	CHY-11	1	35	10	20	25	26	28	63.5	82.6	√	√	√	30
3	CHY-55	1	50	12	19	24	26	28	60.4	82.6	∞	∞	√	30
4	CHY-99	1	35	0	2	5	11	25	6.4	35.0	√	√	√	30
5	CHY-66	1	35	1	10	19	26	28	31.8	82.6	√	√	√	30
6	CHY-77	1	35	1	6	13	19	24	19.1	60.4	√	√	√	30
7	CHY-44	1	35	11	20	25	28	29	63.5	88.9	√	√	√	30
8	JYY-15	1	50	21	25	28	30	30	65.0	78.0	√	√	√	37
9	JYY-15	1	45	14	20	22	24	24	63.5	76.2	√	∞	√	30
10	JWY-35	1	50	12	16	20	22	24	50.8	70.0	√	√	√	30
11	JYY-24	1	50	5	8	10	14	16	25.4	44.5	√	√	√	30

续表

序号	破乳剂名称	破乳剂浓度 / %	加药量 / （mg/L）	不同时间沉降脱水量 /mL					脱水率 /%		界面状态	挂壁状况	水色	游离水量 / mL
				15min	30min	45min	60min	75min	30min	60min				
12	JYY-115	1	50	4	6	9	12	18	18.5	36.9	√	√	√	30
13	JWY-14	1	50	5	14	22	25	28	40.0	71.5	√	√	√	33
14	JWY-13	1	50	6	20	28	30	31	58.9	88.3	√	√	√	32
15	JWY-13	1	45	7	12	20	23	25	38.5	73.8	√	√	√	29
16	JWY-13	1	40	7	13	20	24	27	40.0	73.9	√	√	√	30
17	CHW-113	1	50	14	22	26	26	27	72.2	85.3	√	√	√	29
18	CHW-115	1	50	8	15	24	24	26	47.6	76.2	√	√	√	30
19	JYY-65	1	50	2	10	17	23	25	31.8	73.1	√	√	√	30
20	JYY-95	1	52	3	8	12	16	19	25.4	50.8	√	√	√	30
21	JWY-23	1	50	9	25	27	28	29	65	88.3	√	√	√	30
22	JWY-15	1	50	9	27	28	29	30	85.1	91.8	√	√	√	29
23	CHW-223	1	50	8	28	29	29	31	87.6	88.9	√	√	√	30
24	CHW-225	1	50	12	27	29	30	30	87.6	92.8	√	√	√	30

注：原油含水 2.4%，试样量 70mL 油 + 游离水 30mL，实验温度 39～40℃。

表 8.31　M 一联低温破乳剂室内实验数据表

序号	破乳剂名称	破乳剂浓度 / %	加药量 / （mg/L）	不同时间沉降脱水量 /mL					脱水率 /%		界面状态	挂壁状况	水色	游离水量 / mL
				15min	30min	45min	60min	75min	30min	60min				
1	CHW-11	1	35	9	18	25	28	30	55.0	85.5	√	∞	√	31
2	CHW-11	1	50	18	24	27	28	30	74.5	86.9	√	∞	∞	30
3	CHW-22	1	35	20	26	29	30	30	79.4	91.7	√	√	√	31
4	CHW-22	1	40	14	24	26	28	28	74.5	86.9	√	√	√	30
5	CHY-44	1	32.5	5	9	20	21	26	28.8	67.2	√	√	√	30
6	CHY-44	1	50	4	7	13	18	23	23.2	59.5	∞	√	√	29
7	CHY-55	1	40	14	19	23	26	28	60.8	83.3	∞	×	√	30
8	CHY-55	1	50	16	21	24	26	27	67.2	83.3	√	∞	√	30
9	JWY-13	1	45	4	5	10	30	31	15.2	91.7	∞	√	√	31
10	JWY-13	1	35	15	18	23	26	28	53.8	77.8	√	∞	√	32

序号	破乳剂名称	破乳剂浓度/%	加药量/(mg/L)	不同时间沉降脱水量/mL					脱水率/%		界面状态	挂壁状况	水色	游离水量/mL
				15min	30min	45min	60min	75min	30min	60min				
11	CHW–225	1	50	12	18	25	30	30	56.4	94.0	∞	√	√	30
12	CHW–115	1	40	14	21	25	27	27	66.2	85.1	√	∞	√	30
13	JWY–15	1	50	14	20	24	30	31	63.0	94.5	∞	∞	√	30
14	JWY–15	1	40	16	21	25	28	30	61.9	82.5	√	∞	√	32
15	JWY–35	1	50	13	17	22	25	27	54.1	79.5	∞	√	√	30
16	JWY–14	1	35	13	20	24	28	30	61.1	85.5	√	∞	√	31
17	JWY–14	1	40	3	7	12	20	22	21.7	62.1	∞	√	√	30
18	JWY–14	1	50	12	18	23	29	30	56.7	91.4	∞	√	√	30
19	JWY–23	1	50	20	24	32	34	34	70.7	100	√	√	√	32
20	JWY–23	1	30	7	10	13	16	18	30.5	48.7	∞	√	√	31
21	JWY–23	1	40	10	18	25	28	30	56.7	88.2	√	√	√	30
22	JWY–25	1	50	24	28	30	31	32	82.5	91.4	∞	√	√	32
23	JWY–24	1	50	13	20	24	28	30	63.0	88.2	∞	∞	√	30
24	JYY–75	1	45	18	22	24	27	28	67.3	82.5	√	√	√	31
25	JYY–24	1	40	20	22	24	26	28	70.4	83.3	∞	√	×	30
26	CHW–223	1	50	17	21	24	25	27	67.2	80.1	∞	∞	√	30
27	JYY–75	1	50	16	21	25	28	30	66.0	88.0	√	√	√	30

注：原油含水 2%，试样量 70mL 油 + 游离水 30mL，实验温度 39～40℃。

表 8.32 B 一联低温破乳剂室内实验数据表

序号	破乳剂名称	破乳剂浓度/%	加药量/(mg/L)	不同时间沉降脱水量/mL					脱水率/%		界面状态	挂壁状况	水色	游离水量/mL
				15min	30min	45min	60min	75min	30min	60min				
1	CHY–77	1	35	5	6	9	10	10	19.3	32.2	√	∞	√	30
2	CHY–55	1	35	12	14	15	16	17	45.1	51.5	√	√	√	30
3	JWY–45	1	55	2	2	2	4	5	6.4	12.8	√	√	√	30
4	JYY–75	1	50	2	3	4	4	8	9.6	12.9	√	√	√	30
5	JYY–15	1	50	10	12	12	16	16	38	50.7	√	√	√	30
6	JYY–54	1	50	3	4	5	5	5	12.9	16.1	√	√	√	30

续表

序号	破乳剂名称	破乳剂浓度/%	加药量/（mg/L）	不同时间沉降脱水量/mL					脱水率/%		界面状态	挂壁状况	水色	游离水量/mL
				15min	30min	45min	60min	75min	30min	60min				
7	JYY–44	1	50	5	7	12	15	15	22.5	48.3	√	×	√	30
8	JYY–74	1	50	4	8	12	16	17	25.7	51.5	√	√	√	30
9	JWY–13	1	50	6	10	14	15	17	31.7	50.7	√	√	√	30
10	JYY–84	1	50	8	10	14	15	17	32.2	48.3	√	√	√	30
11	JWY–53	1	50	8	12	14	16	19	38.6	51.5	√	√	√	30

注：原油含水 2%，试样量 70mL 油 + 游离水 30mL，实验温度 39～40℃。

表 8.33 A–55 站低温破乳剂室内实验数据表

序号	破乳剂名称	破乳剂浓度/%	加药量/（mg/L）	不同时间沉降脱水量/mL					脱水率/%		界面状态	挂壁状况	污水颜色	游离水量/mL
				15min	30min	45min	60min	75min	30min	60min				
1	CHW–11	1	35	13	15	16	18	18	47.2	56.7	√	√	√	30
2	CHY–88	1	35	15	16	19	20	21	51.2	64	√	√	√	30
3	CHW–44	1	35	13	17	20	22	24	54.4	70.4	√	√	√	30
4	CHY–77	1	35	12	15	16	17	17	48	54.4	√	√	√	30
5	JYY–11	1	40	12	15	16	19	20	48	59.8	√	√	√	30
6	JYY–15	1	50	15	17	19	20	21	53.5	63	√	√	√	30
7	JYY–74	1	50	8	12	15	18	20	38.4	57.6	√	√	√	30
8	JWY–13	1	50	13	16	18	19	19	50.4	59.8	√	√	√	30
9	JWY–45	1	50	9	12	20	20	20	38.4	64	√	√	√	30
10	JYY–14	1	50	10	13	16	19	19	40.9	59.8	√	√	√	30

注：原油含水 2%，试样量 70mL 油 + 游离水 30mL，实验温度 39～40℃。

表 8.34 AB 站混合油低温破乳剂室内实验数据表

序号	破乳剂名称	破乳剂浓度/%	加药量/（mg/L）	不同时间沉降脱水量/mL					脱水率/%		界面状态	挂壁状况	污水颜色	游离水量/mL
				15min	30min	45min	60min	75min	30min	60min				
1	CHW–11	1	35	5	10	14	18	19	31.5	56.7	√	√	√	30
2	CHY–11	1	35	7	11	16	20	21	34.6	63	√	√	√	30
3	CHY–77	1	40	6	8	11	15	17	25.6	47.2	√	√	√	30

序号	破乳剂名称	破乳剂浓度 /%	加药量 /（mg/L）	不同时间沉降脱水量 /mL					脱水率 /%		界面状态	挂壁状况	污水颜色	游离水量 /mL
				15min	30min	45min	60min	75min	30min	60min				
4	CHW—44	1	40	6	10	12	16	18	32	51.2	√	√	√	30
5	JWY—15	1	50	8	12	15	18	18	37.8	57.6	√	√	√	30
6	JYY—14	1	50	5	12	14	20	20	37.8	63	√	√	√	30
7	JYY—15	1	50	7	12	15	19	21	37.8	59.8	√	√	√	30
8	JYY—74	1	50	4	10	17	19	20	32	60.8	√	∞	√	30
9	JWY—45	1	50	4	6	8	10	10	19.2	32	√	√	√	30
10	JWY—13	1	50	5	11	16	19	22	34.6	59.8	√	√	√	30

注：原油含水 2%，试样量 70mL 油 + 游离水 30mL，实验温度 39～40℃。

对现场取回的 6 个区块采出液的破乳脱水实验中，H 一联共 24 组评价实验，M 一联共 27 组评价实验，J 一联共 17 组评价实验，B 一联共 11 组评价实验，AB 站共 10 组评价实验，A-55 站共 10 组评价实验。

从表 8.29 至表 8.34 可以看出，破乳剂效果较好的有 H 一联、M 一联、J 一联，而 B 一联、AB 站和 A-55 站的脱水效果较差，主要原因可能是有机硅类破乳剂不能改变其相转变温度，原油物性不适合采用低温破乳技术，无法满足现场对低温破乳的要求，因此，下面将重点开展对 H 一联、M 一联、J 一联的原油采出液低温破乳现场试验评价。

8.5　低温破乳剂现场应用效果

实验室取回的原油采出液样品经过长途运输和存放，不能完全代表现场采出液的实际情况，因此为进一步验证室内结果，将优选的低温破乳剂配制成 36 个品种送到现场，由 EL 分公司中心化验室现场取回 H 一联、M 一联、J 一联的采出液，立即进行破乳脱水试验，以确定符合技术要求的破乳剂品种。破乳剂评价方法参考 SY/T 5280—2018《原油破乳剂通用技术条件》，脱水温度 39～40℃。不同区块原油低温破乳剂现场应用结果见表 8.35 至表 8.37。

表 8.35　H 一联低温破乳剂试验数据

序号	药剂名称及加量 /（mg/L）	不同时间出水量 /mL					60min 绝对脱水率 /%	界面状况	污水颜色
		5min	10min	15min	30min	60min			
0-A	空白	2	6	8	15	25	80.6	不齐	清
0-B		2	5	8	15	24	77.4	不齐	清

序号	药剂名称及加量 /（mg/L）	不同时间出水量 /mL					60min 绝对脱水率 /%	界面状况	污水颜色
		5min	10min	15min	30min	60min			
1-A	CHW-11/35	10	15	20	29	30	96.8	齐	清
1-B		7	15	19	29	30	96.8	齐	清
2-A	CHY-44/32.5	2	4	5	15	27	87.1	齐	清
2-B		3	5	6	15	27	87.1	齐	清
3-A	JWY-13/35	5	10	13	25	30	96.8	齐	清
3-B		3	5	8	23	30	96.8	齐	清
4-A	JWY-23/50	3	4	6	15	29	93.5	齐	清
4-B		4	6	10	19	31	100.0	齐	清
5-A	JWY-15/50	8	12	16	27	30	96.8	齐	清
5-B		9	14	16	28	31	100.0	齐	清
6-A	JYY-15/50	1	6	9	23	29	93.5	齐	清
6-B		4	6	10	22	29	93.5	齐	清
7-A	JWY-25/50	8	10	15	22	25	80.6	齐	清
7-B		9	11	14	21	25	80.6	齐	清
8-A	JYY-65/50	1	4	8	25	30	96.8	齐	清
8-B		1	4	8	18	27	87.1	齐	清
9-A	CHW-113/50	3	6	9	17	28	90.3	齐	清
9-B		4	5	8	13	31	100.0	齐	清
10-A	CHW-115/50	2	4	7	16	28	90.3	齐	清
10-B		2	5	7	15	28	90.3	齐	清
11-A	CHW-223/50	4	8	9	13	29	93.5	齐	清
11-B		4	6	8	14	26	83.9	齐	清
12-A	CHW-225/50	2	5	8	16	26	83.9	齐	清
12-B		3	8	12	22	23	74.2	齐	清

注：（1）油样含水 34.4%；
　　（2）试验温度 39~40℃；
　　（3）X-A 和 X-B 为平行实验，A、B 配方相同。

表 8.36　M 一联低温破乳剂试验数据

序号	药剂名称及加量 / （mg/L）	不同时间出水量 /mL					60min 绝对脱水率 /%	界面状况	污水颜色
		5min	10min	15min	30min	60min			
0	空白	5	8	11	20	25	55.6	不齐	淡黄
0		5	8	10	20	26	57.8	不齐	淡黄
1−A	CHW−11/32.5	20	31	32	33	35	77.8	齐	淡黄
1−B		21	31	31	33	35	77.8	齐	淡黄
2−A	CHW−22/32.5	18	31	32	33	35	77.8	齐	淡黄
2−B		19	31	32	33	35	77.8	齐	淡黄
3−A	JWY−13/50	23	35	35	37	38	84.4	齐	淡黄
3−B		22	35	36	37	38	84.4	齐	淡黄
4−A	JWY−13/50	26	38	39	40	40	88.9	齐	清
4−B		26	37	38	40	40	88.9	齐	清
5−A	JWY−23/45	21	35	35	35	37	82.2	齐	淡黄
5−B		22	35	36	36	37	82.2	齐	淡黄
6−A	JWY−23/50	15	20	26	28	30	66.7	齐	淡黄
6−B		16	20	25	27	29	64.4	齐	淡黄
7−A	JWY−14/40	23	30	30	34	41	91.1	齐	清
7−B		25	29	31	35	41	91.1	齐	清
8−A	JWY−24/35	14	16	18	23	35	77.8	齐	淡黄
8−B		20	20	22	25	37	82.2	齐	淡黄
9−A	JWY−15/50	20	28	28	31	35	77.8	齐	淡黄
9−B		19	26	27	30	32	71.1	齐	淡黄
10−A	JWY−25/50	21	26	27	34	37	82.2	齐	淡黄
10−B		20	25	26	33	37	82.2	齐	淡黄
11−A	JWY−25/50	26	31	31	35	37	82.2	齐	淡黄
11−B		24	30	31	36	37	82.2	齐	淡黄
12−A	JYY−75/50	26	32	35	40	42	93.3	齐	清
12−B		25	32	36	39	42	93.3	齐	清
13−A	CHW−115/50	20	28	30	32	33	73.3	齐	淡黄
13−B		19	29	31	32	32	71.1	齐	淡黄

续表

序号	药剂名称及加量 /（mg/L）	不同时间出水量 /mL					60min 绝对脱水率 /%	界面状况	污水颜色
		5min	10min	15min	30min	60min			
14−A	CHW−223/50	28	35	35	38	40	88.9	齐	清
14−B		28	34	34	37	39	86.7	齐	清
15−A	CHW−225/50	28	31	31	37	40	88.9	齐	清
15−B		27	30	32	36	39	86.7	齐	清

注：（1）油样含水 50.0%；

（2）试验温度 39～40℃；

（3）X−A 和 X−B 为平行实验，A、B 配方相同。

表 8.37　J 一联低温破乳剂试验数据

序号	药剂名称及加量 /（mg/L）	不同时间出水量 /mL					60min 绝对脱水率 /%	界面状况	污水颜色
		5min	10min	15min	30min	60min			
0	空白	0	1	1	2	2	3.5	齐	清
0		0	1	1	2	2	3.5	齐	清
1−A	CHY−44/32.5	6	11	11	13	16	28.1	齐	清
1−B		5	11	12	13	15	26.3	齐	清
2−A	JYY−24/40	15	27	27	28	28	49.1	齐	清
2−B		15	26	27	28	28	49.1	齐	清
3−A	JYY−24/50	20	34	34	36	53.5	93.9	齐	清
3−B		19	35	35	37	53	93.0	齐	清
4−A	JYY−25/40	4	8	9	10	18	31.6	齐	清
4−B		5	9	10	11	19	33.3	齐	清
5−A	JYY−25/50	6	13	14	16	23	40.4	齐	清
5−B		6	13	15	16	22	38.6	齐	清
6−A	JYY−84/50	5	9	9	10	14	24.6	齐	清
6−B		5	8	9	11	14	24.6	齐	清
7−A	JYY−85/50	12	25	27	31	35	61.4	齐	清
7−B		12	25	27	30	35	61.4	齐	清
8−A	CHY−224/45	2	4	4	5	5	8.8	齐	清
8−B		2	3	4	5	6	10.5	齐	清

序号	药剂名称及加量 / (mg/L)	不同时间出水量 /mL					60min 绝对脱水率 /%	界面状况	污水颜色
		5min	10min	15min	30min	60min			
9-A	CHY-224/50	5	8	8	9	11	19.3	齐	清
9-B		5	8	9	10	11	19.3	齐	清

注：（1）油样含水 61.2%；

（2）试验温度 39~40℃；

（3）X-A 和 X-B 为平行实验，A、B 配方相同。

按照生产要求的主要技术指标：（1）脱水温度＜40℃；（2）用量 30~50mg/L；（3）60min 绝对脱水率≥93%，油水界面清晰稳定；（4）污水含油≤500mg/L，并结合现场生成条件（H 一联集输工艺为含水油动力液开式流程，一段脱水沉降时间 42min；M 一联集输工艺为含水油动力液密闭流程，一段脱水沉降时间 1.7h；J 一联集输工艺为混合液开式流程，一段脱水沉降时间 1.9h）。分析表 8.35 至表 8.37 试验结果可知，H 一联有 5 种药剂可以满足低温脱水要求，而且效果好；M 一联有一种药剂其脱水率达到 93%，J 一联也有一种药剂其脱水率达到 93%。具体见表 8.38。

表 8.38 破乳剂加量和脱水率

序号	药剂名称	加药量 / (mg/L)	60min 绝对脱水率 /%	适用地点
1	CHW-11	35	96.8	H 一联
2	JWY-13	35	96.8	
3	JWY-23	50	96.5	
4	JWY-15	50	97.8	
5	JYY-15	50	93.5	
6	JYY-75	50	93.3	M 一联
7	JWY-14	40	91.1	
8	JYY-24	40	93.9	J 一联
	JYY-24	50	93.0	

第 9 章　海上油田低温摇晃原油乳状液破乳研究与应用

海上 LHZ 油田一级分离器的处理温度相对较低，平均温度为 52℃。在天气状况恶劣的情况下，一级分离器会出现油水界面不稳定的现象，油水界面会快速下降，油水分离效果会变差。为了改善现场的油水分离效果，需要研究适用于低温和抗摇晃性能好的破乳剂配方。基于上述问题，首先对 LHZ 油田产出液的稳定性机理进行了解析，对 LHZ 油田的产出液进行了物性分析，弄清现场油水性质的特征，从破乳剂分子结构的层面开展了相关研究。基于现场产出液的特点和原油乳状液的稳定机制，以"改头、换尾、加骨、调重和复配"为原则，合成了一系列破乳剂，对合成产物进行了结构表征，获得了最佳合成工艺参数。采用瓶试法等方法，对上述合成产物的低温抗摇晃破乳性能进行了评价，研究了不同 EO/PO、EO/PO 嵌段方式和聚酯单体等因素对破乳剂破乳性能的影响规律，为低温抗摇晃性破乳剂研究与应用提供了理论和技术参考，并在海上油田获得了很好的应用效果。

9.1　LHZ 油田产出液稳定性机理研究

9.1.1　产出液宏观组成分析研究

9.1.1.1　产出液含水率的测定

对取回的 LHZ 油田产出液样品进行外观特征的观测，发现产出液静置后有明显的分层现象、油水界面清晰。再根据 GB/T 8929—2006《原油水含量的测定》，对产出液含水率进行测定。结果见表 9.1。

表 9.1　产出液的外观特征及含水率

产出液	1#	2#	3#	4#	5#	6#	7#	8#	9#	10#
油中含水 /%	9.52	9.13	9.67	9.33	10.24	10.98	10.56	15.12	15.98	16.12

实际收到的油水样，为现场初步油水分离后的样品，因此无法得到准确的综合含水率数据。从表 9.1 可以看出，10 个样品的含水率为 9.13%～15.98%，而现场实际的综合含水率达到 97.0%，因此推测现场的原油乳状液的成分比较复杂，应含有油包水型乳状液，也

含有水包油型乳状液，也可能含有更复杂的多相乳状液。

9.1.1.2 原油密度的测定

按照国家标准 GB/T 1884—2000《原油和液体石油产品密度实验室测定法（密度计法）》，对原油的密度进行测定。不同温度下，原油密度的测量结果见表 9.2。

表 9.2 不同温度下原油密度的测定结果

温度 /℃	25	35	45	55	65	75
油样 1# 密度 /（g/cm³）	0.9245	0.9180	0.9112	0.9023	0.8954	0.8859
油样 2# 密度 /（g/cm³）	0.9250	0.9175	0.9120	0.9015	0.8962	0.8887
油样 3# 密度 /（g/cm³）	0.9254	0.9182	0.9107	0.9021	0.8959	0.8865
油样 4# 密度 /（g/cm³）	0.9242	0.9172	0.9116	0.9011	0.8950	0.8872
油样 5# 密度 /（g/cm³）	0.9280	0.9219	0.9137	0.9055	0.8973	0.8861
油样 6# 密度 /（g/cm³）	0.9296	0.9228	0.9140	0.9064	0.8976	0.8866
油样 7# 密度 /（g/cm³）	0.9290	0.9230	0.9145	0.9060	0.8980	0.8872
油样 8# 密度 /（g/cm³）	0.9310	0.9245	0.9176	0.9100	0.9012	0.8902
油样 9# 密度 /（g/cm³）	0.9314	0.9240	0.9186	0.9106	0.9024	0.8912
油样 10# 密度 /（g/cm³）	0.9316	0.9250	0.9170	0.9114	0.9030	0.8918

9.1.1.3 原油酸值的测定

根据 GB 264—1983《石油产品酸值测定法》，测定了 LHZ 油田原油的酸值，油样 1# 至油样 10# 的酸值为 2.12～2.32mg KOH/g，属于高酸原油。

9.1.1.4 原油凝点的测定

按照国家标准 GB/T 510—2018《石油产品凝点测定法》，对 LHZ 油田原油的凝点进行了测定，油样 1# 至油样 10# 凝点为 −20.0～−22.0℃，LHZ 油田原油的凝点较低，与一级分离器的温度相差较大，破乳过程不会出现原油凝固的现象。

9.1.1.5 原油的析蜡点和黏温曲线

参照 SY/T 7549—2000《原油黏温曲线的确定旋转黏度计法》，采用流变仪，对脱水原油的黏温曲线进行了测定，不同温度下脱水原油的黏度如图 9.1 所示。由图 9.1 可

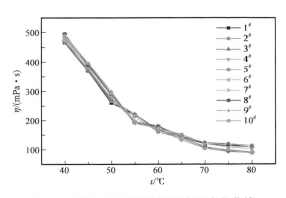

图 9.1 脱水原油的黏度随温度的变化曲线

知，40～70℃的升温过程中油样的黏度下降速率明显大于 70～80℃升温过程中油样的黏度下降速率，该油样的黏度拐点出现在 70℃左右。温度的升高破坏了原油中胶质、沥青质形成的网络结构所造成的屈服应力，同时使分子热运动加剧，在宏观上就表现为随温度升高，原油黏度减小。

从上述分析测试结果可以看出，LHZ 油田产出液的含水率较高，且酸值较高，相对密度和黏度并不高。产出液可能同时存在油包水和水包油型乳状液，也可能存在水／油／水的特殊乳状液，因此如何同时对上述乳状液进行有效低温破乳，是一个技术难题。

9.1.2　原油组分及采出水水质分析研究

9.1.2.1　原油组分分析

按照行业标准 SY/T 7550—2012《原油中蜡、胶质、沥青质含量的测定》和 NB/SH/T 0509—2010《石油沥青四组分测定法》，对 LHZ 油田的脱水原油进行了组分分析，测定结果见表 9.3。

表 9.3　原油组分分析结果

原油	饱和烃 /%	芳香烃 /%	蜡 /%	胶质 /%	沥青质 /%
油样 1#	52.6	19.7	5.6	18.8	2.6
油样 2#	54.0	19.4	5.8	17.2	2.8
油样 3#	53.8	19.8	5.6	18.0	2.7
油样 4#	52.4	19.0	5.0	19.6	2.8
油样 5#	50.6	19.4	4.8	19.6	3.6
油样 6#	51.4	17.8	5.0	18.2	3.4
油样 7#	51.2	17.0	4.6	18.0	3.7
油样 8#	51.6	17.6	4.8	19.6	3.0
油样 9#	51.8	16.8	5.2	19.2	3.2
油样 10#	51.2	17.2	4.8	19.0	2.8

通常情况下，原油中胶质和沥青质含量越多，其密度越大，黏度越高。从表 9.3 可以看出，LHZ 油田原油的蜡和沥青质含量较低，而胶质含量较高。

9.1.2.2　采出水水质分析

根据 SY/T 5523—2016《油田水分析法》，测定采出水中几种阴离子和阳离子的含量。各离子含量见表 9.4。

表 9.4 采出水的水质分析结果

样品		水样 1#	水样 2#	水样 3#	水样 4#	水样 5#
阳离子浓度 /（mg/L）	Ca^{2+}	1180	1012	1280	997	970
	Mg^{2+}	740	712	780	756	746
	总铁	0.12	0.10	0.14	0.10	0.10
	Ba^{2+}	0	0	0	0	0
	Na^+	12122	11067	12878	11012	10898
	K^+	450	432	464	421	408
阴离子浓度 /（mg/L）	Cl^-	16898	16347	16780	15978	15468
	SO_4^{2-}	1688	1789	1762	1698	1548
	HCO_3^-	286	277	276	268	254
	CO_3^{2-}	0	0	0	0	0
	OH^-	0	0	0	0	0
TDS（计算）		33364	31636	34220	31130	30292
水型		氯化钙	氯化钙	氯化钙	氯化钙	氯化钙

样品		水样 6#	水样 7#	水样 8#	水样 9#	水样 10#
阳离子浓度 /（mg/L）	Ca^{2+}	1278	1056	1345	1102	1234
	Mg^{2+}	732	734	802	778	756
	总铁	0.13	0.10	0.16	0.10	0.16
	Ba^{2+}	0	0	0	0	0
	Na^+	12456	11200	12688	11912	12346
	K^+	422	454	436	434	448
阴离子浓度 /（mg/L）	Cl^-	17122	16699	16986	16002	17212
	SO_4^{2-}	1812	1824	1946	1878	1798
	HCO_3^-	298	266	278	256	246
	CO_3^{2-}	0	0	0	0	0
	OH^-	0	0	0	0	0
TDS（计算）		34120	32233	34481	32362	34040
水型		氯化钙	氯化钙	氯化钙	氯化钙	氯化钙

9.1.2.3　悬浮固体含量和固体颗粒直径中值测定

按照SY/T 5329—2022《碎屑岩油藏注水水质指标及分析方法》，测定了悬浮固体含量，1#至10#采出水中固体悬浮物的含量为6.2～15.4mg/L，水中含有的平均固体悬浮物浓度大约为11.42mg/L。

此外，利用激光粒度仪和动态光散射仪，对固体颗粒的粒径进行了检测分析，1#至10#采出水中微米级固体颗粒的中值粒径（D_{50}）值介于10～140μm。DLS测定采出水中的纳米级的固体颗粒直径的分布，数据表明，采出水中还含有100nm或者700nm的分子聚集体或固体颗粒。上述这些微米级或者纳米级的固体颗粒的存在，会增加乳状液的稳定性，导致破乳的难度增加。

9.1.3　产出液稳定机理研究

9.1.3.1　乳状液类型

采用电导法对乳状液类型进行了鉴定，测试分析结果见表9.5。从电导率数据可以看出，50%含水率的乳状液为油包水型乳状液。

表 9.5　乳状液的电导率（含水率 50%，25℃）

组数	1	2	3	4	5	6	7	8	9	10	11
$\kappa/$（μS/cm）	0.1	0.16	0.18	0.19	0.16	0.22	0.32	0.24	0.46	0.78	0.80

9.1.3.2　油水动态界面张力曲线的测定

利用Tracker界面流变仪，测定了LHZ油田油水样的动态界面张力曲线。油水样的动态界面张力曲线如图9.2至图9.4所示。

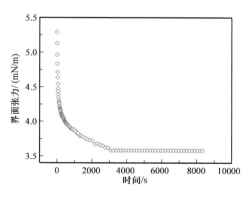

图 9.2　原油的动态界面张力曲线（25℃）

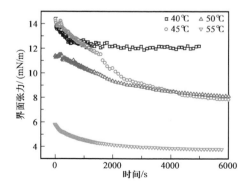

图 9.3　不同温度下原油动态界面张力曲线

从图9.2中可以看出，原油的界面张力值较低，25℃的平衡界面张力低于3.6mN/m。测量过程中，界面张力曲线变化较小，界面张力数值较低，说明原油中的活性物质能较

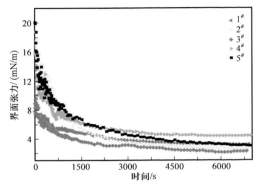

图 9.4 原油的动态界面张力曲线（50℃）

快地吸附在油水界面上，界面活性较好。从图 9.3 可以看出，第二次原油的界面张力值略高，并且随着温度的升高，界面张力不断降低。当温度升高至 55℃时，界面张力值下降得较为明显。界面张力值的降低，会增加原油的乳化能力，增加原油乳状液的稳定性。

9.1.3.3 水样表面张力的测定

采用铂金板法测定表面活性剂水溶液的表面张力。按式（9.1）计算表面张力值。

$$F=mg+L\gamma\cos\theta-sh\rho g \tag{9.1}$$

式中 m——铂金板的质量；

g——重力加速度；

L——铂金板的周长；

γ——液体的表面张力；

θ——液体与铂金板间的接触角；

s——铂金板横切面面积；

h——铂金板浸入的深度；

ρ——液体的密度。

测量结果见表 9.6。

表 9.6 水样的表面张力值

组数	1	2	3	4	5	6	7	8	9	10	11	12	13	14
温度 /℃	24.52	24.52	24.52	24.56	24.57	29.89	29.92	29.93	28.45	29.8	30.15	30.91	30.7	30.89
表面张力 /（mN/m）	45.51	45.4	45.33	45.7	45.58	65.88	64.48	62.45	66.65	66.82	65.57	47.19	47.43	47.75

从表 9.6 中的数据可以看出，水样的表面张力相差较大。1# 至 5# 水样的表面张力值较低，这与油水界面张力测定结果一致。这说明水样中有一定量的表面活性物质，这些物质的存在有利于乳化过程，会增加原油破乳的难度。6# 至 11# 水样的表面张力与纯水的表面张力（71.18mN/m）相差不大，这说明水中的表面活性剂物质浓度较低。12# 至 14# 水样的表面张力值较低。从上面的数据可以看出，现场水样情况并不稳定。这些表面活性物质的存在，会增加油水的乳化程度，使得破乳过程变得困难，也会使水质变差。

9.1.3.4 水样 pH 值的测定

利用 pH 计，对现场水样的 pH 值进行了测定，测量结果表明，11 个水样的 pH 值介于 7.00～8.20，为中性或弱碱性。

9.1.3.5　水样电导率的测定

利用电导率仪，对现场水样的电导率进行了测定，测量结果见表 9.7。从表中可以看出，水样的电导率数据较为接近，水中离子含量高，电导率数值大。

表 9.7　水样的电导率（25℃）

组数	1	2	3	4	5	6	7	8	9	10	11
电导率 /（mS/m）	58	55.5	57.6	62.6	55.2	59.2	62.3	63.4	59.4	67.2	52.6

9.1.3.6　产出液稳定机理分析研究

（1）胶质与沥青质的协同乳化作用。

沥青质是原油乳状液天然乳化剂中最重要的组分。沥青质不仅对原油乳状液的形成及稳定有重要作用，而且对原油的性质、开采、运输和加工有重要的影响。沥青质以分子或胶束状态完全分散在油相中，或以大的颗粒形式分散在油相中，不会起到乳化作用。沥青质要有高的界面活性，必须在油水界面上有规则地堆积起来，形成一个刚性的界面膜，以便阻止液滴的聚并。

胶质是以真溶液形式存在于原油中的化合物，是影响原油乳状液的另一个重要因素。原油中的沥青质、胶质和高分子量的芳香烃之间具有密切的关系。重芳香烃逐渐氧化形成胶质，胶质进一步氧化形成沥青质。因此，两者具有非常类似的结构。达到相同表面压时，胶质的表面浓度比沥青质低得多。

一般认为胶质和沥青质具有很强的协同乳化作用。原油中胶质为沥青质的良溶剂。胶质和芳香烃可被沥青质吸收，吸收了原油中芳香烃和胶质微粒的沥青质可充分分散在原油中，可防止沥青质的沉淀。因此，胶质和沥青质以微粒形式充分分散在原油中，容易吸附至油水界面上，使沥青质具有较强的界面活性。

从组分分析结果可以看出，LHZ 油田原油的胶质和沥青质含量较高，特别是胶质。因此，胶质与沥青质的混合界面膜的形成是 LHZ 油田原油乳状液稳定存在的主要原因之一。

（2）蜡晶对原油乳状液稳定性的影响。

原油中的蜡由正构烷烃、酯、脂肪醇等组成，或作为微粒（常常和黏土、矿物质等一起）吸附在油水界面上或作为连续相的黏性剂促进乳状液的稳定性。一些蜡晶将滞留在水滴之间，阻碍水滴从油相的挤出，或在水滴表面形成一定强度的蜡晶屏障，阻止水滴的合并，提高乳状液的稳定性。特别是蜡的网状结构的形成，将水滴分隔包围，使水滴不能絮凝、沉降合并，因而促进乳状液的稳定性。温度越低，蜡的网状结构的强度越高，乳状液就越稳定。蜡以蜡晶形成稳定的原油乳状液时，蜡晶的颗粒大小直接与乳状液的稳定性有关。一般来说，原油中蜡的含量超过 6% 就能增加乳状液的稳定性。根据原油蜡含量分析结果，LHZ 油田的蜡含量略小于 6%，因此蜡晶的界面吸附是原油乳状液稳定存在的原因之一。

（3）固体微粒对原油乳状液稳定性的影响。

固体颗粒对于原油乳状液稳定性起着重要的作用。极细的不溶性固体颗粒可组成一类重要的乳化剂。那些能在水和油相中部分湿润的胶体微粒能有效地稳定乳状液。固体颗粒稳定的乳状液在原油开采中较为普遍。因此，固体微粒稳定机理对原油乳状液稳定性起着重要的作用。

（4）脂肪酸、环烷酸等酸性物质的乳化作用。

原油中酸性物质可与碱性物质作用产生原位界面活性物质，进而可有效降低界面张力，对原油乳化和乳状液的稳定性起到重要作用。离解与未离解的酸都在界面上吸附是界面张力出现最小值的原因，未离解的酸吸附在界面油侧，而离解的酸吸附在界面水侧，从而界面张力高。随碱浓度的提高，酸不断离解，其浓度增加，直至达到临界胶束浓度为止，此刻界面张力到达最低。根据酸值的测定结果，LHZ 油田的原油为高酸值原油，界面张力低，因此有利于原油乳状液的稳定存在。

9.1.4 现场在用药剂的效果验证分析

根据 SY/T 5280—2018《原油破乳剂通用技术条件》，对现场在用破乳剂 DEM-4002 和 TS-P100A 的低温和抗摇晃性能进行了初步评价。

9.1.4.1 温度对破乳剂破乳性能的影响规律

分别在 45℃、50℃ 和 55℃ 下，对现场在用药剂 DEM-4002 和 TS-P100A 对含水率 50% 原油乳状液的破乳性能进行评价，结果见表 9.8。

表 9.8 现场在用原油破乳剂的破乳性能

原油破乳剂		不同时间脱水量 /mL					界面状况	水相清洁度	挂壁程度
名称	加药浓度 /（mg/L）	5min	10min	15min	20min	30min			
空白（45℃）	0	0	0	0	0	0	—	—	—
TS-P100A（45℃）	50	0	1	1	1	2	齐	清	微挂
DEM-4002（45℃）	50	2	4	6	10	24	齐	清	挂壁
空白（50℃）	0	0	0	0	0	0	—	—	—
TS-P100A（50℃）	50	1	2	4	8	16	齐	清	微挂
DEM-4002（50℃）	50	2	6	9	20	27	齐	清	挂壁
空白（55℃）	0	0	0	0	0	0	—	—	—
TS-P100A（55℃）	50	2	3	4	6	14	齐	清	微挂
DEM-4002（55℃）	50	3	5	13	19	26	齐	清	挂壁

从表 9.8 中数据可以看出，DEM-4002 的脱水速率和脱水量远优于 TS-P100A；且随着温度的升高，破乳效果变好。破乳温度降低，对 DEM-4002 的脱水速率有一定影响，对脱水率影响较小。但破乳温度对 TS-P100A 的脱水速率和脱水率都有较大影响。

9.1.4.2　摇晃对破乳剂破乳性能的影响规律

在50℃和摇晃下，针对DEM-4002和TS-P100A对含水率50%原油乳状液的破乳性能进行了评价，结果见表9.9。

表9.9　现场在用原油破乳剂的破乳性能

原油破乳剂		50℃摇晃与静置状态下不同时间脱水量/mL					界面状况	水相清洁度	挂壁程度
名称	加药浓度/（mg/L）	5min	10min	15min	20min	30min			
空白（摇晃）	0	0	0	0	0	0	—	—	—
TS-P100A（摇晃）	50	2	4	6	7	7	齐	清	微挂
DEM-4002（摇晃）	50	3	3	7	9	14	齐	清	微挂
空白（静置）	0	0	0	0	0	0	—	—	—
TS-P100A（静置）	50	2	3	6	7	9	齐	清	微挂
DEM-4002（静置）	50	4	7	12	17	28	齐	清	微挂

从表9.9中数据可以看出，摇晃对DEM-4002的破乳效果影响较大，30min脱水量从28mL下降至14mL。不同时间的脱水量出现了先减少后增大的趋势，但是也发现，脱出水水质、挂壁情况和界面情况受摇晃的影响较小，未观察到明显差别。

9.1.4.3　原油乳状液含水率对破乳剂破乳性能的影响规律

在50℃下，对现场在用药剂DEM-4002和TS-P100A对含水率30%和50%原油乳状液的破乳性能进行评价，结果见表9.10。因为原油陈化，含水率70%的原油乳状液无法进行充分乳化，因此未能对含水率70%的原油乳状液的破乳性能进行评价，总体来看，含水率对脱出水水质和挂壁影响不大。

表9.10　现场在用原油破乳剂的破乳性能

原油破乳剂		原油乳状液含水率/%	50℃不同时间脱水量/mL					界面状况	水相清洁度	挂壁程度
名称	加药量/（mg/L）		5min	10min	15min	20min	30min			
空白	0		0	0	0	0	0	—	—	—
TS-P100A	50	30	0	0	1	1	2	齐	较清	微挂
DEM-4002	50		2	3	4	9	17	齐	清	微挂
空白	0		0	0	0	0	0	—	—	—
TS-P100A	50	50	1	2	3	4	5	齐	较清	微挂
DEM-4002	50		3	5	8	16	26	齐	清	微挂

9.1.4.4　HYP-110 与 DEM-4002 和 TSP-100A 的破乳性能对比

在 50℃下，针对现场在用药剂 HYP-110 与 DEM-4002 和 TS-P100A 对含水率 50% 的原油乳状液的破乳性能进行评价，结果见表 9.11，其中样品 DEM-4002 和 TSP-100A 的脱出水水质、界面情况和挂壁现象均较好，而样品 HYP-110 的脱水挂壁现象严重。

表 9.11　现场在用原油破乳剂的破乳性能

原油破乳剂		50℃不同时间脱水量 /mL					界面状况	水相清洁度	挂壁程度
名称	加药浓度 /（mg/L）	5min	10min	15min	20min	30min			
空白	0	0	0	0	0	0	—	—	—
TS-P100A	50	1	1	1	2	3	齐	清	微挂
DEM-4002	50	2	3	5	7	24	齐	清	微挂
HYP-110	50	3	4	6	7	18	齐	清	严重
空白	0	0	0	0	0	0	—	—	—
TS-P100A	50	1	1	2	2	4	齐	清	微挂
DEM-4002	50	2	3	5	11	25	齐	清	微挂
HYP-110	50	4	5	6	10	21	齐	清	严重

9.1.4.5　现场在用药剂 DEM-4002 和 TS-P100A 的红外谱图

采用红外光谱仪，对现场在用药剂 DEM-4002 和 TS-P100A 进行红外光谱表征。红外光谱如图 9.5 所示。

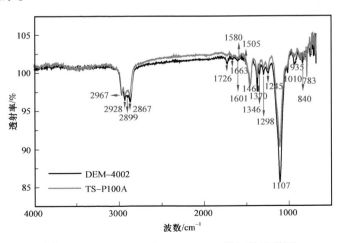

图 9.5　DEM-4002 和 TS-P100A 的红外光谱图

如图 9.5 所示，2967cm⁻¹ 和 2867cm⁻¹ 依次为 —CH₃ 的不对称、对称伸缩振动峰；1663cm⁻¹ 的弱峰为不饱和 C=C 双键的伸缩振动峰，说明聚醚的不饱和度较低；1601cm⁻¹，

$1580cm^{-1}$，$1505cm^{-1}$，$1461cm^{-1}$ 为苯环的振动吸收峰；$1370cm^{-1}$ 为—CH_3 对称变形振动，$1346cm^{-1}$ 为—CH_2—非平面摇动振动吸收峰，$1298cm^{-1}$ 为—CH_2—面外弯曲振动吸收峰，$1245cm^{-1}$ 为—CH_2—变形振动吸收峰；$1107cm^{-1}$ 和 $935cm^{-1}$ 依次为 C—O—C 的不对称、对称伸缩振动吸收峰。若醚键的 α- 碳上带有侧链，则会出现双带，$1010cm^{-1}$ 处表明醚键的 α- 碳有侧链存在，因此 $1370cm^{-1}$ 和 $1010cm^{-1}$ 可以判定有聚环氧丙烷的存在。$840cm^{-1}$ 为—CH_2O—平面摇摆振动吸收峰。$1726cm^{-1}$ 处为 C＝O 的伸缩振动峰。根据上述红外光谱解析结果，可以基本判定 DEM-4002 和 TS-P100A 是异氰酸酯改性的酚醛树脂聚醚。

9.1.4.6 现场在用药剂 DEM-4002 和 TS-P100A 的核磁氢谱

DEM-4002 和 TS-P100A 的 ^{1}H-NMR 结果见表 9.12，从表 9.12 数据可以看出，DEM-4002 中的 PO 含量更高，这与红外光谱的解析结果一致。

表 9.12 现场在用药剂的核磁分析结果

破乳剂	A（积分峰面积）	B（积分峰面积）	PO/EO（质量比）
DEM-4002	3	4.5245	3.461
TS-P100A	3	7.8071	1.098

9.1.4.7 现场在用药剂 DEM-4002 和 TS-P100A 的元素分析结果

现场在用药剂 DEM-4002 和 TS-P100A 的元素分析结果见表 9.13。对于该仪器，元素对应峰在 500 以下时就可以认为该元素不存在。因此，从峰面积，结合质量分数来看，可以判断 DEM-4002 含有氮元素，而 TS-P100A 不含有氮元素。

表 9.13 DEM-4002 和 TS-P100A 元素分析结果

样品名	N/%	C/%	S/%	H/%
DEM-4002	0.808	67.24	0.759	8.654
DEM-4002	0.984	66.47	0.398	8.303
TS-P100A	0.588	69.21	0.305	8.625
TS-P100A	0.445	68.51	0.297	9.203

综合红外光谱、核磁氢谱和元素分析结果来看，TS-P100A 为 PO/EO=1.098 的异氰酸酯改性的酚醛树脂聚醚破乳剂；DEM-4002 为 PO/EO=3.461 的异氰酸酯改性的酚胺（或酚醛）树脂聚醚破乳剂。

9.1.4.8 现场在用药剂 DEM-4002 和 TS-P100A 的 HLB 值

对于 PO-EO 型破乳剂来说，理论上的 HLB 值计算方式如下：

$$HLB = \frac{EO}{5} \times 100\%$$

（9.2）

式中　EO%——EO 与 PO 相比所占质量部分含量。

式（9.2）显然没有考虑 EO 位置对 HLB 的影响，计算结果见表 9.14。此外，根据国家标准 GB/T 5529—2010《环氧乙烷型及环氧乙烷—环氧丙烷嵌段聚合型非离子表面活性剂　浊点的测定》测定 DEM-4002 和 TS-P100A 的浊点，测定结果见表 9.14。

表 9.14　现场在用药剂的 HLB 值和浊点

破乳剂	HLB（计算值）	浊点 /℃	HLB（测量值）
DEM-4002	4.48	28.0	6.76
TS-P100A	9.53	61.0	10.00

从表 9.14 数据可以看出，与 DEM-4002 相比，TS-P100A 的 EO 含量更高，因此浊点更高，HLB 值也更高。对于破乳剂 TS-P100A，因破乳温度低于其浊点，因此在水相的溶解度较大。随着脱出水的不断外排，体系中破乳剂浓度会显著降低，从而影响其破乳性能。

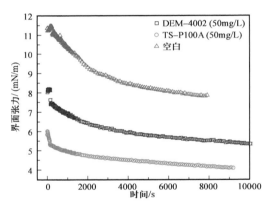

图 9.6　DEM-4002 和 TS-P100A 的动态界面张力曲线

9.1.4.9　现场在用药剂 DEM-4002 和 TS-P100A 的动态界面张力曲线

利用界面流变仪，测定了现场在用药剂 DEM-4002 和 TS-P100A 的动态油水界面张力曲线，结果如图 9.6 所示。

从图 9.6 中可以看出，DEM-4002 和 TS-P100A 的动态油水界面张力均低于空白样品。因为油水界面活性更好，所以 DEM-4002 和 TS-P100A 能够在油水界面上顶替和置换原油中的界面活性物质。此外，TS-P100A 的界面张力低于 DEM-4002，说明 TS-P100A 的界面活性更好，这也与破乳剂结构解析结果一致。TS-P100A 的 EO 含量更高，所以界面活性更好。

9.2　中间体聚合方法对破乳性能规律研究

为了探究 LHZ 油田的低温破乳机制和破乳剂的抗摇晃问题，阐明不同分子结构的破乳剂在破乳中的作用和效果，拟从破乳剂分子结构的层面开展相关研究。基于现场产出液的特点和原油乳状液的稳定机制，以"改头、换尾、加骨、调重和复配"为原则，合成一系列破乳剂，对合成产物进行结构表征，获得最佳合成工艺参数。采用瓶试法等方法，对合成产物的低温抗摇晃破乳性能进行评价，探讨不同 EO/PO、EO/PO 嵌段方式和聚酯单体等因素对破乳剂低温抗摇晃破乳性能的影响规律；探讨低温破乳剂的"构效关系"。

9.2.1 双酚 A 酚胺树脂聚醚破乳剂（BPA）的合成路线及表征

从原油的破乳机理、采出液特点及影响破乳性能的因素等方面来看，破乳剂应具有多支化、多苯环、多氨基的特点。先以双酚 A、甲醛和多乙烯多胺为原料，制备酚胺树脂，再将上述酚胺树脂与 PO 和 EO 分别反应，最终获得双酚 A 酚胺树脂聚醚破乳剂。具体的合成路线如图 9.7 所示。

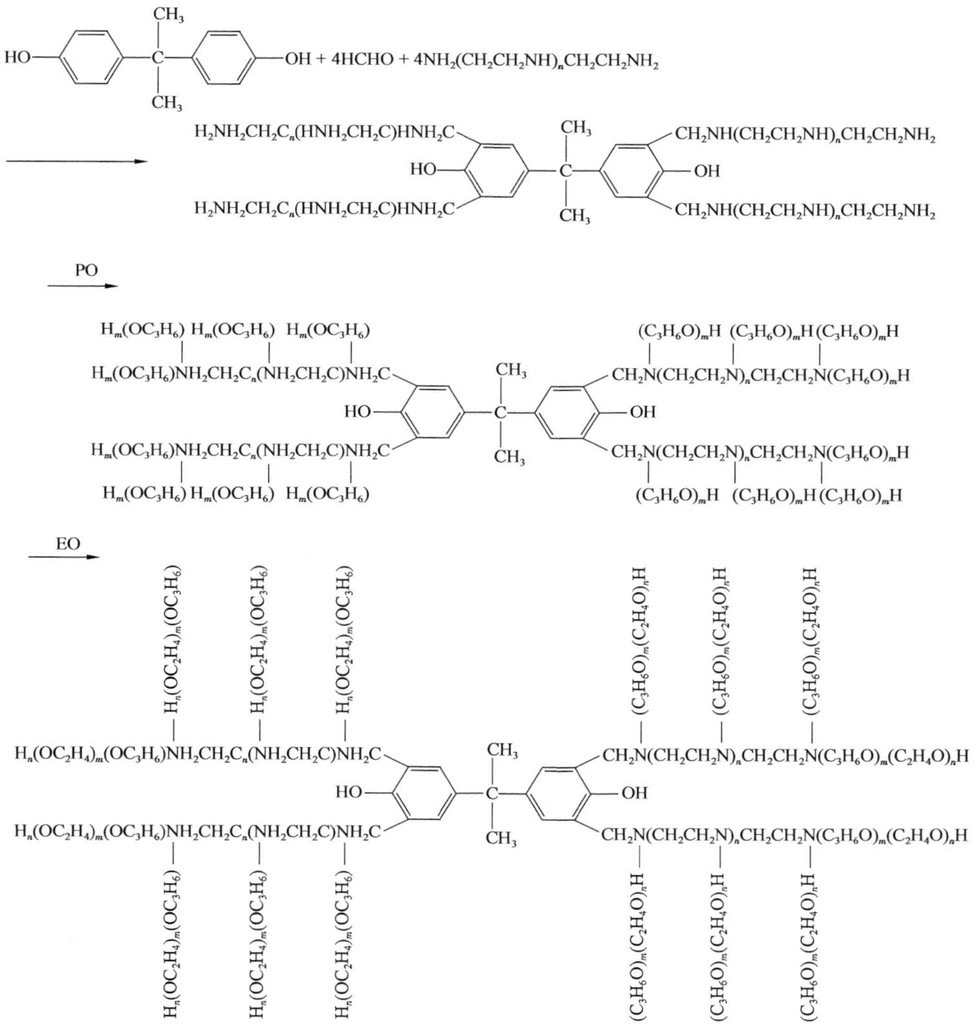

图 9.7 双酚 A 酚胺树脂聚醚破乳剂（BPA）的合成路线

9.2.1.1 双酚 A 酚胺树脂聚醚破乳剂的结构表征

利用红外光谱仪、核磁共振仪及元素分析仪等，对合成产物进行结构表征。利用

^{1}H-NMR 谱图的 0.9～1.3mg/L 的甲基的质子峰，估算 PO 含量，根据 3.4～3.8ppm 处的峰计算 EO 的含量。根据公式（9.2），计算破乳剂的 HLB 值。再根据国家标准 GB/T 5559—2010《环氧乙烷型及环氧乙烷—环氧丙烷嵌段聚合型非离子表面活性剂 浊点的测定》测定破乳剂的浊点，测定上述破乳剂的浊点，根据公式 $HLB=0.098\chi+4.02$，计算上述聚醚破乳剂的 HLB 值。

9.2.1.2 双酚 A 酚胺树脂聚醚破乳剂 RSN 值的测定

RSN 滴定溶剂由甲苯（2.6%）和乙二醇二甲醚（97.4%）构成。将 1g 破乳剂溶于 30mL RSN 滴定溶剂中，然后逐渐滴加蒸馏水，直至溶液变浑浊（持续 1min 以上）。滴加的蒸馏水的体积记作 RSN 值。RSN 值与 HLB 值线性相关。当 RSN 值小于 13 时，可以认为破乳剂不溶于水；当 RSN 值介于 13～17 时，低浓度破乳剂可分散在水相，高浓度的时候会形成凝胶；当 RSN 值大于 17 的时候，破乳剂可溶于水相。

9.2.1.3 双酚 A 酚胺树脂聚醚破乳剂的破乳性能评价

根据 SY/T 5280—2018《原油破乳剂通用技术条件》，对上述系列聚醚破乳剂的破乳性能进行评价。根据 GB/T 8929—2006《原油水含量的测定》，测定破乳后油相含水率；利用红外测油仪，根据 HJ 637—2018《水质 石油类和动植物油类的测定 红外分光光度法》，测定破乳后水相含油量。

9.2.1.4 双酚 A 酚胺树脂聚醚破乳剂的破乳机制研究

利用动态界面张力仪，测定上述破乳剂的动态油水界面活性；再利用界面流变仪，研究上述破乳剂对油水界面膜性质的影响规律。

9.2.2 不同 PO/EO 聚合方式对破乳性能影响的研究

9.2.2.1 双酚 A 酚胺树脂与 PO 比例对破乳剂破乳性能的影响

为了研究原油破乳剂的结构对破乳性能的影响，并获得破乳性能好的破乳剂分子结构，首先固定 PO/EO 为 3∶1，改变 BPA∶PO 的比例，分别合成了不同 BPA/PO 的系列双酚 A 酚胺树脂聚醚破乳剂，破乳剂的命名详见表 9.15。

表 9.15 不同 BPA/PO 的二嵌段聚醚破乳剂名称

$w_{PO}∶w_{EO}$	$w_{BPA}∶w_{PO}$							
	1∶49	1∶69	1∶99	1∶129	1∶169	1∶199	1∶249	1∶299
3∶1	BPA4930	BPA6930	BPA9930	BPA12930	BPA16930	BPA19930	BPA24930	BPA29930

采用瓶试法，对上述原油破乳剂的破乳性能进行了评价，结果见表 9.16。

表 9.16 不同 BPA/PO 的二嵌段聚醚破乳剂的破乳性能

原油破乳剂		50℃不同时间脱水量 /mL					界面状况	水相清洁度	挂壁程度
名称	加量 / (mg/L)	5min	10min	15min	20min	30min			
BPA4930	50	3	2	3	3	4	齐	清	不挂
BPA6930	50	2	4	7	7	19	齐	清	不挂
BPA9930	50	3	5	10	10	24	齐	清	挂壁
BPA12930	50	2	4	6	7	12	齐	清	不挂
BPA16930	50	2	2	3	4	6	齐	清	不挂
BPA19930	50	2	2	3	4	6	齐	清	不挂
BPA24930	50	3	2	3	3	5	齐	清	不挂
BPA29930	50	2	2	3	3	5	齐	清	不挂
空白	0	0	0	0	0	0	—	—	—

对上述破乳剂的实验结果进行分析，发现破乳剂 BPA9930 的低温破乳性能最好。当 BPA：PO 的比例过低时，整个破乳剂分子油头较小、分子量较小和分子的支化程度较低，因此破乳性能较差。当 BPA：PO 的比例较高时，破乳剂分子的油头较大和分子量较大，分子的尺寸较大，在原油中的扩散性变差，因此其破乳性能较差。因此，BPA：PO=1：99 是最佳比例，此时破乳剂的脱水速率和脱水量均最大。

9.2.2.2 不同 PO/EO 对破乳剂破乳性能的影响

当 PO 数量一定时，破乳剂中 EO 都有一个最佳值，这是因为当破乳剂分子扩散到油水界面时，PEO 链段则因醚键上的氧原子与水形成氢键而伸向水相，与 PEO 相连的 PPO 链段少部分伸入水相中，其余 PPO 链段基本上是平躺在油水界面上，通过亲水段和亲油段的协同作用，最终使小水滴聚并而沉降。当亲水段太小时，聚并水滴能力降低，所以脱水速度小；当亲水段太大时，有可能不同聚醚分子的亲水基在同一水滴中通过水化 PEO 链段相互缠绕，分散了聚并力，所以 PEO 链段并不是越多越好，对固定 PO 数量的破乳剂来说，都有一个最佳的 EO 含量范围。因此，基于上述研究结果，将 BPA：PO 的油头进行不同程度的 EO 聚醚化，最终得到不同 PO/EO 的酚胺树脂聚醚破乳剂，相应的破乳剂信息见表 9.17，并对上述破乳剂的破乳性能进行评价，其结果见表 9.18、表 9.19。

表 9.17 不同 PO/EO 的 BPA 系列二嵌段聚醚破乳剂

w_{BPA}：w_{PO}	w_{PO}：w_{EO}					
	3.5：1	3.0：1	2.5：1	2.0：1	1.5：1	1.0：1
1：69	BPA6935	BPA6930	BPA6925	BPA6920	BPA6915	BPA6910
1：99	BPA9935	BPA9930	BPA9925	BPA9920	BPA9915	BPA9910

表 9.18　不同 PO/EO 的 BPA69 系列二嵌段聚醚破乳剂的破乳性能

原油破乳剂		50℃不同时间脱水量 /mL						界面状况	水相清洁度	挂壁程度
名称	加量 / (mg/L)	5min	10min	15min	20min	30min	45min			
BPA6935	50	1	1	1	2	4	11	齐	清	微挂
BPA6930	50	1	1	1	2	4	11	齐	清	微挂
BPA6925	50	1	1	2	4	8	13	较齐	清	挂壁
BPA6920	50	2	2	3	5	8	16	较齐	清	不挂
BPA6915	50	1	1	2	2	4	12	齐	清	不挂
BPA6910	50	1	1	2	2	5	15	齐	清	微挂
空白	0	0	0	0	0	0	0	—	—	—

表 9.19　不同 PO/EO 的 BPA99 系列二嵌段聚醚破乳剂的破乳性能

原油破乳剂		50℃不同时间脱水量 /mL					界面状况	水相清洁度	挂壁程度
名称	加量 / (mg/L)	5min	10min	15min	20min	30min			
BPA9935	50	4	4	4	4	11	齐	清	微挂
BPA9930	50	3	3	4	4	15	齐	清	微挂
BPA9925	50	4	4	4	5	19	齐	清	微挂
BPA9920	50	5	9	11	16	30	齐	清	微挂
BPA9915	50	8	16	20	19	31	齐	清	微挂
BPA9910	50	6	10	13	18	29	齐	清	微挂
空白	0	0	0	0	0	0	—	—	—

　　破乳剂的 PO/EO 对破乳剂的分子量和 HLB 有重大影响，而 PO/EO 对于脱水性能有重要影响，因此 PO/EO 在某种程度上是影响破乳性能的重要因素之一，但由于原油的复杂性，比例不同对破乳效率的影响也不同。

　　以上实验所采用的破乳剂为合成的双酚 A 酚胺树脂二嵌段聚醚，使用了 BPA69 和 BPA99 两种油头，分别合成了不同 PO/EO 的系列破乳剂，并对其低温破乳性能进行了评价。

　　从表 9.18 可知，BPA69 系列破乳剂 45min 脱水效果不好，而从表 9.19 可以看出，BPA99 系列部分破乳剂能在 30min 时将原油乳状液完全脱水。随着 EO 含量不断增加，其破乳能力随之增加。EO 含量较高的样品，破乳性能较好。当 PO：EO=1.5：1 时，BPA99 系列破乳剂的破乳性能最好。随着 EO 含量的增加，破乳剂分子的亲水性逐渐增加，在油水两相会有一定的分配系数。这样就有利于水滴的聚并和油水界面膜强度的降低。对上述破乳剂的浊点进行了测量，结果见表 9.20 和表 9.21。

表 9.20　BPA99 系列破乳剂的浊点

破乳剂	浊点 /℃	HLB 值	破乳剂	浊点 /℃	HLB 值
BPA9935	20.0	5.98	BPA9920	30.0	6.96
BPA9930	24.0	6.37	BPA9915	38.0	7.74
BPA9925	27.0	6.67	BPA9910	43.0	8.23

表 9.21　BPA69 系列破乳剂的浊点

破乳剂	浊点 /℃	HLB 值	破乳剂	浊点 /℃	HLB 值
BPA6935	20.0	5.92	BPA6920	32.0	7.16
BPA6930	27.0	6.67	BPA6915	40.0	7.94
BPA6925	29.0	6.86	BPA6910	46.0	8.53

聚醚破乳剂 HLB 值与其 EO 含量存在对应关系，EO 含量越高，HLB 值越大。由以上结果可以看出，两个系列的破乳剂聚醚 EO 含量都是呈现递增关系的。

9.2.2.3　不同 PO/EO 的双酚 A 酚胺树脂二嵌段聚醚破乳剂的动态界面张力研究

动态表面张力曲线如图 9.8 和图 9.9 所示。

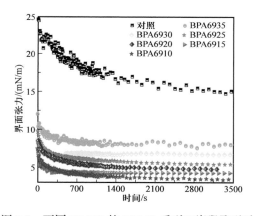

图 9.8　不同 PO/EO 的 BPA69 系列双嵌段聚醚破　图 9.9　不同 PO/EO 的 BPA99 系列双嵌段聚醚破
　　　　乳剂的动态界面张力曲线　　　　　　　　　　　　乳剂的动态界面张力曲线

破乳剂的动态界面张力曲线一般可分为 3 个区间：（1）诱导区间；（2）快速下降区间；（3）介平衡或平衡区间。从图 9.8 和图 9.9 可以看出，在动态表面张力曲线的初始阶段表面张力值已经低于空白样品的界面张力值，未观察到明显的诱导期。界面张力曲线直接进入快速下降区间。在 350s 左右界面张力曲线进入介平衡区。这说明上述破乳剂分子具有较快的界面扩散系数，分子的界面伸展过程较快。并且随着 EO 含量的增加，破乳剂分子的界面活性逐渐增加，置换界面活性物质的能力更强。

对比图 9.8 和图 9.9 可以发现，BPA69 系列的界面张力要小于 BPA99 系列，这与较少的油头有关。这说明破乳性能与界面活性并不是简单的关联性。当分子结构相似时，界面活性的高低才能在一定程度上说明破乳剂分子的破乳性能好坏。但是较快的界面扩散性质是快速破乳的主要因素之一。

9.2.2.4 不同 PO/EO 的双酚 A 酚胺树脂二嵌段聚醚破乳剂的动态界面黏弹性研究

与体相流变性质相似，界面的流变性质所研究的是界面应力张量与界面形变及界面形变速率张量之间的关系。

BPA99 系列二嵌段聚醚破乳剂的扩张弹性模量 ε_d、扩张黏性模量 $\omega\eta_d$ 随浓度 c 的变化曲线如图 9.10 所示。

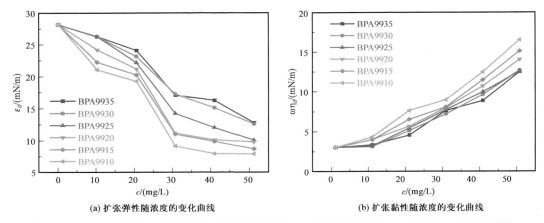

(a) 扩张弹性随浓度的变化曲线   (b) 扩张黏性随浓度的变化曲线

图 9.10 BPA99 系列二嵌段聚醚的扩张弹性模量 ε_d、扩张黏性模量 $\omega\eta_d$ 随浓度 c 的变化曲线

从图 9.10（a）中可以看出，随着聚醚浓度的增加，扩张弹性模量 ε_d 逐渐减少。当聚醚的浓度达到 30mg/L，扩张弹性的下降较为明显。这说明随着聚醚的加入，油水界面层分子的相互作用减弱。并且随着 EO 含量的增加，扩张弹性减少更为明显。EO 含量的增加，导致界面处 EO 浓度增加，因此界面膜处的分子排列变得更加疏松，因此相互作用更弱。从图 9.10（b）中可以看出，最初扩张黏性模量 $\omega\eta_d$ 的绝对值远小于扩张弹性，这说明油水界面膜为弹性膜。随着聚醚浓度的增加，界面的弹性模量减少，黏性模量逐渐增加。界面膜的黏性模量增加说明界面和亚界面处，分子的弛豫过程增加，这也与界面处 EO 浓度的增加一致。因此 BPA99 系列破乳剂的破乳机制是对界面活性物质的替换，形成了更为松散的界面膜结构。EO 含量的增加，有助于界面膜的松散结构的形成，且破乳剂的脱水性能与界面黏弹性之间存在着较好的对应关系。

9.2.3 不同 EO/PO 嵌段方式对破乳性能影响的研究

9.2.3.1 破乳性能评价

在上述研究的基础上，进一步改变了 PO 和 EO 的通入顺序和通入次数，分别合成了不同的两批次 BPA-PO-EO 和 BPA-EO-PO 二嵌段聚醚，BPA-PO-EO-PO 三嵌段聚醚，以及 BPA-PO-EO-PO-EO 四嵌段聚醚，相关的命名和分子结构信息见表9.22。针对三种不同含水率的原油乳状液，合成了三批次不同 PO/EO 嵌段方式的聚醚破乳剂的破乳性能并进行了检测，其结果见表9.23 至表9.25。

表9.22　不同 EO/PO 嵌段方式聚醚产物信息表

产品名称	嵌段方式	嵌段比例
BPA9915	BPA-PO-EO	1.5∶1.0
BPA9910	BPA-PO-EO	1.0∶1.0
BPA9915R	BPA-EO-PO	1.0∶1.5
BPA9910R	BPA-EO-PO	1.0∶1.0
BPA115	BPA-PO-EO-PO	1.0∶1.0∶0.5
BPA717	BPA-PO-EO-PO	0.75∶1.0∶0.75
BPA511	BPA-PO-EO-PO	0.5∶1.0∶1.0
BPA1653	BPA-PO-EO-PO-EO	1.0∶0.67∶0.5∶0.33
BPA1555	BPA-PO-EO-PO-EO	1.0∶0.5∶0.5∶0.5
BPA1356	BPA-PO-EO-PO-EO	1.0∶0.33∶0.5∶0.67

表9.23　不同 PO/EO 嵌段方式的聚醚破乳剂的破乳性能（原油含水率为36%）

原油破乳剂		50℃不同时间脱水量 /mL							界面状况	水相清洁度	挂壁程度
名称	加量 /（mg/L）	5min	10min	15min	20min	30min	45min	60min			
BPA9915	50	2	3	4	6	15	15	16	齐	清	微挂
BPA9910	50	1	4	5	10	17	17	18	齐	清	微挂
BPA9915R	50	1	1	1	1	1	1	1	齐	清	微挂
BPA9910R	50	1	1	1	1	1	1	1	齐	清	微挂
BPA115	50	2	2	2	3	5	8	10	齐	清	微挂
BPA717	50	1	1	1	2	2.5	5	6	齐	清	微挂
BPA511	50	0	0	0	0	0.5	2	2	齐	清	微挂
BPA1653	50	1	1	1	2	3	5	8	齐	清	微挂
BPA1555	50	1	1	1	2	3	6	8	齐	清	微挂
BPA1356	50	1	1	2	2	3	4	5	齐	清	微挂
空白	0	0	0	0	0	0	0	0	—	—	—

表 9.24 不同 PO/EO 嵌段方式的聚醚破乳剂的破乳性能（原油含水率 42%）

原油破乳剂		50℃不同时间脱水量 /mL							界面状况	水相清洁度	挂壁程度
名称	加量 /（mg/L）	5min	10min	15min	20min	30min	45min	60min			
BPA9915	50	0	2	3	7	14	15	19	齐	清	严重
BPA9910	50	2	4	5	12	18	19	21	齐	清	微挂
BPA9915R	50	0	1	1	1	1	1	1	齐	清	微挂
BPA9910R	50	0	0	1	1	1	1	1	齐	清	微挂
BPA115	50	1	1	2	3	5	8	12	齐	清	挂壁
BPA717	50	1	1	1	1	2.5	4	6	齐	清	微挂
BPA511	50	1	1	1	1	1	2	2	齐	清	微挂
BPA1653	50	0	0	0	0	2	6	10	齐	清	微挂
BPA1555	50	0	0	1	1	3	6	10	齐	清	挂壁
BPA1356	50	0	0	1	1	2	7	13	齐	清	挂壁
空白	0	0	0	0	0	0	0	0	—	—	—

表 9.25 不同 PO/EO 嵌段方式的聚醚破乳剂的破乳性能（原油含水率 64%）

原油破乳剂		50℃不同时间脱水量 /mL					界面状况	水相清洁度	挂壁程度
名称	加量 /（mg/L）	5min	10min	15min	20min	30min			
BPA9915	50	6	12	17	22	25	齐	清	微挂
BPA9910	50	8	17	22	27	29	齐	清	微挂
BPA9915R	50	2	2	2	2	2	齐	清	微挂
BPA9910R	50	2	2	2	2	2	齐	清	微挂
BPA115	50	1	9	15	20	32	齐	清	严重
BPA717	50	2	3	5	6	16	齐	清	微挂
BPA511	50	1	2	3	3	5	齐	清	微挂
BPA1653	50	2	3	4	6	15	齐	清	微挂
BPA1555	50	3	5	9	13	26	齐	清	微挂
BPA1356	50	4	6	11	16	31	齐	清	微挂
空白	0	0	0	0	0	0	—	—	—

以表 9.24 中数据为例，BPA-PO-EO 结构的 BPA9915 和 BPA9910 具有较好的破乳性能，而具有 BPA-EO-PO 结构的 BPA9915R 和 BPA9910R 的破乳性能最差。这是由于具有 BPA-PO-EO 结构的破乳剂 BPA-PO 的油头主要分散在油相，EO 亲水部分分散在水相，这样能有效进行原油乳状液的破乳。BPA-EO-PO 结构的破乳剂，由于无法在油水界面进行有效排列，因此破乳性能较差。与二嵌段破乳剂 BPA9915 和 BPA9910 相比，三嵌段和四嵌段破乳剂分子的脱水速率明显低，最终的脱水率也更低。对比三个三嵌段的破乳剂 BPA115、BPA717 和 BPA511，不难发现三个破乳剂都具有 BPA-PO-EO-PO 结构。随着尾链 PO 含量的增加，上述破乳剂的破乳性能下降。对于 BPA-PO-EO-PO-EO 结构的四嵌段破乳剂，随着原油含水率的增加，脱水率逐渐增加。当含水率增至 64% 时，四嵌段破乳剂的最终脱水率略高于两嵌段聚醚，但脱水速率较慢。此外，当四嵌段聚醚尾端的 EO 含量越高，破乳性能越好。脱水速率较小，与破乳剂分子的尺寸增大有关。同时，多嵌段破乳剂分子界面排列达到稳定的时间也更长。

9.2.3.2 不同 EO/PO 嵌段方式的双酚 A 酚胺聚醚破乳剂的动态界面黏弹性研究

选择了 BPA-PO-EO（BPA9910）、BPA-EO-PO（BPA9910R）、BPA-PO-EO-PO（BPA115）和 BPA-PO-EO-PO-EO（BPA1555）四个聚醚破乳剂，对其扩张弹性模量 ε_d、扩张黏性模量 $\omega\eta_d$ 随浓度 c 的变化情况进行了评价，结果如图 9.11 所示。从图 9.11（a）中可以看出，随着聚醚浓度的增加，扩张弹性模量 ε_d 逐渐减少。但是 BPA9910 的下降最为明显。此外，端基是 EO 的，扩张弹性模量下降更为明显，PO 端基对界面膜扩张弹性模量的下降不利。这说明 EO 有利于破乳剂分子在油水界面层的铺展过程。随着破乳剂分子的界面扩张，松散的界面结构得以形成，因此扩张弹性模量显著下降。扩张黏性模量也表现出与扩张弹性模量相同的规律性，如图 9.11（b）所示，这说明扩张黏性模量的变化也与破乳剂分子的界面铺展有着紧密联系。

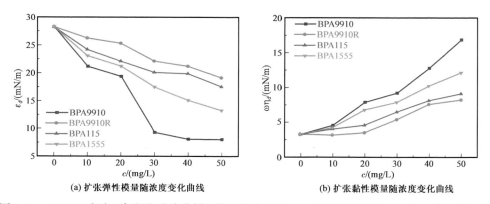

(a) 扩张弹性模量随浓度变化曲线　　　　　(b) 扩张黏性模量随浓度变化曲线

图 9.11 BPA99 系列二嵌段聚醚破乳剂的扩张弹性模量 ε_d、扩张黏性模量 $\omega\eta_d$ 随浓度 c 的变化

9.2.4 不同聚酯单体聚合对破乳性能影响的研究

异氰酸酯结构中含有高活性不饱和键，容易与一些带有活性基团的化合物，如醇、胺

和羧酸等反应。为了验证苯环对破乳行为的影响，采用脂肪族六亚甲基二异氰酸酯（HDI）和芳香族亚甲基二苯基二异氰酸酯（MDI）对聚醚进行了改性。选取其中的 BPA6920、BPA6915、BPA9920、BPA9915、NPA9925、NPA9920、BPA115 和 BPA1356 进行了聚醚改性（2% 改性），并对上述改性后的破乳剂进行了破乳性能评价，相应的结果见表9.26。

表 9.26　HDI 改性聚醚破乳剂的破乳性能

原油破乳剂		50℃不同时间脱水量 /mL						界面状况	水相清洁度	挂壁程度
名称	加量 /（mg/L）	5min	10min	15min	20min	30min	45min			
BPA6920H	50	1	1	2	3	11	21	齐	清	挂壁
BPA6915H	50	1	2	2	3	5	9	齐	清	不挂
BPA9920H	50	2	3	6	10	15	19	齐	清	挂壁
BPA9915H	50	1	3	4	9	16		齐	清	挂壁
NPA9925H	50	2	5	10	16	22	22	齐	清	不挂
NPA9920H	50	1	1	1	3	13	20	齐	清	不挂
BPA115H	50	1	1	2	2	4	9	齐	清	挂壁
BPA1356H	50	2	3	5	6	11	22	齐	清	不挂
空白	0	0	0	0	0	0	0	—	—	—

通过以上结果可以看出，经过 HDI 改性后的破乳剂中，壬基酚系列的性能有很大提升。而对于单剂性能表现较好的双酚 A 系列破乳剂，其脱水速率和脱水量均明显降低。多嵌段的聚醚破乳剂改性后，脱水性能也没有改善。

因此，继续使用 MDI 对部分性能较好的破乳剂单剂进行了改性研究，合成出了不同的异氰酸酯改性破乳剂，并对其性能进行评价，结果见表9.27。

表 9.27　MDI 改性聚醚破乳剂的破乳性能

原油破乳剂		50℃不同时间脱水量 /mL					界面状况	水相清洁度	挂壁程度
名称	加量 /（mg/L）	5min	10min	15min	20min	30min			
BPA6920M	50	1	1	2	3	5	齐	清	不挂
BPA6915M	50	1	1	1	2	4	齐	清	微挂
BPA9920M	50	3	6	9	13	18	齐	清	微挂
BPA9915M	50	4	7	10	14	22	齐	清	微挂
NPA9925M	50	3	8	17	23	25	齐	清	微挂
NPA9920M	50	1	4	6	10	17	齐	清	微挂

续表

原油破乳剂		50℃不同时间脱水量 /mL					界面状况	水相清洁度	挂壁程度
名称	加量 /（mg/L）	5min	10min	15min	20min	30min			
BPA115M	50	1	4	6	10	17	齐	清	严重
BPA1356M	50	2	2	4	5	9	齐	清	不挂
空白	0	0	0	0	0	0	—	—	—

从 MDI 改性后的破乳剂评价后的结果可以看出，MDI 改性后的破乳剂中 BPA9915M、NPA9925M、NPA9920M 三种破乳剂性能表现较为优异，性能上有较大的提升。而与 HDI 改性的结果相比，壬基酚为起始头基 NPA9925 和 NPA9920 的 MDI 改性药剂的脱水量和脱水速率更高。

9.2.5　聚酯破乳剂的破乳性能研究

目前工业上广泛应用的破乳剂基本都是聚醚型破乳剂，由于其原料毒性大，储存条件严格，破乳剂生产工艺苛刻等原因，已经不能适应破乳剂的研发趋势，而非聚醚破乳剂能够克服这些困难。

以甲基丙烯酸甲酯（MMA）、丙烯酸丁酯（BA）、甲基丙烯酸（MAA）、丙烯酸（AA）为原料，采用乳液法合成了一系列亲水、疏水基团比例不同的四元共聚物非聚醚破乳剂，具体合成路线如图 9.12 所示，并评价其破乳性能。

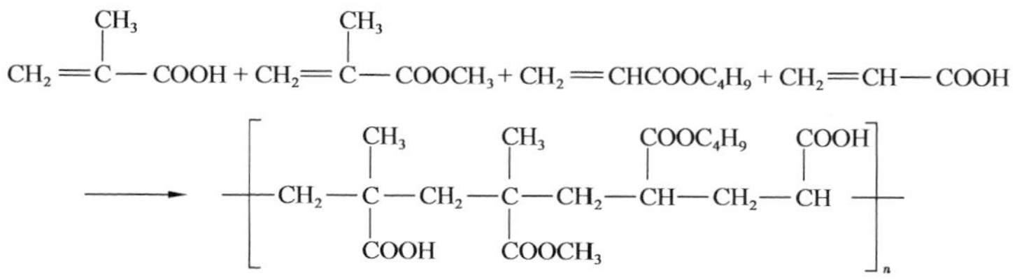

图 9.12　聚酯类破乳剂的合成路线

在破乳剂合成过程中，根据亲水基团、疏水基团比例不同，在固定 n（MMA）：n（BA）=1：4.2（物质的量比），n（MAA）：n（AA）=1：3.6（物质的量比）的情况下，控制单体酯和酸的加量，合成了酯基与羧基物质的量比为 1：1、1.5：1、2：1、2.5：1、3：1、3.5：1、4：1、4.5：1、5：1、5.5：1、6：1、6.5：1、7：1、7.5：1 十四种 LG 系列聚酯破乳剂。其破乳性能评价结果见表 9.28。

从表 9.28 可以看出，合成的聚酯类破乳剂的破乳性能较差，脱水速率和脱水量都很差，其中 LG-10 有一定的脱水能力。上述聚酯破乳剂分子结构中有羧基，因此水溶性较好，但是上述破乳剂的脱水速率较慢，因此不适合海上平台的原油破乳过程。聚酯类破乳剂适用于深度脱水，在较低含水率的情况下，可以进一步脱水。

表 9.28   聚酯破乳剂的破乳性能

| 原油破乳剂 | | 50℃不同时间脱水量 /mL | | | | | | | 界面状况 | 水相清洁度 | 挂壁程度 |
名称	加量 /（mg/L）	5min	10min	15min	20min	30min	45min	60min			
LG-1	50	0	0	0	0	0	0	0	—	—	—
LG-2	50	1	1	1	1	2	3	3	齐	清	挂壁
LG-3	50	0	0	0	0	0	2	3	齐	清	挂壁
LG-4	50	3	3	3	3	3	3	4	齐	清	挂壁
LG-5	50	0	0	0	0	1	1	1	齐	清	挂壁
LG-6	50	2	2	2	3	3	3	4	齐	清	挂壁
LG-7	50	0	0	0	0	0	0	0	—	—	—
LG-8	50	0	0	0	0	1	2	4	齐	清	挂壁
LG-9	50	0	0	0	0	0	0	0	—	—	—
LG-10	50	0	1	1	1	2	9	14	齐	清	挂壁
LG-11	50	0	0	0	0	0	0	0	—	—	—
LG-12	50	0	0	0	0	0	0	0	—	—	—
LG-13	50	0	0	1	1	2	8	8	齐	清	挂壁
LG-14	50	0	0	0	0	0	0	0	—	—	—
空白	0	0	0	0	0	0	0	0	—	—	—

9.3   不同起始剂对破乳性能的影响规律研究

9.3.1   酚醛类起始剂对破乳性能的影响

9.3.1.1   壬基酚胺二嵌段聚醚破乳剂的合成及破乳性能

（1）破乳性能评价。

以壬基酚、甲醛和多乙烯多胺为起始剂，先与 PO 反应，制备了 NPA∶PO=1∶99 的油头，再与 EO 反应，得到壬基酚胺二嵌段聚醚破乳剂。通过改变 EO 的通入量，合成得到了不同 PO/EO 的壬基酚胺二嵌段聚醚破乳剂。对上述合成的系列壬基酚胺二嵌段聚醚破乳剂的破乳性能进行了评价，见表 9.29。

表 9.29　壬基酚胺二嵌段聚醚破乳剂的破乳性能

原油破乳剂		50℃不同时间脱水量 /mL						界面状况	水相清洁度	挂壁程度
名称	加量 /（mg/L）	5min	10min	15min	20min	30min	45min			
NPA9935	50	2	3	5	7	13	19	齐	清	微挂
NPA9930	50	2	2.5	4	6	14	19	齐	清	微挂
NPA9925	50	2	2.5	6	12	18	20	齐	清	微挂
NPA9920	50	1	2	5	8	17	21	齐	清	微挂
NPA9915	50	1	2	3	5	12	20	齐	清	微挂
NPA9910	50	0	1		2.5	6	16	齐	清	微挂
空白	0	0	0	0	0	0	0	—	—	—

从表 9.29 可以看出，壬基酚胺二嵌段聚醚破乳剂的脱水速率较慢，但脱出水水质较好，挂壁情况较好。NPA9925、NPA9920 和 NPA9915 的破乳性能相对较好，其中 NPA9925 的脱水速率最快，因此壬基酚胺二嵌段聚醚破乳剂的最佳 PO/EO 为 2.5∶1。但是壬基酚胺二嵌段聚醚破乳剂的脱水率和脱水量均低于现场在用破乳剂。

（2）不同 EO/PO 的壬基酚胺二嵌段聚醚破乳剂的动态界面张力研究。

动态表面张力曲线如图 9.13 所示。从图中可以看出，在动态表面张力曲线的初始阶段表面张力值已经低于空白样品的界面张力值，和 BPA 系列一样，未观察到明显的诱导期，界面张力曲线直接进入快速下降区间，在 350s 左右界面张力曲线进入介平衡区。这说明上述破乳剂分子具有较快的界面扩散系数，并且上述分子的界面伸展过程较快。并且随着 EO 含量的增加，破乳剂分子的界面活性逐渐增加，置换界面活性物质的能力更强。与

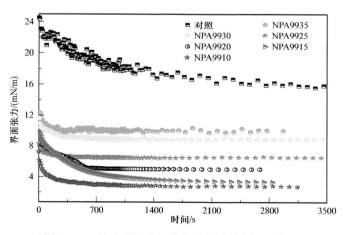

图 9.13　不同 PO/EO 的壬基酚胺二嵌段聚醚破乳剂的动态界面张力曲线

图 9.8 和图 9.9 对比可以发现，NPA99 系列的界面张力和 BPA99 系列相当。这进一步说明破乳性能与界面活性并不是简单的关联性。当分子结构相似时，界面活性的高低才能在一定程度上说明破乳剂分子的破乳性能好坏。因此，破乳剂分子的支链化程度对于破乳效果十分重要。

9.3.1.2 苯酚胺二嵌段聚醚破乳剂的破乳性能研究

以苯酚、甲苯和多乙烯多胺为起始剂，先与 PO 反应，制备了 PA：PO=1：99 的油头，再与 EO 反应，得到苯酚胺二嵌段聚醚破乳剂。通过改变 EO 的加量，合成得到了不同 PO/EO（3.5：1、3.0：1、2.5：1、2.0：1、1.5：1 和 1.0：1）的苯酚胺二嵌段聚醚破乳剂。对上述合成的系列苯酚胺二嵌段聚醚破乳剂的破乳性能进行了评价，见表 9.30。

表 9.30　苯酚胺二嵌段聚醚破乳剂的破乳性能

原油破乳剂		50℃不同时间脱水量 /mL					界面状况	水相清洁度	挂壁程度
名称	加量 /（mg/L）	5min	10min	15min	20min	30min			
PA9935	50	2	2.5	3	3	4	齐	清	微挂
PA9930	50	1	1	1	3	7	齐	清	严重
PA9925	50	1	1	2	7	15	齐	清	严重
PA9920	50	1	1	2	8	14	齐	清	微挂
PA9915	50	1	1	1	8	15	齐	清	微挂
PA9910	50	2	4	6	11	16	齐	清	微挂
空白	0	0	0	0	0	0	—	—	—

通过以上结果可以看出，苯酚胺系列二嵌段聚醚破乳剂性能较差。与壬基酚胺和双酚 A 酚胺系列二嵌段聚醚破乳剂对比，脱水量和脱水速率均有较大的差距，但脱水水质较好。从破乳过程来看，该系列破乳剂 30min 出水率大多低于 30%，性能表现最好的 PA9910 出水率达到 60%，但重现性较差。因此，苯酚胺系列二嵌段破乳剂不能满足现场的低温破乳要求。

9.3.1.3 双酚 A 酚胺二嵌段聚醚破乳剂的破乳性能研究

以双酚 A、甲苯和多乙烯多胺为起始剂，先与 PO 反应，制备了 PA：PO=1：99 的油头，再与 EO 反应，得到双酚 A 二嵌段聚醚破乳剂。通过改变 EO 的加量，合成得到了不同 PO/EO（3.5：1、3.0：1、2.5：1、2.0：1、1.5：1 和 1.0：1）的双酚 A 酚胺二嵌段聚醚破乳剂。对上述合成的系列双酚 A 酚胺二嵌段聚醚破乳剂的破乳性能进行了评价，见表 9.31。

表 9.31　双酚 A 酚胺二嵌段聚醚破乳剂的破乳性能

原油破乳剂		50℃不同时间脱水量 /mL					界面状况	水相清洁度	挂壁程度
名称	加量 /（mg/L）	5min	10min	15min	20min	30min			
BPA9935	50	4	4	4	4	11	齐	清	微挂
BPA9930	50	3	3	4	4	15	齐	清	微挂
BPA9925	50	4	4	4	5	19	齐	清	微挂
BPA9920	50	5	9	11	16	30	齐	清	微挂
BPA9915	50	8	16	20	19	31	齐	清	微挂
BPA9910	50	6	10	13	18	29	齐	清	微挂
空白	0	0	0	0	0	0	—	—	—

从表 9.31 的数据可以看出，双酚 A 酚胺系列二嵌段聚醚破乳剂的脱水速率和脱水率明显优于苯酚胺和壬基酚胺系列二嵌段聚醚破乳剂，30min 时能将原油乳状液完全脱水。并且脱出水水质较好，挂壁现象较好。当 PO/EO=2.0∶1 时，双酚 A 酚胺系列破乳剂的破乳性能最好。此外，双酚 A 酚胺二嵌段聚醚破乳剂的脱水速率和脱水率，优于现场在用药剂。

9.3.1.4　苯酚类起始剂对聚醚破乳剂界面黏弹性的影响

选择 BPA9910、NPA9910 和 PA9910 三个起始剂不同的聚醚破乳剂，对其扩张弹模量性 ε_d、扩张黏性模量 $\omega\eta_d$ 随浓度 c 的变化情况进行了评价，结果如图 9.14 所示。

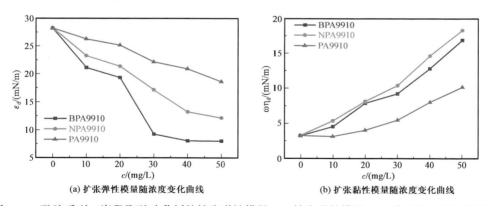

(a) 扩张弹性模量随浓度变化曲线　(b) 扩张黏性模量随浓度变化曲线

图 9.14　酚胺系列二嵌段聚醚破乳剂的扩张弹性模量 ε_d、扩张黏性模量 $\omega\eta_d$ 随浓度 c 的变化曲线

从图 9.14（a）中可以看出，随着聚醚浓度的增加，扩张弹性模量 ε_d 逐渐减少。但是 BPA9910 的扩张弹性模量下降最为明显，PA9910 的扩张弹性模量变化最小，扩张弹性模量下降更为明显。上述破乳剂分子的 PO/EO 是一致的，这说明分子的支化程度越高，对界面膜的扩张黏弹性影响更大。

9.3.2 多胺类起始剂对破乳性能的影响

9.3.2.1 多乙烯多胺二嵌段聚醚破乳剂的破乳性能研究

（1）破乳性能评价。

以多乙烯多胺为起始剂，先与PO反应，制备了MA：PO=1：99的油头，再与EO反应，得到多乙烯多胺二嵌段聚醚破乳剂。通过改变EO的加量，合成得到了不同PO/EO（3.5：1、3.0：1、2.5：1、2.0：1、1.5：1和1.0：1）多乙烯多胺二嵌段聚醚破乳剂。对上述合成的系列多乙烯多胺二嵌段聚醚破乳剂的破乳性能进行了评价，见表9.32。

表 9.32 多乙烯多胺二嵌段聚醚破乳剂的破乳性能

原油破乳剂		50℃不同时间脱水量 /mL					界面状况	水相清洁度	挂壁程度
名称	加量 /（mg/L）	5min	10min	15min	20min	30min			
MA9935	50	4	9	20	26	28	齐	清	挂壁
MA9930	50	3	7	17	23	25	齐	清	挂壁
MA9925	50	1	9	16	21	24	齐	清	挂壁
MA9920	50	2	10	19	21	24	齐	清	挂壁
MA9915	50	1	4	8	14	21	齐	清	微挂
MA9910	50	3	3	5	24	28	齐	清	严重
空白	0	0	0	0	0	0	—	—	—

由表9.32的数据及脱水效果可知，以多乙烯多胺为起始剂，合成了MA：PO=1：99的多乙烯多胺二嵌段聚醚破乳剂具有较好的破乳性能，尤其是在前15min，脱水速率较快，脱水率能到达80%，30min内基本完全脱水。在不同PO/EO下，研究得到MA9935、MA9930、MA9925、MA9920的脱水性能差异较小。而EO含量更高的MA9915和MA9910，脱水性能明显较差。上述多乙烯多胺类二嵌段聚醚破乳剂脱出水水质较好，挂壁现象较好。此外，发现MA9935、MA9930、MA9925、MA9920的脱水速率明显高于现场在用药剂DEM-4002，最终的脱水量与DEM-4002相当或者略低。

（2）动态界面张力研究。

多乙烯多胺二嵌段聚醚的动态界面张力曲线如图9.15所示。该曲线可分为3个区间：① 诱导区间；② 快速下降区间；③ 介平衡或平衡区间。从图9.15中可以看出，在动态界面张力曲线的初始阶段界面张力值已经低于空白样品的界面张力值，未观察到明显的诱导期。界面张力曲线直接进入快速下降区间。在200s左右界面张力曲线进入介平衡区。这说明上述破乳剂分子的界面扩散系数大于BPA系列，并且上述分子的界面伸展过程较快。并且随着EO含量的增加，破乳剂分子的界面活性逐渐增加，置换界面活性物质的能力更强。这说明破乳性能与界面活性并不是简单的关联性。与 MA9910 相比，MA9935 的界面活性更好，但是其破乳性能却较差。

9.3.2.2　四乙烯五胺二嵌段聚醚破乳剂的破乳性能研究

（1）破乳性能评价。

以四乙烯五胺为起始剂，先与 PO 反应，制备了 DA：PO=1：99 的油头，再与 EO 反应，得到四乙烯五胺二嵌段聚醚破乳剂。通过改变 EO 的加量，合成得到了不同 PO/EO

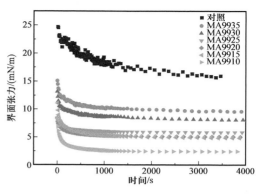

图 9.15　不同 PO/EO 的多乙烯多胺破乳剂的动态界面张力曲线

（3.5：1、3.0：1、2.5：1、2.0：1、1.5：1 和 1.0：1）四乙烯五胺二嵌段聚醚破乳剂。对上述合成的系列四乙烯五胺二嵌段聚醚破乳剂的破乳性能进行了评价，见表 9.33。

表 9.33　四乙烯五胺二嵌段聚醚破乳剂的破乳性能

原油破乳剂		50℃不同时间脱水量 /mL					界面状况	水相清洁度	挂壁程度
名称	加量 /（mg/L）	5min	10min	15min	20min	30min			
DA9935	50	1	2	7	13	22	齐	清	严重
DA9930	50	2	7	10	16	24	齐	清	严重
DA9925	50	3	5	12	18	24	齐	清	挂壁
DA9920	50	4	8	14	20	25	齐	清	挂壁
DA9915	50	2	9	15	20	22	齐	清	微挂
DA9910	50	1	1	2	5	16	齐	清	微挂
DEM4002	50	4	6	10	24	28	齐	清	挂壁
空白	0	0	0	0	0	0	—	—	—

由表 9.41 和表 9.42 的数据可知，以四乙烯五胺为起始剂，合成了油头 1：99 的多胺聚醚破乳剂。从破乳性能评价结果看出，多胺类破乳剂具有较好的破乳性能，尤其是在前 15min 的破乳速率较快，出水率能到达 80%，而后期破乳效果较弱。30min 内出水基本在 90% 以内，无法达到 100%。在不同 PO/EO 下，可以得到 DA9930、DA9925 和 DA9920 的性能突出。并且可以观察到，随着 EO 含量的增加，破乳剂的脱水速率和脱水量逐渐增加，这是因为随着 EO 含量的增加，破乳剂分子在水相的浓度更高，因此有利于破乳剂破乳。但是当 EO 的含量继续增加时，如 DA9915 和 DA9910，破乳性能有明显下降。这是因为破乳剂水溶性过高，不利于破乳剂的脱水过程。

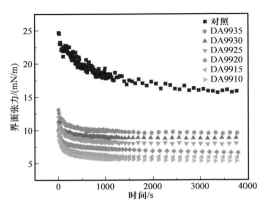

图 9.16　不同 PO/EO 的四乙烯五胺破乳剂的
动态界面张力曲线

（2）动态界面张力研究。

四乙烯五胺二嵌段聚醚的动态界面张力曲线如图 9.16 所示。从图 9.16 中可以看出，在动态界面张力曲线的初始阶段界面张力值已经低于空白样品的界面张力值，未观察到明显的诱导期。界面张力曲线直接进入快速下降区间。在 200s 左右界面张力曲线进入介平衡区。这说明上述破乳剂分子的界面扩散系数大于 BPA 系列，并且上述分子的界面伸展过程较快。并且随着 EO 含量的增加，破乳剂分子的界面活性逐渐增加，置换界面活性物质的能力更强。与 DA9910 相比，DA9935 的界面活性更好，但是其破乳性能却较差。

9.3.2.3　乙二胺二嵌段聚醚破乳剂的破乳性能研究

（1）破乳性能评价。

以乙二胺为起始剂，先与 PO 反应，制备了 EA∶PO=1∶99 的油头，再与 EO 反应，得到乙二胺二嵌段聚醚破乳剂。通过改变 EO 的加量，合成得到了不同 PO/EO（3.5∶1、3.0∶1、2.5∶1、2.0∶1、1.5∶1 和 1.0∶1）乙二胺二嵌段聚醚破乳剂。对其破乳性能进行了评价，见表 9.34。

表 9.34　乙二胺二嵌段聚醚破乳剂的破乳性能

原油破乳剂		50℃不同时间脱水量 /mL						界面状况	水相清洁度	挂壁程度
名称	加量 /（mg/L）	5min	10min	15min	20min	30min	45min			
EA9935	50	0	0	0	1	1	1	齐	清	微挂
EA9930	50	0	0	1	1	1	3	齐	清	微挂
EA9925	50	0	0	1	2	3	9	齐	清	严重
EA9920	50	0	0	1	2	5	12	齐	清	微挂
EA9915	50	0	0	1	1	3	9	齐	清	微挂
EA9910	50	0	0	1	1	2	6	齐	清	严重
空白	0	0	0	0	0	0	0	—	—	—

由表 9.34 可知，以乙二胺为起始剂，合成了 EA∶PO=1∶99 的乙二胺二嵌段聚醚破乳剂。从破乳性能评价结果看出，上述破乳剂的破乳性能较差，脱水速率慢，且脱水量

小。在不同 PO/EO 下，可以看出 EA9920 的性能最好。首先随着 EO 含量的增加，破乳剂的脱水速率和脱水量逐渐增加。但是当 EO 含量过高的时候，破乳剂的脱水速率和脱水量反而下降。

（2）动态界面张力研究。

乙二胺二嵌段聚醚的动态表面张力曲线如图 9.17 所示。从图 9.17 中可以看出，在动态表面张力曲线的初始阶段表面张力值已经低于空白样品的界面张力值，未观察到明显的诱导期。界面张力曲线直接进入快速下降区间。在 200s 左右界面张力曲线进入介平衡区。从界面张力数值可以看出，多乙烯多胺、四乙烯五胺以及乙二胺系列聚醚的界面活性相差很小。因此可以认为界面活性与 PO/EO 有关，与起始剂的关系不大。随着 EO 含量的增加，破乳剂分子的界面活性逐渐增加，置换界面活性物质的能力更强。

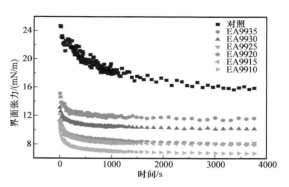

图 9.17 不同 PO/EO 的乙二胺二嵌段聚醚破乳剂的动态界面张力曲线

9.3.2.4 多胺类起始剂对聚醚破乳剂界面黏弹性的影响

选择 MA9910、DA9910 和 EA9910 三个起始剂不同的多胺类聚醚破乳剂，对其扩张弹性模量 ε_d、扩张黏性模量 $\omega\eta_d$ 随浓度 c 的变化情况进行了评价，结果如图 9.18 所示。从图 9.18（a）中可以看出，随着聚醚浓度的增加，扩张弹性模量 ε_d 逐渐下降。MA9910 和 DA9910 的扩张弹性模量下降程度相近，说明两种破乳剂都能显著影响界面膜的性质。但是 EA 的界面扩张弹性模量变化较小。上述破乳剂分子的 PO/EO 的大小是一致的，这说明分子的支化程度越高，对界面膜的扩张黏弹性影响更大。

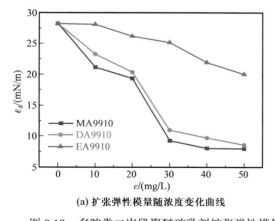

(a) 扩张弹性模量随浓度变化曲线

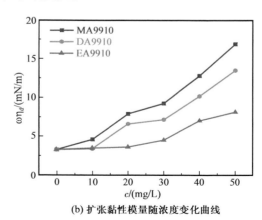

(b) 扩张黏性模量随浓度变化曲线

图 9.18 多胺类二嵌段聚醚破乳剂扩张弹性模量 ε_d、扩张黏性模量 $\omega\eta_d$ 随浓度 c 的变化曲线

9.4 合成破乳剂官能团表征及复配规律研究

9.4.1 合成破乳剂中官能团的表征

9.4.1.1 红外光谱

图 9.19 和图 9.20 分别是 BPA69 和 BPA99 系列的二嵌段聚醚破乳剂的红外光谱图，图 9.21 和图 9.22 分别是 BPA69 和 BPA99 系列二嵌段聚醚破乳剂的特征峰对比图，图 9.23 至图 9.25 分别是 BPA99 反序二嵌段、三嵌段和四嵌段聚醚破乳剂的红外光谱图，图 9.26、图 9.27 分别是苯酚二嵌段和壬基酚二嵌段聚醚破乳剂的红外光谱图，图 9.28 是多乙烯多胺二嵌段聚醚破乳剂的红外光谱图。

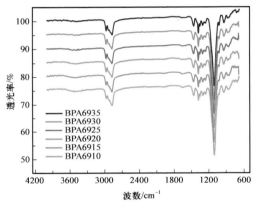

图 9.19 BPA69 系列二嵌段聚醚破乳剂的红外光谱

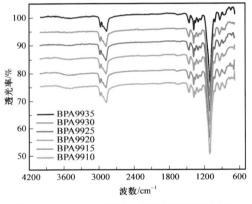

图 9.20 BPA99 系列二嵌段聚醚破乳剂的红外光谱

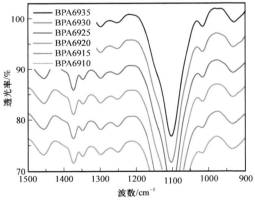

图 9.21 BPA69 系列二嵌段聚醚破乳剂的特征峰对比

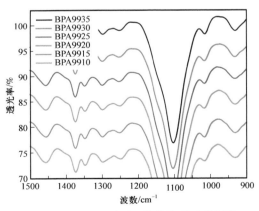

图 9.22 BPA99 系列二嵌段聚醚破乳剂的特征峰对比

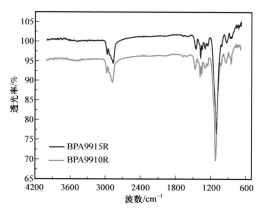

图 9.23　BPA99 反序二嵌段聚醚破乳剂红外光谱

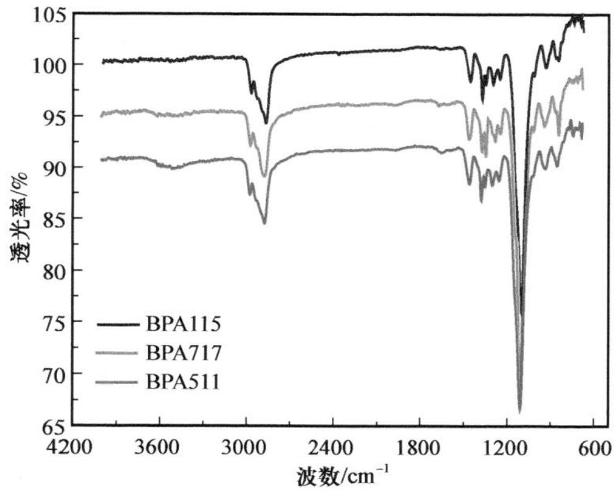

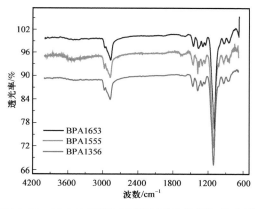

图 9.24　BPA99 系列三嵌段聚醚破乳剂红外光谱

图 9.25　BPA99 系列四嵌段聚醚破乳剂红外光谱

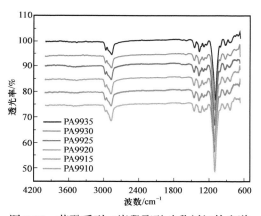

图 9.26　苯酚系列二嵌段聚醚破乳剂红外光谱

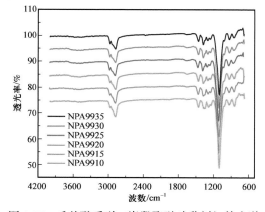

图 9.27　壬基酚系列二嵌段聚醚破乳剂红外光谱

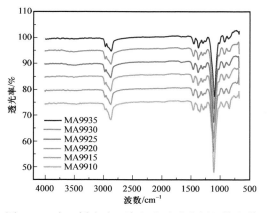

图 9.28　多乙烯多胺二嵌段聚醚破乳剂红外光谱

它们的谱图有共同特征峰：2967cm^{-1} 和 2867cm^{-1} 依次为—CH$_3$ 的不对称、对称伸缩振动峰；1663cm^{-1} 的弱峰为不饱和 C=C 双键的伸缩振动峰，说明聚醚的不饱和度较低；1601cm^{-1}、1580cm^{-1}、1505cm^{-1}、1461cm^{-1} 为苯环的振动吸收峰；1370cm^{-1} 为—CH$_3$ 对称变形振动，1346cm^{-1} 为—CH$_2$—非平面摇动振动吸收峰，1298cm^{-1} 为—CH$_2$—面外弯曲振动吸收峰，1245cm^{-1} 为—CH$_2$—变形振动吸收峰；1107cm^{-1} 和 935cm^{-1} 依次为 C—O—C 的不对称、对称伸缩振动吸收峰。若醚键的 α- 碳上带有侧链，则会出现双带，1010cm^{-1} 处表明醚键的 α- 碳有侧链存在，因此 1370cm^{-1} 和 1010cm^{-1} 可以判定有聚环氧丙烷的存在。840cm^{-1} 为—CH$_2$O—平面摇摆振动吸收峰。1726cm^{-1} 处为 C=O 的伸缩振动峰。由此可以确定产物为聚醚类物质。

图 9.29 至图 9.36 分别是各种嵌段聚醚破乳剂 HDI 和 MDI 改性后的产物。从图中可以看出，3485cm^{-1} 处为羟基的伸缩振动吸收峰，2967cm^{-1} 和 2867cm^{-1} 依次为—CH$_3$ 的不对称、对称伸缩振动峰；1730cm^{-1} 为羰基伸缩吸收峰，说明异氰酸酯与嵌段聚醚破乳剂反应生成了羰基。

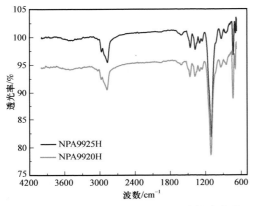

图 9.29　壬基酚二嵌段聚醚 HDI 改性产物的红外光谱

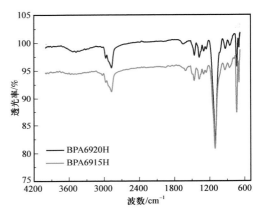

图 9.30　BPA69 二嵌段聚醚 HDI 改性产物的红外光谱

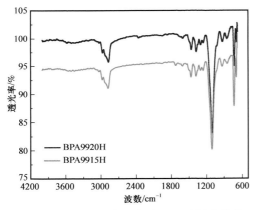

图 9.31　BPA99 二嵌段聚醚 HDI 改性产物的红外光谱

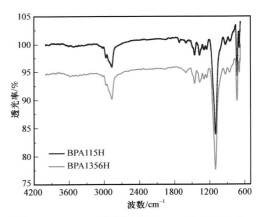

图 9.32　BPA99 多嵌段聚醚 HDI 改性产物的红外光谱

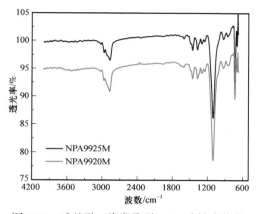

图 9.33 壬基酚二嵌段聚醚 MDI 改性产物的
红外光谱

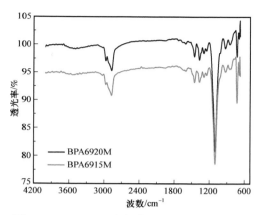

图 9.34 BPA69 二嵌段聚醚 MDI 改性产物的
红外光谱

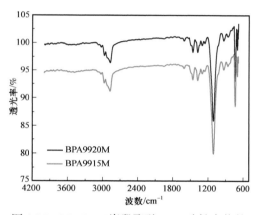

图 9.35 BPA99 二嵌段聚醚 MDI 改性产物的
红外光谱

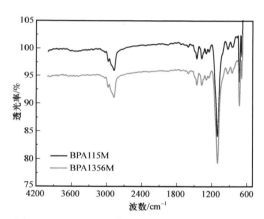

图 9.36 BPA99 多嵌段聚醚 MDI 改性产物的
红外光谱

9.4.1.2 核磁表征结果

对五类不同破乳剂进行了核磁测试，以 BPA99 系列破乳剂中破乳剂 BPA9935 的 ^{1}H–NMR 的核磁图谱为代表，其 ^{1}H–NMR 如图 9.37 所示，0.9～1.3ppm 为甲基的质子峰（积分峰面积记为 A），来源于 PPO 和酚醛树脂的起始剂，但是由于起始剂中的甲基数量远远小于 PPO 中甲基数量，故可忽略不计；3.4～3.8ppm 处的峰用来计算 EO 的含量（积分峰面积记为 B），来源于 PPO 和 PEO（积分峰面积记为 B）。用 m、n 分别表示 PO 和 EO 的物质的量。

对应 PPO–PEO 分子链：

$$\frac{A}{B}=\frac{3m}{3m+4n}\qquad(9.3)$$

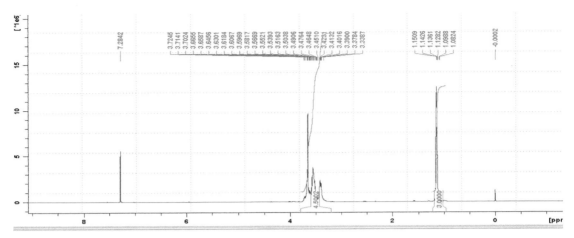

图 9.37　BPA9935 的核磁图谱

则 PPO 和 PEO 的质量比：

$$\frac{\text{PO}}{\text{EO}} = \frac{58m}{44n} = 1.76 \times \frac{A}{B-A} \tag{9.4}$$

在该样品中 $A=3$，$B=4.5002$，由此计算所得 $m(\text{PO})/n(\text{EO})=3.52$，上述数据与设计的 3.5∶1 相差很小，这说明合成产物与目标产物结构基本一致。其他不同类型破乳剂核磁检测结果见表 9.35。

表 9.35　不同破乳剂的 ^{1}H−NMR 检测结果

类型	破乳剂名称	计算所得 $m(\text{PO})/m(\text{EO})$ 值	设计值	合成产物与目标产物结构
BPA99 系列破乳剂	BPA9935	3.52（$A=3$，$B=4.5002$）	3.51	基本一致
	BPA9930	3.06（$A=3$，$B=4.7255$）	3.0	基本一致
	BPA9925	2.47（$A=3$，$B=5.1377$）	2.5	基本一致
	BPA9920	2.04（$A=3$，$B=5.5882$）	2.0	基本一致
	BPA9915	1.51（$A=3$，$B=6.4967$）	1.5	基本一致
	BPA9910	1.04（$A=3$，$B=8.0684$）	1.0	基本一致
BPA69 系列破乳剂	BPA6935	3.53（$A=3$，$B=4.4958$）	3.5	基本一致
	BPA6930	2.97（$A=3$，$B=4.7778$）	3.0	基本一致
	BPA6925	2.54（$A=3$，$B=5.0787$）	2.5	基本一致
	BPA6920	2.02（$A=3$，$B=5.6139$）	2.0	基本一致
	BPA6915	1.54（$A=3$，$B=6.4286$）	1.5	基本一致
	BPA6910	1.03（$A=3$，$B=8.1262$）	1.0	基本一致

续表

类型	破乳剂名称	计算所得 $m(PO)/m(EO)$ 值	设计值	合成产物与目标产物结构
NPA99系列破乳剂	NPA9935	3.56（$A=3$，$B=4.4831$）	3.5	基本一致
	NPA9930	2.95（$A=3$，$B=4.7898$）	3.0	基本一致
	NPA9925	2.48（$A=3$，$B=5.1290$）	2.5	基本一致
	NPA9920	1.96（$A=3$，$B=5.6939$）	2.0	基本一致
	NPA9915	1.52（$A=3$，$B=6.4737$）	1.5	基本一致
	NPA9910	0.98（$A=3$，$B=8.3878$）	1.0	基本一致
DA99系列破乳剂	DA9935	3.47（$A=3$，$B=4.5216$）	3.5	基本一致
	DA9930	3.02（$A=3$，$B=4.7483$）	3.0	基本一致
	DA9925	2.48（$A=3$，$B=5.1290$）	2.5	基本一致
	DA9920	1.98（$A=3$，$B=5.6667$）	2.0	基本一致
	DA9915	1.51（$A=3$，$B=6.4967$）	1.5	基本一致
	DA9910	0.98（$A=3$，$B=8.3878$）	1.0	基本一致
MA99系列破乳剂	MA9935	3.54（$A=3$，$B=4.4915$）	3.5	基本一致
	MA9930	3.03（$A=3$，$B=4.7426$）	3.0	基本一致
	MA9925	2.49（$A=3$，$B=5.1205$）	2.5	基本一致
	MA9920	1.94（$A=3$，$B=5.7216$）	2.0	基本一致
	MA9915	1.46（$A=3$，$B=6.6164$）	1.5	基本一致
	MA9910	1.02（$A=3$，$B=8.1765$）	1.0	基本一致

9.4.2 不同干剂的复配效果研究

基于 BPA99、MA99 和 DA99 系列药剂，复配得到了 33 种破乳剂（表 9.36），并与 DEM-4002、HYP-110、TS-P100A、AE1910 和 SP169 进行了破乳性能的对比，其结果见表 9.37。

表 9.36 复配破乳剂信息表

名称	组分	名称	组分
CD-01	NPA9925+AR321（3∶1）	CD-05	NPA9920+AR321（2∶1）
CD-02	NPA9925+AR321（2∶1）	CD-06	NPA9920+AR321（1∶1）
CD-03	NPA9925+AR321（1∶1）	CD-07	BPA9920+MA9920（3∶1）
CD-04	NPA9920+AR321（3∶1）	CD-08	BPA9920+MA9920（2∶1）

续表

名称	组分	名称	组分
CD-09	BPA9920+MA9920（1：1）	CD-24	MA9925+AR321（1：1）
CD-10	BPA9920+EA9920（3：1）	CD-25	BPA9920+MA9920+AR321（3：1：1）
CD-11	BPA9920+EA9920（2：1）	CD-26	BPA9920+MA9920+AR321（2：1：1）
CD-12	BPA9920+EA9920（1：1）	CD-27	BPA9920+MA9920+AR321（1：1：1）
CD-13	BPA9920+PA9920（3：1）	CD-28	BPA9910+MA9920+AR321（3：1：1）
CD-14	BPA9920+PA9920（2：1）	CD-29	BPA9910+MA9920+AR321（2：1：1）
CD-15	BPA9920+PA9920（1：1）	CD-30	BPA9910+MA9920+AR321（1：1：1）
CD-16	NPA9925+EA9920（3：1）	CD-31	BPA9920+NPA9920H（3：1）
CD-17	NPA9920+EA9920（2：1）	CD-32	BPA9920+NPA9920H（2：1）
CD-18	NPA9920+EA9920（1：1）	CD-33	BPA9920+NPA9920H（1：1）
CD-19	NPA9925+MA9920（3：1）	CD-34	BPA9920+NPA9920M（2：1）
CD-20	NPA9925+MA9920（2：1）	CD-35	BPA9920+NPA9920M（1：1）
CD-21	NPA9925+MA9920（1：1）	CD-36	BPA9910+MA9920（3：1）
CD-22	MA9925+AR321（3：1）	CD-37	BPA9910+MA9920（2：1）
CD-23	MA9925+AR321（2：1）	CD-38	BPA9910+MA9920（1：1）

表 9.37　33 种复配破乳剂体系的破乳性能

原油破乳剂		50℃不同时间脱水量 /mL							界面状况	水相清洁度	挂壁程度
名称	加量 /（mg/L）	5min	10min	15min	20min	30min	45min	60min			
DEM-4002	50	0	1	2	4	28	38	48	齐	清	不挂
TS-P100A	50	0	1	2	3	6	18	32	较齐	清	不挂
HYP-110	50	0	1	3	5	26	34	47	齐	清	不挂
AE1910	50	1	5	8	12	25	40	45	较齐	清	微挂
SP169	50	1	1	1	2	3	10	20	较齐	清	不挂
CD-01	50	0	0	8	19	34	41	50	齐	清	不挂
CD-02	50	0	0	4	10	24	39	43	齐	清	微挂
CD-03	50	1	1	2	8	20	30	42	较齐	清	微挂
CD-04	50	0	1	1	15	34	40	49	齐	清	不挂

原油破乳剂		50℃不同时间脱水量 /mL							界面状况	水相清洁度	挂壁程度
名称	加量 / （mg/L）	5min	10min	15min	20min	30min	45min	60min			
CD-05	50	0	0	3	10	30	40	50	齐	清	不挂
CD-06	50	0	2	4	6	23	35	49	齐	清	不挂
CD-07	50	0	0	0	0	0	35	40	齐	清	不挂
CD-08	50	3	12	19	24	36	48	52	齐	清	不挂
CD-09	50	0	0	1	2	10	25	40	较齐	清	微挂
CD-10	50	0	1	2	3	10	28	40	齐	清	不挂
CD-11	50	0	2	8	9	18	36	44	齐	清	微挂
CD-12	50	0	5	12	17	30	40	49	齐	清	不挂
CD-13	50	1	1	2	2	10	32	44	齐	清	不挂
CD-14	50	0	0	0	0	14	32		较齐	清	挂壁
CD-15	50	0	0	13	21	35	44	50	齐	清	不挂
CD-16	50	0	1	3	6	20	46	48	齐	清	不挂
CD-17	50	0	0	0	3	16	34	42	齐	清	微挂
CD-18	50	0	5	8	18	32	42	50	齐	清	不挂
CD-19	50	0	0	0	0	2	10	30	较齐	清	挂壁
CD-20	50	2	2	8	18	40	44	46	齐	清	不挂
CD-21	50	2	5	8	10	22	34	43	齐	清	微挂
CD-22	50	1	1	1	2	6	20	34	齐	清	不挂
CD-23	50	1	1	10	15	28	45	51	齐	清	不挂
CD-24	50	0	0	2	7	18	40	47	齐	清	不挂
CD-25	50	1	1	2	5	20	42	51	齐	清	不挂
CD-26	50	3	7	12	22	38	50	52	齐	清	不挂
CD-27	50	1	1	2	5	24	35	47	齐	清	不挂
CD-28	50	1	2	3	3	5	14	30	较齐	清	微挂
CD-29	50	1	1	1	1	5	14	34	较齐	清	微挂
CD-30	50	3	10	16	26	36	46	48	齐	清	微挂
CD-31	50	0	2	5	10	24	40	52	较齐	清	不挂

原油破乳剂		50℃不同时间脱水量 /mL							界面状况	水相清洁度	挂壁程度
名称	加量 /（mg/L）	5min	10min	15min	20min	30min	45min	60min			
CD-32	50	1	1	2	3	4	9	37	较齐	清	不挂
CD-38	50	1	2	3	5	38	44	52	较齐	清	不挂
空白	0	0	0	0	0	0	0	0	—	—	—

根据脱水速率和最终脱水量，筛选出了 18 种破乳性能较好的破乳剂，分别是 CD-01、CD-04、CD-05、CD-06、CD-08、CD-12、CD-15、CD-16、CD18、CD-20、CD-23、CD-24、CD-25、CD-26、CD-27、CD-30、CD-31 和 CD-38。上述破乳剂的脱水速率和脱水量高于或与 DEM-4002 相当。根据上述筛选结果，将上述 18 种破乳剂与 DEM-4002、TS-P100A、HYP-110、AE1910 再次进行了破乳性能评价，见表 9.38。

表 9.38　筛选出的 18 种破乳剂的破乳性能

原油破乳剂		50℃不同时间脱水量 /mL							界面状况	水相清洁度	挂壁程度
名称	加量 /（mg/L）	5min	10min	15min	20min	30min	45min	60min			
CD-01	50	0	0	0	10	30	34	48	齐	清	不挂
CD-04	50	1	2	5	14	32	39	48	齐	清	不挂
CD-06	50	0	1	3	3	12	27	49	齐	清	不挂
CD-05	50	1	1	1	4	14	34	47	齐	清	不挂
CD-08	50	0	4	9	25	30	40	54	齐	清	不挂
CD-12	50	1	2	2	5	14	22	46	齐	清	不挂
CD-15	50	0	0	0	10	28	31	47	齐	清	不挂
CD-16	50	0	0	0	1	22	32	48	齐	清	不挂
CD-18	50	0	0	0	0	35	38	45	齐	清	不挂
CD-20	50	0	0	5	30	38	40	49	齐	清	不挂
CD-23	50	0	0	4	8	26	38	52	齐	清	不挂
CD-24	50	0	0	12	20	25	32	46	齐	清	不挂
CD-25	50	0	1	3	5	16	38	51	齐	清	微挂
CD-26	50	0	3	8	20	34	42	51	齐	清	不挂
CD-27	50	0	1	3	10	24	40	48	齐	清	不挂

原油破乳剂		50℃不同时间脱水量 /mL							界面状况	水相清洁度	挂壁程度
名称	加量 /（mg/L）	5min	10min	15min	20min	30min	45min	60min			
CD-30	50	0	0	5	10	20	34	46	齐	清	不挂
CD-31	50	3	7	10	16	32	35	53	齐	清	不挂
CD-38	50	1	6	10	20	23	38	52	齐	清	不挂
AE1910	50	0	2	3	5	10	22	43	齐	清	微挂
DEM-4002	50	0	1	1	3	24	30	49	齐	清	不挂
HYP-110	50	0	1	2	3	22	32	46	齐	清	不挂
TS-P100A	50	1	1	3	5	7	18	30	齐	清	微挂
空白	0	0	0	0	0	0	0	0	—	—	—

从表9.38中，筛选出了6种破乳性能较好的破乳剂CD-08、CD-23、CD-25、CD-26、CD-31和CD-38。上述破乳剂的脱水速率和脱水量均优于DEM-4002，其中CD-08和CD-26的脱水速率快，CD-08的脱水量最大。将上述6种破乳剂与DEM-4002、TS-P100A和HYP-110再次进行了破乳性能评价（表9.39）。

表9.39 6种复配破乳剂的破乳性能

原油破乳剂		50℃不同时间脱水量 /mL							界面状况	水相清洁度	挂壁程度
名称	加量 /（mg/L）	5min	10min	15min	20min	30min	45min	60min			
CD-08	50	1	5	8	18	35	42	52	齐	清	不挂
CD-23	50	0	0	3	7	20	41	51	齐	清	不挂
CD-25	50	0	1	3	5	15	34	50	齐	清	不挂
CD-26	50	0	2	6	16	27	41	51	齐	清	不挂
CD-31	50	2	6	8	14	24	40	50	齐	清	不挂
CD-38	50	1	5	8	18	28	38	52	齐	清	不挂
DEM-4002	50	0	1	3	3	18	32	48	齐	清	不挂
HYP-110	50	0	1	2	3	17	30	46	齐	清	不挂
TS-P100A	50	0	1	2	5	8	23	36	齐	清	不挂
空白	0	0	0	0	0	0	0	0	—	—	—

从表 9.39 中可以看出，CD-08、CD-23、CD-25、CD-26、CD-31 和 CD-38 6 种破乳剂均具有较好的破乳效果。现场在用药剂 DEM-4002 的脱水量高于 HYP-110 和 TS-P100A，DEM-4002 具有较好的破乳性能。从脱水率和界面情况来看，上述复配破乳剂的实验室破乳效果优于现场在用药剂。

9.4.3 基于 CD-08 改性破乳剂和其他起始剂改性破乳剂的破乳性能研究

根据海上平台瓶试结果，为了解决现场破乳剂脱水水质问题，将前期筛选出的破乳性能较好的 CD-08 进行了改性，还将其他类型的破乳剂进行了改性，具体改性破乳剂信息表见表 9.40。此外，对破乳性能进行反复验证，不同时间的脱水量见表 9.41。

表 9.40　改性破乳剂信息表

名称	组分	名称
CD-50	多元醇类型二氯丙醇改性	改性比 10∶1
CD-51	树脂类型二氯丙醇改性	改性比 10∶1
CD-52	树脂类型二氯丙醇改性	改性比 10∶2
CD-53	树脂类型环氧氯丙烷改性	改性比 10∶1
CD-54	树脂类型环氧氯丙烷改性	改性比 20∶1
CD-55	多元醇类型丙烯酸改性	改性比 20∶1
CD-56	树脂类型丙烯酸改性	改性比 20∶1
CD-57	CD-8 二氯丙醇改性	改性比 10∶1
CD-58	CD-8 二氯丙醇改性	改性比 10∶2
CD-59	CD-8 环氧氯丙烷改性	改性比 10∶1
CD-60	CD-8 环氧氯丙烷改性	改性比 20∶1
CD-61	CD-8 丙烯酸改性	改性比 20∶1

表 9.41　改性破乳剂的破乳性能

原油破乳剂		50℃不同时间脱水量 /mL					界面状况	水相清洁度	挂壁程度
名称	加量 /（mg/L）	5min	10min	15min	20min	30min			
DEM-4002	40	0	0	5	15	16	不齐	清	挂壁
CD-08	40	5	10	16	18	20	齐	清	微挂
CD-61	40	4	7	12	19	25	齐	清	微挂
CD-60	40	0	5	5	20	21	不齐	清	不挂

原油破乳剂		50℃不同时间脱水量 /mL					界面状况	水相清洁度	挂壁程度
名称	加量 /（mg/L）	5min	10min	15min	20min	30min			
CD-59	40	3	10	17	19	26	齐	清	挂壁
CD-58	40	3	7	16	20	22	齐	清	微挂
CD-57	40	3	7	13	18	25	齐	清	微挂
CD-54	40	1	4	10	13	25	齐	清	挂壁
CD-55	40	0	0	6	9	17	不齐	清	挂壁
CD-53	40	1	4	8	9	20	齐	清	微挂
CD-52	40	2	3	6	7	23	不齐	清	严重
CD-51	40	0	0	0	3	12	不齐	清	严重
CD-50	40	0	1	2	3	11	不齐	清	不挂
空白	0	0	0	0	0	0	—	—	—

如表 9.41 所示，CD-59 和 CD-61 的脱水率高，实验室脱水效果均优于现场在用药剂 DEM-4002，虽然 CD-54 的脱水量也大，但脱水速度较慢，因此，建议现场试验可重点考察 CD-59 和 CD-61 两个药剂。

当现场在用清水剂 TS-786A 的加量为 10 mg/L 时，考察了破乳剂与清水剂的配伍性及联合作用效果，结果见表 9.42。

表 9.42　破乳剂与清水剂的配伍性能

原油破乳剂		50℃不同时间脱水量 /mL					界面状况	水相清洁度	挂壁程度
名称	加量 /（mg/L）	5min	10min	15min	20min	30min			
DEM-4002+TS-786A	40+10	0	5	10	18	22	齐	清	挂壁
CD-08+TS-786A	40+10	6	15	21	23	24	齐	清	挂壁
CD-61+TS-786A	40+10	13	26	28	28	28	齐	清	挂壁
CD-60+TS-786A	40+10	7	17	21	23	25	齐	清	挂壁
CD-59+TS-786A	40+10	4	8	15	25	27	齐	清	挂壁
CD-57+TS-786A	40+10	1	3	6	10	24	齐	清	微挂
CD-58+TS-786A	40+10	4	8	10	16	26	齐	清	挂壁
CD-55+TS-786A	40+10	5	10	14	24	26	齐	清	严重

续表

原油破乳剂		50℃不同时间脱水量/mL					界面状况	水相清洁度	挂壁程度
名称	加量/（mg/L）	5min	10min	15min	20min	30min			
CD-54+TS-786A	40+10	0	4	5	5	10	齐	清	微挂
CD-53+TS-786A	40+10	10	12	15	22	26	齐	较清	不挂
CD-52+TS-786A	40+10	0	0	2	6	17	齐	较清	微挂
CD-51+TS-786A	40+10	7	9	12	18	26	齐	清	严重
CD-50+TS-786A	40+10	0	0	3	4	19	齐	清	挂壁
空白	0	0	0	0	0	0	—	—	—

从表9.42中数据可以看出，清水剂的加入对破乳剂的破乳性能有一定的影响，少数药剂的影响较为明显。其中CD-59和CD-61与清水剂TS-786A的配伍性能最好。因此，建议现场试验可重点考察CD-59和CD-61。

9.5 低温摇晃等因素对破乳性能的影响规律研究

9.5.1 温度对破乳效率的影响

9.5.1.1 不同温度下壬基酚酚醛二嵌段聚醚破乳剂的破乳性能研究

以壬基酚、甲醛为原料制备出的壬基酚酚醛树脂为起始剂，先与PO反应，制备了NPF：PO=1：99的油头，再与EO反应，得到壬基酚酚醛二嵌段聚醚破乳剂。通过改变EO的通入量，合成得到了不同PO/EO（3.5：1、3.0：1、2.5：1、2.0：1、1.5：1和1.0：1）的壬基酚酚醛二嵌段聚醚破乳剂。对上述合成的系列壬基酚酚醛二嵌段聚醚破乳剂的破乳性能进行了评价，结果见表9.43至表9.45。

表9.43　45℃时壬基酚酚醛二嵌段聚醚破乳剂的破乳性能

原油破乳剂		不同时间脱水量/mL					界面状况	水相清洁度	挂壁程度	RSN值
名称	加量/（mg/L）	5min	10min	15min	20min	30min				
NPF9935	50	2	2	2	3	8	较齐	清	严重	9.3
NPF9930	50	4	4	4	4	8	较齐	清	挂壁	10.0
NPF9925	50	2	2	2	2	13	齐	清	微挂	10.8
NPF9920	50	1	1	3	7	20	齐	清	微挂	12.1

原油破乳剂		不同时间脱水量 /mL					界面状况	水相清洁度	挂壁程度	RSN 值
名称	加量 /（mg/L）	5min	10min	15min	20min	30min				
NPF9915	50	1	2	3	6	12	较齐	较清	微挂	16.3
NPF9910	50	1	1	2	3	7	较齐	较清	不挂	23.4
空白	0	0	0	0	0	0	—	—	—	—

表 9.44　50℃时壬基酚酚醛二嵌段聚醚破乳剂的破乳性能

原油破乳剂		不同时间脱水量 /mL					界面状况	水相清洁度	挂壁程度	RSN 值
名称	加量 /（mg/L）	5min	10min	15min	20min	30min				
NPF9935	50	2	4	4	5	10	不齐	清	挂壁	9.3
NPF9930	50	5	6	6	7	12	不齐	清	挂壁	10.0
NPF9925	50	1	1	2	7	18	较齐	清	微挂	10.8
NPF9920	50	1	2	4	11	22	齐	清	微挂	12.1
NPF9915	50	1	2	5	12	25	齐	较清	微挂	16.3
NPF9910	50	1	1	2	4	11	较齐	较清	不挂	23.4
空白	0	0	0	0	0	0	—	—	—	—

表 9.45　55℃时壬基酚酚醛二嵌段聚醚破乳剂的破乳性能

原油破乳剂		不同时间脱水量 /mL					界面状况	水相清洁度	挂壁程度	RSN 值
名称	加量 /（mg/L）	5min	10min	15min	20min	30min				
NPF9935	50	1	1	3	5	15	较齐	清	挂壁	9.3
NPF9930	50	1	2	5	8	18	较齐	清	挂壁	10.0
NPF9925	50	3	6	10	20	23	较齐	清	微挂	10.8
NPF9920	50	1	5	15	23	24	齐	清	微挂	12.1
NPF9915	50	2	9	17	23	25	齐	较清	微挂	16.3
NPF9910	50	2	4	6	12	24	较齐	较清	不挂	23.4
空白	0	0	0	0	0	0	—	—	—	—

　　从表 9.43 至表 9.45 的数据可以看出，随着温度的升高，上述破乳剂的脱水量均增加，脱水速率也随之加快。在不同温度下，均可以观察到壬基酚酚醛二嵌段聚醚破乳剂的脱

水速率和 30min 的脱水量与 PO/EO 存在一定关联。随着 EO 含量的增加，聚醚破乳剂的脱水速率和脱水量先增加后减少，存在着最佳的 PO/EO。这说明随着 EO 含量的增加，破乳剂分子的亲水性不断增加，界面活性增加，同时 EO 链的增长也导致液滴的聚并能力增强。当 EO 含量过高的时候，由于破乳剂分子过于亲水（可以从 RSN 值看出），破乳剂分子的破乳能力随之下降。

45℃时，NPF9920 的破乳性能最好；50℃和 55℃时，NPF9920 和 NPF9915 的破乳性能最好。当温度降低的时候，原油的黏度和密度都会增加，这会影响破乳剂分子与原油的相互作用及在油相中的扩散过程。因此，破乳剂的最佳 PO/EO 会发生变化。

对于挂壁和脱出水水质情况，随着 EO 链的增长，可以观察到挂壁现象越来越不明显，挂壁现象与 EO 含量有着明显的相关性。上述破乳剂的脱出水清澈，随着破乳剂 EO 含量的增加，水质略微变浑浊。这是因为破乳剂分子亲水性增强，在水相会形成胶束，高分子表面活性剂形成的胶束尺寸较大，因此会出现轻微的浑浊现象。若用手电筒照射，会观察到明显的蓝色乳光现象，这也证实了较大尺寸的胶束等分子聚集体的存在。此外，上述胶束会增溶少量的原油，导致水相浑浊。

对于界面情况，当破乳剂分子的 RSN 小于 16.3（NPF9915 的 RSN 值）时，可观察到界面处有葡萄状的乳化层出现，会导致界面不齐；当破乳剂分子的 RSN 等于或大于 16.3 时，可观察到油水界面略微向水相（向下）凸出，这与形成水包油乳状液的曲率半径相似。因此界面情况好坏与破乳剂分子的亲疏水性直接相关。

9.5.1.2　不同温度下多乙烯多胺二嵌段聚醚破乳剂的破乳性能研究

以多乙烯多胺与 PO 反应，制备了 MA：PO=1：99 的油头，再与 EO 反应，得到多乙烯多胺二嵌段聚醚破乳剂。通过改变 EO 的通入量，合成得到了不同 PO/EO（3.5：1、3.0：1、2.5：1、2.0：1、1.5：1 和 1.0：1）的多乙烯多胺二嵌段聚醚破乳剂。对上述合成的系列多乙烯多胺二嵌段聚醚破乳剂的破乳性能进行了评价，结果见表 9.46 至表 9.48。

表 9.46　45℃时多乙烯多胺二嵌段聚醚破乳剂的破乳性能

原油破乳剂		不同时间脱水量 /mL					界面状况	水相清洁度	挂壁程度	RSN 值
名称	加量 /（mg/L）	5min	10min	15min	20min	30min				
MA9935	50	1	1	2	4	8	不齐	清	微挂	11.1
MA9930	50	1	1	2	4	10	较齐	清	微挂	11.7
MA9925	50	1	1	2	4	12	较齐	清	微挂	13.0
MA9920	50	2	5	11	15	20	较齐	清	微挂	15.3
MA9915	50	1	9	14	18	20	齐	较清	微挂	18.9
MA9910	50	1	2	2	4	6	齐	较清	不挂	25.9
空白	0	0	0	0	0	0	—	—	—	—

表 9.47　50℃时多乙烯多胺二嵌段聚醚破乳剂的破乳性能

原油破乳剂		不同时间脱水量 /mL					界面状况	水相清洁度	挂壁程度	RSN 值
名称	加量 /（mg/L）	5min	10min	15min	20min	30min				
MA9935	50	4	4	7	8	18	齐	清	挂壁	11.1
MA9930	50	4	4	7	9	20	齐	清	挂壁	11.7
MA9925	50	3	5	12	19	21	齐	清	微挂	13.0
MA9920	50	5	6	14	20	22	齐	清	微挂	15.3
MA9915	50	1	5	8	16	22	齐	较清	微挂	18.9
MA9910	50	1	2	2	3	7	较齐	较清	不挂	25.9
空白	0	0	0	0	0	0	—	—	—	—

表 9.48　55℃时多乙烯多胺二嵌段聚醚破乳剂的破乳性能

原油破乳剂		不同时间脱水量 /mL					界面状况	水相清洁度	挂壁程度	RSN 值
名称	加量 /（mg/L）	5min	10min	15min	20min	30min				
MA9935	50	3	4	5	15	20	较齐	清	挂壁	11.1
MA9930	50	2	4	6	21	22	齐	清	挂壁	11.7
MA9925	50	3	4	9	22	22	齐	清	微挂	13.0
MA9920	50	3	7	12	19	20	齐	清	微挂	15.3
MA9915	50	4	19	24	25	25	齐	较清	微挂	18.9
MA9910	50	1	3	5	11	16	齐	较清	不挂	25.9
空白	0	0	0	0	0	0	—	—	—	—

　　从表 9.46 至表 9.48 的数据可以看出，随着温度的升高，上述破乳剂的脱水量均增加，脱水速率也随之加快。在不同温度下，均可以观察到多乙烯多胺二嵌段聚醚破乳剂的脱水速率和 30min 的脱水量与 PO/EO 存在一定关联。随着 EO 含量的增加，聚醚破乳剂的脱水量先增加后减少，存在着最佳的 PO/EO。这说明随着 EO 含量的增加，破乳剂分子的亲水性不断增加，界面活性增加，同时 EO 链的增长也导致液滴的聚并能力增强。当 EO 含量过高的时候，由于破乳剂分子过于亲水（可以从 RSN 值看出），破乳剂分子的破乳能力随之下降。45℃和 55℃时，MA9915 的破乳性能最好；50℃时，MA9920 的破乳性能最好。

　　对于挂壁和脱出水水质情况，随着 EO 链的增长，可以观察到挂壁现象越来越不明显，挂壁现象与 EO 含量有着明显的相关性。

　　对于界面情况，当破乳剂分子的 RSN 小于 18.9（MA9915 的 RSN 值）时，可观察到界面处有葡萄状的乳化层出现，会导致界面不齐；当破乳剂分子的 RSN 等于或大于 18.9 时，可观察到油水界面略微向水相（向下）凸出，这与形成水包油乳状液的曲率半径相似。因此界面情况好坏与破乳剂分子的亲疏水性直接相关。

9.5.1.3 不同温度下双酚 A 酚胺二嵌段聚醚破乳剂的破乳性能研究

以双酚 A 与多乙烯多胺反应制备双酚 A 酚胺树脂，与 PO 反应，制备了 BPA：PO= 1：99 的油头，再与 EO 反应，得到双酚 A 酚胺二嵌段聚醚破乳剂。通过改变 EO 的通入量，合成得到了不同 PO/EO（3.5：1、3.0：1、2.5：1、2.0：1、1.5：1 和 1.0：1）的双酚 A 酚胺二嵌段聚醚破乳剂。对上述合成的系列双酚 A 酚胺二嵌段聚醚破乳剂的破乳性能进行了评价，结果见表 9.49 至表 9.51。

表 9.49　45℃时双酚 A 酚胺二嵌段聚醚破乳剂的破乳性能

原油破乳剂		不同时间脱水量 /mL					界面状况	水相清洁度	挂壁程度	RSN 值
名称	加量 /（mg/L）	5min	10min	15min	20min	30min				
BPA9935	50	3	3	4	5	11	不齐	清	挂壁	9.8
BPA9930	50	4	4	5	6	15	不齐	清	严重	10.6
BPA9925	50	4	4	5	5	16	不齐	清	不挂	11.8
BPA9920	50	3	4	5	6	15	不齐	清	不挂	14.4
BPA9915	50	3	4	8	16	25	齐	清	不挂	18.6
BPA9910	50	2	4	11	15	22	齐	清	不挂	23.8
空白	0	0	0	0	0	0	—	—	—	—

表 9.50　50℃时双酚 A 酚胺二嵌段聚醚破乳剂的破乳性能

原油破乳剂		不同时间脱水量 /mL					界面状况	水相清洁度	挂壁程度	RSN 值
名称	加量 /（mg/L）	5min	10min	15min	20min	30min				
BPA9935	50	5	6	8	10	16	不齐	清	严重	9.8
BPA9930	50	0	5	7	10	17	不齐	清	严重	10.6
BPA9925	50	4	5	7	10	18	不齐	清	微挂	11.8
BPA9920	50	4	5	7	11	19	不齐	清	不挂	14.4
BPA9915	50	3	5	11	23	26	齐	清	不挂	18.6
BPA9910	50	4	5	9	15	24	齐	清	不挂	23.8
空白	0	0	0	0	0	0	—	—	—	—

表 9.51　55℃时双酚 A 酚胺二嵌段聚醚破乳剂的破乳性能

原油破乳剂		不同时间脱水量 /mL					界面状况	水相清洁度	挂壁程度	RSN 值
名称	加量 /（mg/L）	5min	10min	15min	20min	30min				
BPA9935	50	4	7	9	10	19	不齐	清	微挂	9.8
BPA9930	50	4	5	8	9	19	不齐	清	微挂	10.6
BPA9925	50	4	5	7	7	11	不齐	清	微挂	11.8
BPA9920	50	4	6	7	8	10	不齐	清	不挂	14.4
BPA9915	50	3	13	25	25	25	齐	清	微挂	18.6
BPA9910	50	4	8	20	24	24	齐	清	不挂	23.8
空白	0	0	0	0	0	0	—	—	—	—

从表 9.49 至表 9.51 的数据可以看出，随着温度的升高，上述破乳剂的脱水量均增加，脱水速率也随之加快。在不同温度下，均可以观察到双酚 A 酚胺二嵌段聚醚破乳剂的脱水速率和 30min 脱水量与 PO/EO 存在一定关联。随着 EO 含量的增加，聚醚破乳剂的脱水量先增加后减少，存在着最佳的 PO/EO。这说明随着 EO 含量的增加，破乳剂分子的亲水性不断增加，界面活性增加，同时 EO 链的增长也导致液滴的聚并能力增强。当 EO 含量过高的时候，由于破乳剂分子过于亲水（可以从 RSN 值看出），破乳剂分子的破乳能力随之下降。

BPA9935、BPA9930、BPA9925 和 BPA9920 的乳化层较厚。乳化层对 BPA9925 和 BPA9920 油水界面的判断会产生较为明显的影响（表 9.61）。这说明上述分子对水滴的凝聚能力较弱，无法有效形成大液滴而沉降，这与分子的支化程度高有关。但当 EO 链继续增加的时候，发现 BPA9915 的低温破乳性能优异，明显高于其他破乳剂。

9.5.1.4　不同温度下双酚 A 酚醛二嵌段聚醚破乳剂的破乳性能研究

以双酚 A 与甲醛反应制备双酚 A 酚醛树脂，与 PO 反应，制备了 BPF∶PO=1∶99 的油头，再与 EO 反应，得到双酚 A 酚醛二嵌段聚醚破乳剂。通过改变 EO 的通入量，合成得到了不同 PO/EO（3.5∶1、3.0∶1、2.5∶1、2.0∶1、1.5∶1 和 1.0∶1）的双酚 A 酚醛二嵌段聚醚破乳剂。对上述合成的系列双酚 A 酚醛二嵌段聚醚破乳剂的破乳性能进行了评价，结果见表 9.52 至表 9.54。

从表 9.52 至表 9.54 的数据可以看出，随着温度的升高，上述破乳剂的脱水量均增加，脱水速率也随之加快。在不同温度下，均可以观察到双酚 A 酚醛二嵌段聚醚破乳剂的脱水速率与 PO/EO 存在一定关联。随着 EO 含量的增加，聚醚破乳剂的脱水速率先增加后减少，存在着最佳的 PO/EO。这说明随着 EO 含量的增加，破乳剂分子的亲水性不断增加，界面活性增加，同时 EO 链的增长也导致液滴的聚并能力增强。当 EO 含量过高的时候，由于破乳剂分子过于亲水（可以从 RSN 值看出），破乳剂分子的破乳能力随之下降。

表 9.52　45℃时双酚 A 酚醛二嵌段聚醚破乳剂的破乳性能

原油破乳剂		不同时间脱水量 /mL					界面状况	水相清洁度	挂壁程度	RSN 值
名称	加量 /（mg/L）	5min	10min	15min	20min	30min				
BPF9935	50	1	3	5	6	23	不齐	清	微挂	10.6
BPF9930	50	2	4	9	16	22	不齐	清	微挂	11.6
BPF9925	50	4	8	16	22	25	齐	清	不挂	13.0
BPF9920	50	3	16	23	24	25	齐	清	不挂	15.4
BPF9915	50	1	3	5	9	22	齐	较清	不挂	18.4
BPF9910	50	1	3	4	5	11	较齐	较清	不挂	22.3
空白	0	0	0	0	0	0	—	—	—	—

表 9.53　50℃时双酚 A 酚醛二嵌段聚醚破乳剂的破乳性能

原油破乳剂		不同时间脱水量 /mL					界面状况	水相清洁度	挂壁程度	RSN 值
名称	加量 /（mg/L）	5min	10min	15min	20min	30min				
BPF9935	50	2	4	5	7	25	较齐	清	微挂	10.6
BPF9930	50	3	5	7	10	25	较齐	清	微挂	11.6
BPF9925	50	4	12	24	25	26	齐	清	不挂	13.0
BPF9920	50	5	23	26	26	26	齐	清	不挂	15.4
BPF9915	50	3	18	21	23	24	齐	较清	不挂	18.4
BPF9910	50	2	4	6	8	16	较齐	较清	不挂	22.3
空白	0	0	0	0	0	0	—	—	—	—

表 9.54　55℃时双酚 A 酚醛二嵌段聚醚破乳剂的破乳性能

原油破乳剂		不同时间脱水量 /mL					界面状况	水相清洁度	挂壁程度	RSN 值
名称	加量 /（mg/L）	5min	10min	15min	20min	30min				
BPF9935	50	3	7	11	13	21	不齐	清	微挂	10.6
BPF9930	50	3	7	20	23	24	不齐	清	微挂	11.6
BPF9925	50	3	11	21	23	24	齐	清	不挂	13.0
BPF9920	50	8	21	23	24	24	齐	清	不挂	15.4
BPF9915	50	4	20	23	23	24	齐	较清	不挂	18.4

原油破乳剂		不同时间脱水量 /mL					界面状况	水相清洁度	挂壁程度	RSN 值
名称	加量 /（mg/L）	5min	10min	15min	20min	30min				
BPF9910	50	2	4	8	12	23	齐	较清	不挂	22.3
空白	0	0	0	0	0	0	—	—	—	—

对于 30min 的脱水量，BPF9935、BPF9930、BPF9925、BPF9920 和 BPF9915 相差较小。对于 RSN 值较小的破乳剂，其乳化层较厚，对读数的准确性会有一定的影响。从脱水量和脱水速率两个方面来看，BPF9920 的低温破乳性能最好。

对于界面情况，当破乳剂分子的 RSN 小于 13.0（BPF9930 的 RSN 值）时，可观察到界面处有葡萄状的乳化层出现，会导致界面不齐；当破乳剂分子的 RSN 等于或大于 18.4 时，可观察到油水界面略微向水相（向下）凸出，这与形成水包油乳状液的曲率半径相似。因此界面情况好坏与破乳剂分子的亲疏水性直接相关。

9.5.1.5 不同温度下聚醚破乳剂的动态界面黏弹性研究

BPA99、BPF99、NPF99 和 MA99 系列二嵌段聚醚破乳剂的扩张弹性模量 ε_d 随温度的变化曲线如图 9.38 所示。从图 9.38（a）中可以看出，随着温度的增加，油水界面膜的扩张弹性模量 ε_d 逐渐减少。这说明界面膜的强度与温度成反比，随着温度的升高，界面活性物质的热运动加剧，且沥青质在油相的溶解度增加，因此界面膜的强度降低。随着破乳剂 EO 含量的增加，扩张弹性模量减少更为明显。EO 含量的增加，导致界面处 EO 浓度增加，界面膜处的分子排列变得更加疏松，因此相互作用更弱。BPA99 系列破乳剂的破乳机制是对界面活性物质的替换，形成了更为松散的界面膜结构。同时 EO 含量的增加，有助于界面膜松散结构的形成。同时破乳剂的脱水性能与界面黏弹性之间存在着较好的对应关系。对比图 9.38，BPA99、BPF99、NPF99 和 MA99 四个系列二嵌段聚醚破乳剂的扩张弹性模量 ε_d 随温度的变化曲线，上述破乳剂对界面膜扩张弹性模量的影响是一致的，这也与破乳性能的结果一致。NPF 系列对界面膜黏弹性的影响最小，这与 NPF 破乳剂的分支程度较低有关。

9.5.2 摇晃对破乳效率的影响

9.5.2.1 摇晃对酚醛树脂聚醚破乳剂破乳性能的影响规律

为了考察平台摇晃对破乳剂破乳效率的影响规律，针对 LHZ 油田原油，将合成的系列聚醚破乳剂进行了抗摇晃破乳性能评价。实验采用自制的模拟海洋平台的原油破乳剂抗摇晃性能测试分析仪。振荡幅度为 ±5°，振荡频率为 0.45s⁻¹，油水比为 1∶1，实验温度为 50℃。选用壬基酚酚醛树脂聚醚（NPF）和双酚 A 酚醛树脂聚醚（BPF）破乳剂，研究了摇晃对上述破乳剂的影响规律，实验结果见表 9.55 和表 9.56。

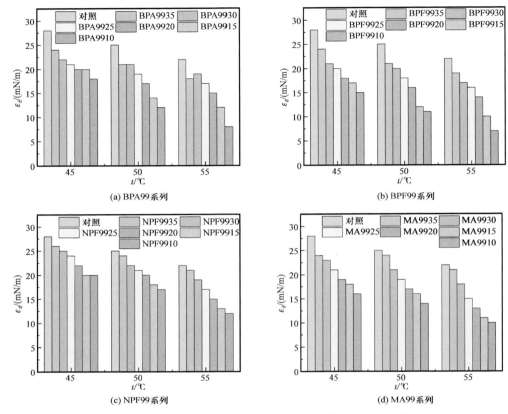

图 9.38　不同温度下聚醚破乳剂的扩张弹性模量 ε_d 的变化曲线

表 9.55　壬基酚酚醛树脂聚醚破乳剂的抗摇晃实验结果

破乳剂	静置 30min		摇晃 30min		RSN 值
	出水体积 /mL	出水率 /%	出水体积 /mL	出水率 /%	
NPF9935	3	10	0	0	9.3
NPF9930	8	27	0	0	10.0
NPF9925	13	43	0	0	10.8
NPF9920	22	73	6	20	12.1
NPF9915	22	73	11	37	16.3
NPF9910	16	53	4	13	23.4

　　通过对上述破乳剂进行抗摇晃性能研究，发现在摇晃条件下部分药剂 30min 出水量相对静置条件下有不同程度的下降。该现象是在外力作用下，因原油乳化导致的油水界面下降的现象。对于 NPF 系列酚醛聚醚破乳剂，研究发现 NPF9935、NPF9930 和 NPF9925 在摇晃作用下均发生了完全乳化，破乳剂抗摇晃性能较差。NPF9920 在两种不同条件下出水

量相差最大，达到了 16 mL。虽然 NPF9915 出水量相对较多，但也发生了较大程度的乳化，油水界面处有明显的乳化层。因此壬基酚系列二嵌段聚醚破乳剂抗摇晃性能较差。

表 9.56　双酚 A 酚醛树脂聚醚破乳剂的抗摇晃实验结果

破乳剂	静置 30min		摇晃 30min		RSN 值
	出水体积 /mL	出水率 /%	出水体积 /mL	出水率 /%	
BPF9935	24	80	18	60	10.6
BPF9930	25	83	21	70	11.6
BPF9925	28	93	24	80	13.0
BPF9920	30	100	30	100	15.4
BPF9915	30	100	30	100	18.4
BPF9910	26	87	12	40	23.7

而对于 BPF 系列酚醛树脂聚醚破乳剂，其整体出水情况较好，与静置破乳相比，仅 BPF9910 大幅下降。这是因为当 EO 含量增加，破乳剂的界面活性逐渐增加，摇晃引起的乳化作用十分明显。BPF9920 和 BPF9915 的出水效果与静置条件保持一致。由以上实验结果可以得出 NPF 系列抗摇晃性比 BPF 系列差，且在相同 PO/EO 下，该系列 RSN 值更小。这是因为 NPF 系列起始剂壬基酚含有较长的烷基链，从而具有很好的亲油性，在摇晃过程中该类破乳剂更容易产生乳化作用。

9.5.2.2　摇晃对酚胺树脂聚醚破乳性能的影响规律

选用壬基酚酚胺树脂（NPA）聚醚破乳剂，通过以上方法研究了摇晃对上述破乳剂的影响规律，实验结果见表 9.57。

表 9.57　壬基酚酚胺树脂聚醚破乳剂 NPA99 系列的抗摇晃实验结果

破乳剂	静置 30min		摇晃 30min		RSN 值
	出水体积 /mL	出水率 /%	出水体积 /mL	出水率 /%	
NPA9935	17	57	15	50	9.7
NPA9930	18	60	20	67	10.6
NPA9925	20	67	22	73	11.7
NPA9920	25	83	24	80	13.7
NPA9915	30	100	29	97	17.8
NPA9910	28	93	16	53	23.5

对于 NPA99 系列酚胺树脂聚醚破乳剂，NPA9935、NPA9930、NPA9925、NPA9920 静置破乳均有较为明显的乳化层，NPA9915 油水界面清晰，而 NPA9910 的脱出水质略浑

浊。当进行摇晃破乳时，仅 NPA9915 的破乳效果较好，NPA9935 和 NPA9910 都出现了较为明显的乳化现象。与 NPF 不同的是，NPA 系列有一定的抗摇晃性能，这说明多胺基团的引入增加了破乳剂的多支化程度，这也在一定程度改善了破乳剂的抗摇晃性。

选用双酚 A 酚胺树脂（BPA）聚醚破乳剂，通过以上方法研究了摇晃对上述破乳剂的影响规律，实验结果见表 9.58 至表 9.60。

表 9.58　双酚 A 酚胺树脂聚醚破乳剂 BPA99 系列的抗摇晃实验结果

破乳剂	静置 30min		摇晃 30min		RSN 值
	出水体积 /mL	出水率 /%	出水体积 /mL	出水率 /%	
BPA9935	15	50	20	67	9.8
BPA9930	22	73	25	83	10.6
BPA9925	24	80	28	93	11.8
BPA9920	28	93	28	93	14.4
BPA9915	29	97	29	97	18.6
BPA9910	28	93	20	67	23.8

表 9.59　双酚 A 酚胺树脂聚醚破乳剂 BPA69 系列的抗摇晃实验结果

破乳剂	静置 30min		摇晃 30min		RSN 值
	出水体积 /mL	出水率 /%	出水体积 /mL	出水率 /%	
BPA6935	18	60	15	50	10.0
BPA6930	18	60	18	60	10.8
BPA6925	20	67	20	67	12.5
BPA6920	25	83	21	70	14.6
BPA6915	30	100	30	100	17.5
BPA6910	30	100	15	50	22.8

表 9.60　双酚 A 酚胺树脂聚醚破乳剂 BPA129 系列的抗摇晃实验结果

破乳剂	静置 30min		摇晃 30min		RSN 值
	出水体积 /mL	出水率 /%	出水体积 /mL	出水率 /%	
BPA12935	20	67	10	33	10.2
BPA12930	22	73	15	50	10.8
BPA12925	22	73	15	50	11.8
BPA12920	30	100	30	100	14.6
BPA12915	30	100	30	100	18.4
BPA12910	30	100	25	83	21.3

对于 BPA99 系列，BPA9935、BPA9930 和 BPA9925 均有一定的乳化层，而摇晃会减少乳化层的厚度，对油水分离有利。静置破乳的时候，BPA9920 和 BPA9915 的油水界面清晰，摇晃后界面依旧清晰，脱出水较清澈，脱出水量无明显变化。静置破乳的时候，BPA9910 的油水界面清晰，但摇晃破乳时发生了较为严重的乳化现象，油水界面下降明显。

对于 BPA69 系列，摇晃的影响规律与 BPA99 系列相似，BPA6915 的抗摇晃性能最好。

与 BPA99 系列相比，BPA129 系列药剂的抗摇晃规律也相似，BPA12920 和 BPA12915 的抗摇晃性最好，其 RSN 值分别为 14.6 和 18.4。这说明当破乳剂的 RSN 值过大或者过小的时候，破乳剂具有一定的乳化性能，摇晃会导致油水发生一定程度的乳化，最终影响破乳剂的破乳效果。

9.5.2.3　摇晃对多乙烯多胺聚醚破乳剂破乳性能的影响规律

选用多乙烯多胺（MA）聚醚破乳剂，研究了摇晃对上述破乳剂的影响规律，实验结果见表 9.61。

表 9.61　多乙烯多胺聚醚破乳剂 MA 系列的抗摇晃实验结果

破乳剂	静置 30min		摇晃 30min		RSN 值
	出水体积 /mL	出水率 /%	出水体积 /mL	出水率 /%	
MA9935	20	67	20	67	11.0
MA9930	22	73	20	67	11.7
MA9925	25	83	25	83	13.0
MA9920	28	93	27	90	15.3
MA9915	30	100	28	93	18.9
MA9910	30	100	5	17	25.9

EO 含量较高的 MA9910 在摇晃后发生了明显的乳化现象。比较两者结果发现 MA 系列的最佳抗摇晃药剂为 MA9915，其 RSN 值为 18.9。一个系列的破乳剂中最佳抗摇晃药剂始终位于一个 RSN 值区间内，RSN 值既不能过高也不能过低。这是因为当 EO 含量较少时，破乳剂分子的 HLB 值较低，易于形成油包水乳状液；而当 EO 含量过高时，其界面活性也更高，易于形成乳状液。不同系列的破乳剂其最佳抗摇晃药剂 RSN 值区间有一定差异，这与起始剂的亲水亲油差异及支链化程度不同有关。

9.5.2.4　与现场药剂的抗摇晃性对比

选用 BPF9915、BPA6915、BPA9915 和 BPA12915，与现场在用药剂 TS-P100A 和 HYP-110 进行对比，通过以上方法研究了摇晃对破乳剂的影响规律，实验结果见表 9.62。

从表 9.62 中的数据可以看出，BPF9915、BPA6915、BPA9915 和 BPA12915 均具有较好的抗摇晃性。TS-P100A 的静置出水率与抗摇晃出水率均较低。

表 9.62　与现场药剂的抗摇晃性对比表

破乳剂	静置 30min		摇晃 30min		RSN 值
	出水体积 /mL	出水率 /%	出水体积 /mL	出水率 /%	
TS-P100A	12	40	0	0	12.2
HYP-110	22	73	25	83	7.3
BPF9915	30	100	28	93	18.4
BPA6915	30	100	30	100	17.5
BPA9915	30	100	30	100	18.6
BPA12915	30	100	30	100	18.4

9.5.3　停留时间对破乳效率的影响

9.5.3.1　异氰酸酯改性对 30min 破乳效率的影响

为考察 RSN（类似亲油亲水平衡值）值和分子量对壬基酚酚醛二嵌段聚醚破乳剂破乳性能的影响规律，挑选了前期性能差异较大的亲油性破乳剂 NPF9930 和亲水性破乳剂 NPF9915，分别利用异氰酸酯 TDI 进行改性。TDI 改性会使破乳剂的亲油性增加，同时分子量也会增加。从表 9.63 中的数据可以看出，NPF9930 进行了 2% 的异氰酸酯改性，RSN值从 10.0 减少至 8.6；NPF9915 进行了三种不同比例（1%，2% 和 4%）的异氰酸酯改性，RSN 值分别从 16.3 减少至 13.1、12.0 和 11.4。上述未改性和异氰酸酯改性的壬基酚酚醛二嵌段聚醚破乳剂破乳性能的评价结果见表 9.63。

表 9.63　50℃时异氰酸酯改性壬基酚酚醛二嵌段聚醚的破乳性能

异氰酸酯改性比例 /%	原油破乳剂		不同时间脱水量 /mL					界面状况	水相清洁度	挂壁程度	RSN 值
	名称	加量 /（mg/L）	5min	10min	15min	20min	30min				
0	NPF9930	50	0	0	1	3	9	较齐	清	微挂	10.0
2	NPF9930-2	50	0	1	1	3	12	较齐	清	微挂	8.6
0	NPF9915	50	2	4	7	12	22	齐	清	不挂	16.3
1	NPF9915-1	50	1	4	14	20	25	齐	清	不挂	13.1
2	NPF9915-2	50	1	3	6	11	22	齐	清	不挂	12.0
4	NPF9915-4	50	1	2	3	4	7	较齐	清	不挂	11.4
0	空白	0	0	0	0	0	0	—	—	—	—

从表 9.63 中数据可以看出，当异氰酸酯改性比例为 2% 时，NPF9930 的破乳性能有一定程度的改善，但是破乳性能仍然较差。这说明异氰酸酯改性后引起的分子量增大对破乳剂的破乳性能有一定的提升，但是与 PO/EO 和 EO 链长度相比，不是性能好坏的决定性因素，因此简单通过异氰酸酯改性无法从本质上改善破乳剂的破乳性能。

对于 NPF9915，当异氰酸酯改性比例为 1% 时，破乳剂的破乳速率和 30min 脱水量均增加。但是当异氰酸酯改性比例继续增加的时候，破乳剂的破乳性能逐渐降低，这说明异氰酸酯的改性比例过高时，聚醚破乳剂分子内部发生了相互交联，EO 嵌段无法有效地进入水相，这会导致破乳剂分子对水滴的聚并能力变差。因此，1% 改性的 NPF9915 具有较好的低温破乳性能。

9.5.3.2 15 系列破乳剂的 30min 破乳效率

为了考察不同类型破乳剂的破乳效果，选择了前期破乳效果较好的 15 系列破乳剂（$w_{PO} : w_{EO} = 1.5 : 1$），对上述破乳剂的破乳性能进行了评价，结果见表 9.64。双酚 A 酚醛二嵌段聚醚和双酚 A 酚胺二嵌段聚醚破乳剂 BPF-9915、BPF-9915-1、BPA9915 和 BPA6915 具有较好的破乳效果。现场在用药剂 HYP-110 的乳化层较严重，所以不同时间的脱水量明显小于其他药剂。脱水 30min 后，对 HYP-110 的脱水管进行简单振动，乳化层减少，最终出水量为 22 mL。这说明破乳剂 HYP-110 产生了较为严重的乳化层，最终出水量也小于 BPF-9915、BPF-9915-1、BPA9915 和 BPA6915。

表 9.64 50℃时 15 系列聚醚破乳剂的破乳性能

原油破乳剂		不同时间脱水量 /mL					界面状况	水相清洁度	挂壁程度	RSN 值
名称	加量 /（mg/L）	5min	10min	15min	20min	30min				
NPF9915	50	3	5	7	12	22	齐	较清	不挂	16.3
NPF9915-1	50	2	12	15	16	17	较齐	清	不挂	13.1
BPF9915	50	2	12	20	23	24	齐	清	不挂	18.4
BPF9915-1	50	2	9	18	21	24	齐	清	不挂	17.3
MA9915	50	2	4	9	17	22	齐	较清	不挂	18.9
BPA9915	50	3	10	21	24	25	齐	清	不挂	18.6
BPA6915	50	3	10	20	23	24	齐	较清	不挂	17.5
HYP-110	50	2	3	4	5	8	齐	清	挂壁	7.3
空白	0	0	0	0	0	0	—	—	—	—

9.5.3.3 20 系列破乳剂的 30min 破乳效率

为了考察不同类型破乳剂的破乳效果，选择了前期破乳效果较好的 20 系列破乳剂

（$w_{PO}:w_{EO}$=2.0：1），对上述破乳剂的破乳性能进行了评价，结果见表 9.65。双酚 A 酚醛二嵌段聚醚和双酚 A 酚胺二嵌段聚醚破乳剂 BPF9920、BPF9920-1、MA9920 和 BPA9920 具有较好的破乳效果。现场在用药剂 HYP-110 的乳化层较严重，所以不同时间的脱水量明显小于其他药剂。脱水 30min 后，对 HYP-110 的脱水管进行简单振动，乳化层减少，最终出水量为 21 mL。这说明破乳剂 HYP-110 产生了较为严重的乳化层，最终出水量也小于 BPF9920、BPF9920-1、MA9920 和 BPA9920。

表 9.65　50℃时 20 系列聚醚破乳剂的破乳性能

原油破乳剂		不同时间脱水量 /mL					界面状况	水相清洁度	挂壁程度	RSN 值
名称	加量 /（mg/L）	5min	10min	15min	20min	30min				
NPF9920	50	1	2	6	10	22	齐	清	微挂	12.1
BPF9920	50	4	16	19	21	23	齐	清	不挂	15.4
BPF9920-1	50	4	14	24	25	26	齐	清	不挂	12.6
MA9920	50	2	9	24	26	26	齐	清	不挂	15.3
BPA9920	50	3	9	18	25	26	齐	清	不挂	14.4
BPA6920	50	4	8	12	19	23	较齐	清	不挂	14.6
HYP-110	50	3	4	5	7	13	不齐	清	微挂	7.3
空白	0	0	0	1	2	3	—	—	—	—

9.5.3.4　BPA129 系列破乳剂的 30min 破乳效率

以双酚 A、多乙烯多胺与甲醛反应制备双酚 A 酚胺树脂，与 PO 反应，制备了 BPA：PO=1：129 的油头，再与 EO 反应，得到双酚 A 酚胺二嵌段聚醚破乳剂。通过改变 EO 的通入量，合成得到了不同 PO/EO（3.5：1、3.0：1、2.5：1、2.0：1、1.5：1 和 1.0：1）的双酚 A 酚胺二嵌段聚醚破乳剂。对上述合成的系列双酚 A 酚胺二嵌段聚醚破乳剂的破乳性能进行了评价，结果见表 9.66。

从表 9.66 可知，双酚 A 酚胺二嵌段聚醚破乳剂的脱水速率和 30min 脱水量与 PO/EO 存在一定关联。随着 EO 含量的增加，聚醚破乳剂的脱水量先增加后减少，存在着最佳的 PO/EO。这说明随着 EO 含量的增加，破乳剂分子的亲水性不断增加，界面活性增加，同时 EO 链的增长也导致液滴的聚并能力增强。当 EO 含量过高的时候，由于破乳剂分子过于亲水（可以从 RSN 值看出），破乳剂分子的破乳能力随之下降。

BPA12935、BPA12930 和 BPA12925 的乳化层较厚。如表 9.66 所示，乳化层对油水界面的判断会产生较为明显的影响。这说明上述分子对水滴的凝聚能力较弱，无法有效形成大液滴而沉降，这与分子的支化程度高有关。但当 EO 链继续增加的时候，发现 BPA12920 的低温破乳性能优异，明显高于其他破乳剂。

表 9.66　50℃时双酚 A 酚胺 BPA129 二嵌段聚醚破乳剂的破乳性能

原油破乳剂		不同时间脱水量 /mL					界面状况	水相清洁度	挂壁程度	RSN 值
名称	加量 /（mg/L）	5min	10min	15min	20min	30min				
BPA12935	50	2	4	5	6	7	不齐	清	微挂	10.2
BPA12930	50	2	2	3	3	7	不齐	清	微挂	10.8
BPA12925	50	3	5	6	7	9	不齐	清	不挂	11.8
BPA12920	50	3	4	10	19	23	齐	清	不挂	14.6
BPA12915	50	2	5	9	17	23	齐	清	不挂	18.4
BPA12910	50	2	3	5	15	22	齐	清	不挂	21.3
空白	0	0	0	0	0	0	—	—	—	—

9.5.3.5　BPA69 系列破乳剂的 30min 破乳效率

以双酚 A、多乙烯多胺与甲醛反应制备双酚 A 酚胺树脂，与 PO 反应，制备了 BPA：PO=1：69 的油头，再与 EO 反应，得到双酚 A 酚胺二嵌段聚醚破乳剂。通过改变 EO 的通入量，合成得到了不同 PO/EO（3.5：1、3.0：1、2.5：1、2.0：1、1.5：1 和 1.0：1）的双酚 A 酚胺二嵌段聚醚破乳剂。对上述合成的系列双酚 A 酚胺二嵌段聚醚破乳剂的破乳性能进行了评价，结果如表 9.67 所示。

表 9.67　50℃时双酚 A 酚胺 BPA69 二嵌段聚醚破乳剂的破乳性能

原油破乳剂		不同时间脱水量 /mL					界面状况	水相清洁度	挂壁程度	RSN 值
名称	加量 /（mg/L）	5min	10min	15min	20min	30min				
BPA6935	50	1	4	4	5	7	不齐	清	微挂	10.0
BPA6930	50	1	1	1	2	7	不齐	清	微挂	10.8
BPA6925	50	2	3	4	5	9	不齐	清	不挂	12.5
BPA6920	50	2	2	4	5	8	不齐	清	不挂	14.6
BPA6915	50	1	2	10	17	22	齐	清	不挂	17.5
BPA6910	50	1	2	3	6	14	齐	较清	不挂	22.8
空白	0	0	0	0	0	0	—	—	—	—

由表 9.67 可知，双酚 A 酚胺二嵌段聚醚破乳剂的脱水速率和 30min 脱水量与 PO/EO 比例存在一定关联。随着 EO 含量的增加，聚醚破乳剂的脱水量先增加后减少，存在着最佳的 PO/EO。这说明随着 EO 含量的增加，破乳剂分子的亲水性不断增加，界面活性增

加，同时 EO 链的增长也导致液滴的聚并能力增强。当 EO 含量过高的时候，由于破乳剂分子过于亲水（可以从 RSN 值看出），破乳剂分子的破乳能力随之下降。

BPA6935、BPA6930、BPA6925 和 BPA6920 的乳化层较厚。如表 9.67 所示，乳化层对油水界面的判断会产生较为明显的影响。这说明上述分子对水滴的凝聚能力较弱，无法有效形成大液滴而沉降，这与分子的支化程度高有关。但当 EO 链继续增加的时候，发现 BPA6915 的低温破乳性能较好。

9.6 海上油田生产现场破乳应用效果

9.6.1 海上 HYSY 油田现场破乳效果

9.6.1.1 不同破乳剂生产现场初评价

取现场未加破乳剂、清水剂油水样，分水，根据基本泥沙和水（basic sediment and water，BS&W）情况向 100mL 玻璃管中加入合适体积的油样和水样（80mL 油 +20mL 水）。按照现场破乳剂加注浓度（15mg/L，基于油量），对室内研究的效果好的破乳剂分组进行评选，根据来液在生产分离器停留时间（经计算为 7min），参照现场工艺流程设定脱水温度 48℃，用力摇晃 200 次，振幅大于 20cm。读取 1min、3min、5min、7min 脱出水体积，实验结果分别见表 9.68、表 9.69。

表 9.68　8 种破乳剂的脱水效果评价（第一组）

序号	破乳剂名称	加量 /（mg/L）	不同时间脱水量 /mL				复评与否
			1min	3min	5min	7min	
1	CD–08	15	1	3	6	12	
2	CD–23	15	0.5	4	5	7	
3	CD–25	15	1	3	8	10	
4	CD–26	15	1	5	12	14	√
5	CD–31	15	1	4	6	10	
6	CD–38	15	1	5	7	10	
7	CD–15	15	1	3	8	11	
8	CD–16	15	0.5	3	7	9	

由表 9.68 中脱水量可知，破乳剂 CD–26 效果最好，7min 时脱水率达到了 70%，进入下轮复评。由表 9.69 脱水量及脱水效果可知，第二组评选出破乳剂 CD–20，脱水速度快，7min 时脱水率达到 90%，进入下轮复评。

表 9.69　8 种破乳剂的脱水效果评价（第二组）

序号	破乳剂名称	加量 / （mg/L）	不同时间脱水量 /mL				复评与否
			1min	3min	5min	7min	
1	BPF-9915-1	15	1.5	2	4.5	6	
2	BPA9915	15	1.5	4	6	10	
3	BPF9920	15	1	4	5	6	
4	CD-16	15	1	4.5	6	8	
5	CD-17	15	1	4	5	8	
6	CD-18	15	1.5	5	5	10	
7	CD-19	15	1.5	4	7	10	
8	CD-20	15	2	16	19	18	√

9.6.1.2　破乳剂生产现场应用评价

将上述破乳效果好的破乳剂 CD-26、CD-20 进行改性，分别与 15 系列破乳剂、20 系列破乳剂中效果好的破乳剂复配，并与现场在用破乳剂 TS-P100 进行对比，脱水效果见表 9.70。

表 9.70　破乳剂的脱水效果复评及与生产现场在用破乳剂对比

序号	破乳剂名称	加量 / （mg/L）	不同时间脱水量 /mL			
			1min	3min	5min	7min
1	CDBPA-01	15	0	2	3.5	6
2	CDBPM-04	15	0.5	3	12	15
3	CDMA-02	15	0.5	3	6	16
4	CDBPA-10	15	0.5	2	5	7
5	CDBPF-04	15	0.5	2	8	11
6	CDMA-10	15	0.5	3	8	11
7	TS-P100（现场）	15	0	2	4	8
8	CDMA-20	15	1	8	18	19

由表 9.70 脱水量及效果可知，经过反复评选最终评选出破乳剂 CDBPM-04、CDMA-02 和 CDM-20，7min 时脱水率分别为 75%、80% 和 95%，均优于现场在用破乳剂 TS-P100。

9.6.2 海上 LHZ 油田现场破乳效果

9.6.2.1 不同破乳剂生产现场初评价

取现场未加药剂综合产出液，用分液桶将油水分离，制备油、水样备用，向带有刻度的 100mL 玻璃管中加入制备的油样和水样（40mL 油 +40mL 水），对研发的 8 种 CD 系列破乳剂按照现场破乳剂加注浓度（50mg/L，基于油量）分组进行破乳剂评选，对油水样预热至 48℃。旋紧瓶盖后，将玻璃瓶颠倒 2～5 次，缓慢松动瓶盖放气后，重新旋紧瓶盖；水平振荡 200 次 /min，振幅大于 20cm；充分混合后，将玻璃瓶放置在烘箱中进行保温，根据来液在生产分离器停留时间（经计算为 10min）读取 1～10min 脱出水体积，结果分别见表 9.71、表 9.72。

表 9.71　8 种破乳剂的脱水效果评价（第一组）

序号	名称	加量 /（mg/L）	不同时间脱水量 /mL					复评与否
			1min	3min	5min	7min	10min	
1	TS-P100B（现场）	50	0	0	0	0	10	
2	CD-09	50	0	0	0	1	10	
3	CD-10	50	0	0	0	1	10	
4	CD-11	50	0	4	5	10	21	
5	CD-12	50	0	0	1	2	4	
6	CD-13	50	0	0	0	9	16	
7	CD-14	50	0	0	3	4	10	
8	CD-15	50	0	0	4	12	21	

表 9.72　破乳剂的脱水效果评价（第二组）

序号	名称	加量 /（mg/L）	不同时间脱水量 /mL					复评与否
			1min	3min	5min	7min	10min	
1	TS-P100B	50	0	0	0	0	0	
2	CD-16	50	0	0	8	20	30	√
3	CD-17	50	0	0	1	2	10	
4	CD-18	50	0	0	1	2	4	
5	CD-19	50	0	0	1	4	5	
6	CD-20	50	0	0	1	1	2	

由表9.71脱水量及脱水效果可知，该组脱水效果好的CD-11、CD-15破乳剂10min时脱水率只有52.5%，不能进入下一轮复评的破乳剂；由表9.72脱水量及脱水效果可知，CD-16破乳剂10min时脱水率有75%，可以选取进行下一轮复评。

9.6.2.2 不同破乳剂生产现场复评价

将破乳剂CD-16与15系列破乳剂、20系列破乳剂进行复配，筛选出效果较好的6种复配破乳剂开展脱水试验，结果见表9.73。

表9.73 破乳剂的脱水效果复评及与生产现场在用破乳剂对比

序号	名称	加量/（mg/L）	不同时间脱水量/mL					备注
			1min	3min	5min	7min	10min	
1	TS-P100B（现场）	50	0	0	0	0	0	
2	CDMA-03	50	0	2	8	20	36	
3	CDBPA-17	50	0	3	10	16	30	
4	CDBPA-18	50	0	2	11	17	31	
5	CDBPF-06	50	0	23	26	28	30	
6	CDBPA-11	50	0	4	22	38	38	
7	CDMA-19	50	0	5	10	16	23	
8	CD-16	50	0	12	38	38	38	

由表9.73脱水量及脱水效果可知，CDMA-03（脱水率90%）、CDBPA-17（脱水率75%）、CDBPA-18（脱水率77.5%）、CDBPF-06（脱水率75%）、CDBPA-11（脱水率95%）、CD-16（脱水率95%）六种破乳剂脱水速度和脱水率均优于现场在用破乳剂TS-P100B（脱水率0）。

参 考 文 献

［1］LYU R, LI Z, LIANG C, et al. Acylated carboxymethyl chitosan grafted with MPEG−1900 as a high−
efficiency demulsifier for O/W crude oil emulsions［J］. Carbohydrate Polymer Technologies and
Applications, 2021, 2: 100144.

［2］ZHANG L, YING H, YAN S, et al. Hyperbranched poly（amido amine）demulsifiers with
ethylenediamine/1, 3−propanediamine as an initiator for oil−in−water emulsions with microdroplets［J］.
Fuel, 2018, 226: 381−388.

［3］NGUYEN D, SADEGHI N, HOUSTON C. Chemical interactions and demulsifier characteristics for
enhanced oil recovery applications［J］. Energy & Fuels, 2012, 26（5）: 2742−2750.

［4］齐玉, 滕厚开, 韩恩山, 等. 一种新型多季铵盐反相破乳剂的合成及性能评定［J］. 石油炼制与化工,
2018, 49（3）: 94−97.

［5］刘立新, 郝松松, 王学才, 等. 聚季铵盐反相破乳剂的合成及破乳性能研究［J］. 工业用水与废水,
2010, 41（5）: 70−73.

［6］吴亚, 陈世军, 陈刚, 等. 低聚季铵盐对聚驱采出水包油乳状液破乳机理［J］. 湖南大学学报（自然
科学版）, 2016, 43（6）: 117−123.

［7］王存英, 方仁杰. 聚醚聚季铵盐反相破乳剂的合成与破乳性能评价［J］. 化学研究与应用, 2015, 27
（12）: 1879−1884.

［8］DUAN M, HE J, LI D J, et al. Synthesis of a novel copolymer of block polyether macromonomer and
diallyldimethylammonium chloride and its reverse demulsification performance［J］. J Petrol Sci Eng,
2019, 175: 317−323.

［9］SUN H, WANG Q Q, LI X, et al. Novel polyether−polyquaternium copolymer as an effective reverse
demulsifier for O/W emulsions: demulsification performance and mechanism［J］. Fuel, 2020, 263:
116770.

［10］余俊雄, 杨秘, 李冬宁, 等. 聚丙烯酸酯反相破乳剂的制备及其现场应用研究［J］. 工业水处理,
2020, 40（01）: 37−39.

［11］王永军, 李成成, 郭海军, 等. 聚丙烯酸酯乳液类反相破乳剂除油机理［J］. 当代化工, 2021, 50（2）:
352−356.

［12］DUAN M, MA Y, FANG S, et al. Treatment of wastewater produced from polymer flooding using
polyoxyalkylated polyethyleneimine［J］. Separation and Purification Technology, 2014, 133: 160−167.

［13］陈述和, 黄臣, 孟琳越, 等. 磁化凝析油破乳剂的制备与评价［J］. 石油化工应用, 2021, 40（10）:
105−110.

［14］李本高, 王蒿, 谭丽. 高酸原油破乳效果差的原因分析［J］. 石油炼制与化工, 2013, 44（11）:
41−44.

［15］黄有泉, 王立峰, 金鑫等. 原油中酸性组分对油/水乳状液的影响研究［J］. 化工科技, 2014, 22（5）:
5−7.

［16］金鑫. 稠油破乳影响因素分析及机理研究［D］. 大庆: 东北石油大学, 2014.

［17］SALIU, FRANCESCO, DELLA, et al. Organic bases, carbon dioxide and naphthenic acids interactions.
Effect on the stability of petroleum crude oil in water emulsions［J］. Journal of Petroleum Science &
Engineering, 2018, 163: 177−184.

［18］李恩清, 龚俊, 刘香山. 胜利海上油田酸化油的处理［J］. 油气田地面工程, 2012, 31（3）:
51−53.

［19］陈武, 梅平, 张雪光, 等. 油田作业液添加剂对原油破乳剂脱水效果的影响研究［J］. 石油天然气

学报，2010，32（4）：114-118，426.

［20］童志明，李亚兵，黄茗，等.井下作业返排残液对原油破乳脱水的影响及破乳剂筛选［J］.化学与生物工程，2021，38（11）：43-49.

［21］唐世春.酸化压裂液对原油破乳脱水影响研究［J］.天然气勘探与开发，2015，38（2）：78-81.

［22］郭海军，段明，张健，等.酸化返排液对原油乳化液稳定性的影响［J］.油田化学，2008，25（2）：130-132.

［23］范振中，俞庆森.残酸对原油脱水的影响及处理［J］.浙江大学学报，2005，32（5）：546-549.

［24］陈雅琪.胜利油田化学剂对原油破乳脱水的影响及破乳剂筛选分析［J］.中国石油和化工标准与质量，2020，40（1）：123-124.

［25］聂新村，田承村，许大星，等.渤南油田酸化添加剂研究［J］.断块油气田，2004（4）：73-74，93-94.

［26］鄢捷年，王富华，范维庆，等.固体微粒对油水体系的乳化稳定作用［J］.油田化学，1995（3）：191-196.

［27］胡文丽，汪伟英，于洋洋.残酸返排液对原油乳状液破乳效果的影响［J］.断块油气，2007，14（4）：78-79.

［28］李学文，康万利.原油乳状液的稳定性与界面膜研究进展［J］.油气田地面工程，2003，22（10）：7-8.

［29］李建强.新疆油田酸化油的处理方法［J］.武汉工程大学学报，2012，34（7）：5-10.

［30］王晓宁，宋学超.塔河油田酸化原油脱水处理技术研究［J］.中国石油和化工标准与质量，2013，33（22）：257.

［31］魏秀珍，武长安.酸化油破乳剂的制备方法：CN200410072293.0［P］.2006-04-05.

［32］谢丽，张伟，李子锋，等.超声波在高酸原油酯化脱酸中的应用研究［J］.石油炼制与化工，2010，41（1）：6-10.

［33］李淑琴，程永清，张绪民.含水原油破乳脱水的声化学法研究［J］.天津化工，1997，（4）：21-23.

［34］韩萍芳，徐宁，吕效平，等.超声波污油破乳脱水的研究［J］.南京工业大学学报（自然科学版），2003（5）：73-75.

［35］潘义，康玉阳，税旭东，等.聚合物驱油采出液化学破乳技术研究［J］.石油化工应用，2014，33（7）：62-66.

［36］檀国荣，张健，靖波，等.聚合物驱稠油采出液处理剂研究［J］.化学工程师，2014，28（1）：23-28.

［37］张卫东，程玉虎，朱好华，等.油田化学剂对原油破乳剂YT-100脱水效果的影响［J］.油田化学，2006（2）：132-135.

［38］陈霞，李杰训，李东成.油水中间过渡层的预防及处理技术［J］.油气田地面工程，2002，21（5）：51-53.

［39］李成龙，赵作滋，郑邦乾.马岭油田原油化学脱水过程中溢流罐内形成的中间层乳状液的处理［J］.油田化学，1995，12（4）：342-346.

［40］慎娜娜，许海涛，刘莉.采油五厂百重七稠油处理站原油脱水质量影响评价［J］.中国石油和化工标准与质量，2016（13）：18，20.

［41］董培林.孤东油田东一联合站原油脱水设施内油水过渡层的分析与处理［J］.油气田地面工程，2017，36（7）：36-38，42.

［42］王勇.含聚油水中间过渡层处理药剂筛选复配实验研究［J］.内蒙古石油化工，2013（1）：12-13，14.

［43］张守献，高国强，孙双立，等.坨五站中间乳化层快速增长原因及治理方案［J］.油田化学，2003，20（4）：338-341.

［44］周玉贺，王军，曹想.原油脱水中油－水中间过渡层的处理［J］.石油规划设计，2000，11（2）：34-35.

［45］杨忠平，王宪中，田喜军，等.吉林油田联合站老化原油成因与脱水方法研究［J］.油田化学，2010，27（3）：337-341.

［46］刘福斌.污水沉降罐过渡层组分分析与治理方法［J］.油气田地面工程，2015，34（8）：78-79.

［47］苑丹丹，黄云辉，郭晓娟，等.二氧化氯在治理沉降罐油－水过渡层中的应用［J］.油气田地面工程，2013，32（3）：24-25

［48］白长琦，贾正舍，李德儒，等.河南油田稠油产出液低温脱水技术研究与应用［J］.河南石油，2005（3）：56-57，60-100.